冶金专业教材和工具书经典传承国际传播工程
Project of the Inheritance and International Dissemination of Classical Metallurgical Textbooks & Reference Books

普通高等教育"十四五"规划教材

冶金工业出版社

金属材料凝固原理与技术

（第 2 版）

沙明红　李胜利　艾新港　李　雪
李　娜　郭庆涛　夏　垒　编著

扫码获得数字资源

北　京
冶金工业出版社
2025

内 容 提 要

本书以金属材料凝固过程为主线，系统介绍了金属的结构与性质、凝固过程的三传（动量传输、热量传输、质量传输）、凝固热力学与动力学、合金的凝固及溶质再分配、凝固组织及其控制实例、凝固缺陷及其控制实例、大型铸件凝固技术及实例、连铸坯凝固技术及实例、快速成型技术及实例、非晶合金及其制备技术与实例、特种铸造技术及实例等，以实例反映凝固理论与技术的最新进展；各章后附有相应的思考题。

本书为材料成型及控制工程专业和材料科学与工程专业本科生教材，也可供相关专业师生和相关领域的科技人员参考。

图书在版编目（CIP）数据

金属材料凝固原理与技术 / 沙明红等编著. -- 2 版.
北京 : 冶金工业出版社，2025. 5. --（普通高等教育
"十四五" 规划教材）. -- ISBN 978-7-5240-0161-4

Ⅰ. TG111. 4

中国国家版本馆 CIP 数据核字第 20253TG189 号

金属材料凝固原理与技术（第 2 版）

出版发行 冶金工业出版社　**电　话**（010）64027926
地　址 北京市东城区嵩祝院北巷 39 号　**邮　编** 100009
网　址 www. mip1953. com　**电子信箱** service@ mip1953. com

责任编辑 任咏玉　美术编辑 吕欣童　版式设计 郑小利
责任校对 王永欣　责任印制 禹　蕊
三河市双峰印刷装订有限公司印刷
2018 年 8 月第 1 版，2025 年 5 月第 2 版，2025 年 5 月第 1 次印刷
787mm×1092mm　1/16；13. 75 印张；302 千字；201 页
定价 45. 00 元

投稿电话　（010）64027932　投稿信箱　tougao@cnmip. com. cn
营销中心电话　（010）64044283
冶金工业出版社天猫旗舰店　yjgycbs. tmall. com
（本书如有印装质量问题，本社营销中心负责退换）

冶金专业教材和工具书
经典传承国际传播工程
总　　序

钢铁工业是国民经济的重要基础产业，为我国经济的持续快速增长和国防现代化建设提供了重要支撑，做出了卓越贡献。当前，新一轮科技革命和产业变革深入发展，中国经济已进入高质量发展新时代，中国钢铁工业也进入了高质量发展的新时代。

高质量发展关键在科技创新，科技创新离不开高素质人才。党的二十大报告指出："教育、科技、人才是全面建设社会主义现代化国家的基础性、战略性支撑。必须坚持科技是第一生产力、人才是第一资源、创新是第一动力，深入实施科教兴国战略、人才强国战略、创新驱动发展战略，开辟发展新领域新赛道，不断塑造发展新动能新优势。"加强人才队伍建设，培养和造就一大批高素质、高水平人才是钢铁行业未来发展的一项重要任务。

随着社会的发展和时代的进步，钢铁技术创新和产业变革的步伐也一直在加速，不断推出的新产品、新技术、新流程、新业态已经彻底改变了钢铁业的面貌。钢铁行业必须加强对科技进步、教育发展及人才成长的趋势研判、规律认识和需求把握，深化人才培养体制机制改革，进一步完善相应的条件支撑，持续增强"第一资源"的保障能力。中国钢铁工业协会《"十四五"钢铁行业人力资源规划指导意见》提出，要重视创新型、复合型人才培养，重视企业家培养，重视钢铁上下游复合型人才培养。同时要科学管理，丰富绩效体系，进一步优化人才成长环境，造就一支能够支撑未来钢铁行业高质量发展的人才队伍。

高素质人才来源于高水平的教育和培训，并在丰富多彩的创新实践中历练成长。以科技创新为第一动力的发展模式，需要科技人才保持知识的更新频率，站在钢铁发展新前沿去思考未来，系统性地将基础理论学习和应用实践学习体系相结合。要深入推进职普融通、产教融合、科教融汇，建立高等教育+职业教育+继续教育和培训一体化行业人才培养体制机制，及时把钢铁科技创新成果转化为钢铁从业人员的知识和技能。

一流的专业教材是高水平教育培训的基础，做好专业知识的传承传播是当代中国钢铁人的使命。20世纪80年代，冶金工业出版社在原冶金工业部的领导支持下，组织出版了一批优秀的专业教材和工具书，代表了当时冶金科技的水平，形成了比较完备的知识体系，成为一个时代的经典。但是由于多方面的原因，这些专业教材和工具书没能及时修订，导致内容陈旧，跟不上新时代的要求。反映钢铁科技最新进展和教育教学最新要求的新经典教材的缺失，已经成为当前钢铁专业人才培养最明显的短板和痛点。

为总结、提炼、传播最新冶金科技成果，完成行业知识传承传播的历史任务，推动钢铁强国、教育强国、人才强国建设，中国钢铁工业协会、中国金属学会、冶金工业出版社于2022年7月发起了“冶金专业教材和工具书经典传承国际传播工程”（简称“经典工程”），组织相关高校、钢铁企业、科研单位参加，计划用5年左右时间，分批次完成约300种教材和工具书的修订再版和新编，以及部分教材和工具书的对外翻译出版工作。2022年11月15日在东北大学召开了工程启动会，率先启动了高等教育和职业教育教材部分工作。

“经典工程”得到了东北大学、北京科技大学、河北工业职业技术大学、山东工业职业学院等高校，中国宝武钢铁集团有限公司、鞍钢集团有限公司、首钢集团有限公司、河钢集团有限公司、江苏沙钢集团有限公司、中信泰富特钢集团股份有限公司、湖南钢铁集团有限公司、包头钢铁（集团）有限责任公司、安阳钢铁集团有限责任公司、中国五矿集团公司、北京建龙重工集团有限公司、福建省三钢（集团）有限责任公司、陕西钢铁集团有限公司、酒泉钢铁（集团）有限责任公司、中冶赛迪集团有限公司、连平县昕隆实业有限公司等单位的大力支持和资助。在各冶金院校和相关钢铁企业积极参与支持下，工程相关工作正在稳步推进。

征程万里，重任千钧。做好专业科技图书的传承传播，正是钢铁行业落实习近平总书记给北京科技大学老教授回信的重要指示精神，培养更多钢筋铁骨高素质人才，铸就科技强国、制造强国钢铁脊梁的一项重要举措，既是我国钢铁产业国际化发展的内在要求，也有助于我国国际传播能力建设、打造文化软实力。

让我们以党的二十大精神为指引，以党的二十大精神为强大动力，善始善终，慎终如始，做好工程相关工作，完成行业知识传承传播的使命任务，支撑中国钢铁工业高质量发展，为世界钢铁工业发展做出应有的贡献。

中国钢铁工业协会党委书记、执行会长

2023 年 11 月

第 2 版前言

由辽宁科技大学沙明红、郭庆涛、李娜、李胜利、李久慧编著的《金属材料凝固原理与技术》第 1 版于 2018 年出版，作为材料成型及控制工程专业、材料科学与工程专业的教材，在国内广受好评。经过第 1 版的教学实践和认真审定，师生们一致认为该教材的内容基本适应学科的发展与建设，是学习本学科必须掌握的，但有些内容需要更新。为了适应社会发展需要，深化学科专业供给侧改革，全面提高人才自主培养质量，沙明红教授等总结了近年来教学经验，征求相关师生、企业技术人员的修改意见，对第 1 版作了必要的修改和补充，以保持其科学性、先进性和实用性。本书入选中国钢铁工业协会、中国金属学会和冶金工业出版社组织的“冶金专业教材和工具书经典传承国际传播工程”第二批立项教材。

本书以新工科应用型人才培养为指导思想，以专业实用性为原则，集理论知识与创新实践于一体。本书以产教融合、数智赋能、立体化新形态教材为特点，将校企合作的科研与实践成果转化为各章节的教学案例，以案例为载体，产学研有机统一；以钢铁文化为引领，从铸造发展史中挖掘思政元素，传承“百炼成钢，凝心铸魂”的钢铁精神；可为地方高校转型发展培养应用型人才提供教学用书。本次修订主要增加了两章内容，分别是第 11 章“非晶合金及其制备技术”与第 12 章“特种铸造技术”。

本书第 1 章、第 2 章、第 3 章、第 5 章、第 7 章和第 10 章由沙明红修订，第 4 章由李娜修订，第 6 章由郭庆涛和沙明红修订，第 8 章由李胜利和艾新港修订，第 9 章由郭庆涛和艾新港修订，第 11 章由李雪编写，第 12 章由李娜、夏垒编写。关锐副教授、陈卫中高工、吴萧雨博士、刘健硕士、张晨硕士、孙鸣骏硕士、羡猛硕士、毛建强工程师、郑婷工程师等参加了本书的部分修订、编写和校对工作，编者对他们表示衷心的感谢！书稿在编写过程中，参考了许多文献，在此向文献作者表示衷心的感谢！

由于编者水平所限，书中疏漏之处，诚请读者批评指正。

编　者

2024 年 12 月

于辽宁科技大学

第1版前言

本书以转型发展中的应用型人才培养为指导思想，以专业实用性为原则，集理论知识与创新实践于一体，主要内容包括金属材料凝固理论和凝固技术两大部分：凝固理论部分主要包含液态金属的结构与性质、凝固过程三传、凝固热力学与动力学、合金的凝固等；凝固技术部分包括凝固组织及其控制、凝固缺陷及其控制，以及大型铸件凝固、连铸坯凝固和快速成型等凝固技术。本书的特点是用团队的科研实验和联合企业的生产实际作为各章节的实例进行教学，实例具体可操作，具有较高的实用性，可为地方高校转型发展培养应用型人才提供教学用书。本书由沙明红主编，第1章、第3章、第5章、第7章和第10章由沙明红编写，第2章和第4章由李娜编写，第6章由沙明红和郭庆涛合作编写，第8章由李胜利编写，第9章由郭庆涛和李久慧合作编写。张峻巍教授、于德川博士、关锐硕士、毛建强硕士、郑婷硕士等也参加了本书的部分编写和校对工作，编者对他们表示衷心的感谢！在编写过程中，参考了许多文献，引用了一些文献中的文字、图表，在此也向文献作者表示衷心的感谢！

由于编者水平所限，书中疏漏之处，诚请读者批评指正。

编　者

2018年5月

目　录

1 绪　　论

1.1 凝固技术在材料成型中的作用

金属液态成型在制造业中具有重要地位，是衔接冶金和材料成型的关键环节，在冶金生产工艺链中称为“铸造”。“凝心铸魂”，打造高品质铸件、铸锭、铸坯是铸造工序的使命。

铸造是将满足成分要求的液态金属在重力场或其他力场的作用下引入预制的铸型型腔中，经冷却使其凝固成为具有一定形状和性能的固态铸件或铸坯的方法，凝固是其成型的核心。铸造属于典型的热加工成型，其产品是铸件、铸锭或铸坯。铸造产品既可以作为成品件使用，也可以作为后续塑性成型、焊接成型及切削成型的原料。铸造是材料成型的第一步，铸件的质量直接影响产品的性能。铸坯（锭）作为坯料经过轧制（锻压）、热处理、焊接等工艺环节制成装备或结构。铸坯的组织对后续加工有一定的遗传性，间接影响产品性能。凝固是新材料研制的重要手段，是非晶、准晶、纳米等非平衡新材料研制的重要途径。控制熔化是新材料合成及材料加工的重要手段，主要体现在半固态加工过程中溶质的扩散、液相形成与分布及固相形貌的控制等。凝固过程控制及其相关的熔化过程研究是决定金属材料制备水平和新材料研制能力的重要技术科学领域，是制造业的重要组成部分，在国民经济中占有重要地位。

1.2 铸造技术的特点

金属铸造成型具有适应性强、生产成本低、尺寸精度高等优点，广泛应用于航空航天、机械制造、电子仪表、医疗器械等领域。

（1）适应性强。铸造技术可以生产形状复杂的零件毛坯或零件，合金种类不受限制，铸件大小几乎不受限制。

（2）生产成本低。铸造生产的成本较低，铸件切削加工量较少，可以减少加工成本。

（3）尺寸精度高。尺寸精度，表面光洁度好，尺寸稳定，互换性好，例如熔模铸造，铸件表面粗糙度为 $R_a=3.2\ \mu m$，可以免加工。

铸造技术的缺点包括：铸件组织不致密，存在缩孔、气孔、渣、裂纹等缺陷，宏观组织粗大、晶粒不均匀，力学性能较低；铸造生产工序较多，工艺过程控制较烦琐；铸造生产过程中粉尘多、温度高、劳动强度大。

1.3 金属凝固理论与技术的发展

金属凝固学就是研究液态金属转变成固态金属这一过程的理论和技术。包括定性和定量地研究其内在联系和规律，研究新的凝固技术和工艺以提高金属材料的性能或开发新的金属材料成型工艺。

1.3.1 凝固理论的发展

物质由液态转变为固态的过程，称为凝固。凝固是液态成型的核心，它影响着铸件的凝固组织（如晶粒形态及大小）和凝固缺陷（如缩孔、裂纹、偏析、气孔和非金属夹杂物等）的形成，进而决定了产品的凝固质量和力学性能。凝固理论建立的基础是传热学、物理化学、金属学及流体力学等。

凝固理论的发展分为三个阶段。

（1）20世纪60年代前诞生了经典凝固理论。1945—1950年美国哈佛大学D. Turnbull将Volume-Webber-Becker-Doring形核理论引入凝聚态体系，创立凝固过程形核理论。该理论认为凝固首先是成核，接着是核心长大直至成为固态。在多伦多大学B. Chalmers的指导下，许多著名的凝固学家脱颖而出。他们在对凝固界面附近溶质分析求解的基础上，总结出“成分过冷”理论，并提出了可操作性的成分过冷判据，首次将传热和传质耦合起来，研究其对晶体生长方式和形态的影响。1961年出版了国际上第一本凝固理论专著*Principles of Solidification*。Flemings（MIT）等从工程的角度出发，研究了两相区内液相流动效应，提出了局部溶质再分配方程等理论模型推动了凝固科学的发展。捷克的Chvorinov通过对大量逐渐凝固冷却曲线分析，引入了铸件模数的概念，按照模数理论，铸件的凝固时间取决于它的体积和传热表面积的比值，用$M=V/A$（cm）表示，建立了求解铸件凝固层厚度和铸件凝固时间的数学方程，导出了著名的平方根定律。该定律仍是今日铸造工艺设计的重要理论依据之一。综上所述，经典凝固理论主要包括晶体生长、晶体缺陷生长、成分过冷、凝固过程扩散场理论解、两相区流动效应、平方根定律等。

（2）20世纪60年代后的凝固理论应用研究与新技术开发。1964年日本的大野笃美，受北大西洋冰山的启发，用氯化铵水溶液模拟钢液凝固做了大量的研究，提出了晶粒游离和晶粒增殖理论，发现了凝固前沿“过冷度减小”的现象，从而使人们从静止的观点发展到用动态的观点来分析凝固过程。1965—1968年牛津大学材料系J. D. Hunt教授创立J-H经典共晶生长理论。经典凝固理论诞生后很长一段时间，研究的重点放在经典理论的应用上，以提高材料质量，降低产品成本为目标，出现了先进的凝固技术和材料成型方法，例如，快速凝固、定向凝固、激光表面重熔技术、半固态铸造等，积累了大量的凝固过程参数，为凝固学的进一步发展奠定了基础。

（3）当代凝固理论发展。这一时期，对凝固过程的认识逐渐从经验主义中摆脱出来，对经典理论的局限性有了进一步的认识。1982年哈佛大学应用科学部M. J. Aziz博士提出快速凝固溶质截留理论。20世纪90年代，由于科技的进步、计算机和计算技术的迅猛发展，人们有可能进行极端条件和（或）特殊条件下的凝固过程的研究，能定量地描述液态金属的凝固过程，可以对凝固组织和凝固缺陷进行预测，采用计算机辅助设计的方法能有效地控制凝固过程，极大地缩短了研究进程、降低了投入。在此基础上，学者们提出了许多新的凝固理论和模型，将温度场、应力场、流场耦合进行研究。2000 年以来，又出现了全流程模拟研究，将宏观物理场与微观组织联系在一起，提出了多尺度模型及其理论，进行跨尺度数值模拟，其结果更接近于实际。

1.3.2 凝固技术的发展

实例 1.1：凝固技术在装备制造中的作用

实例 1.1

本例从人类冶金技术发展历程引出凝固技术及其发展。凝固技术是以凝固理论为基础进行凝固过程控制的工程技术，是对各种凝固过程控制手段的综合应用。凝固术最古老的技术是冶铸技术，我国冶铸技术已有 5000 多年的历史，青铜器时代开始于公元前 2000 年，铁器时代始于公元前 1500 年至公元前 1000 年，代表性器件如图 1.1 所示。

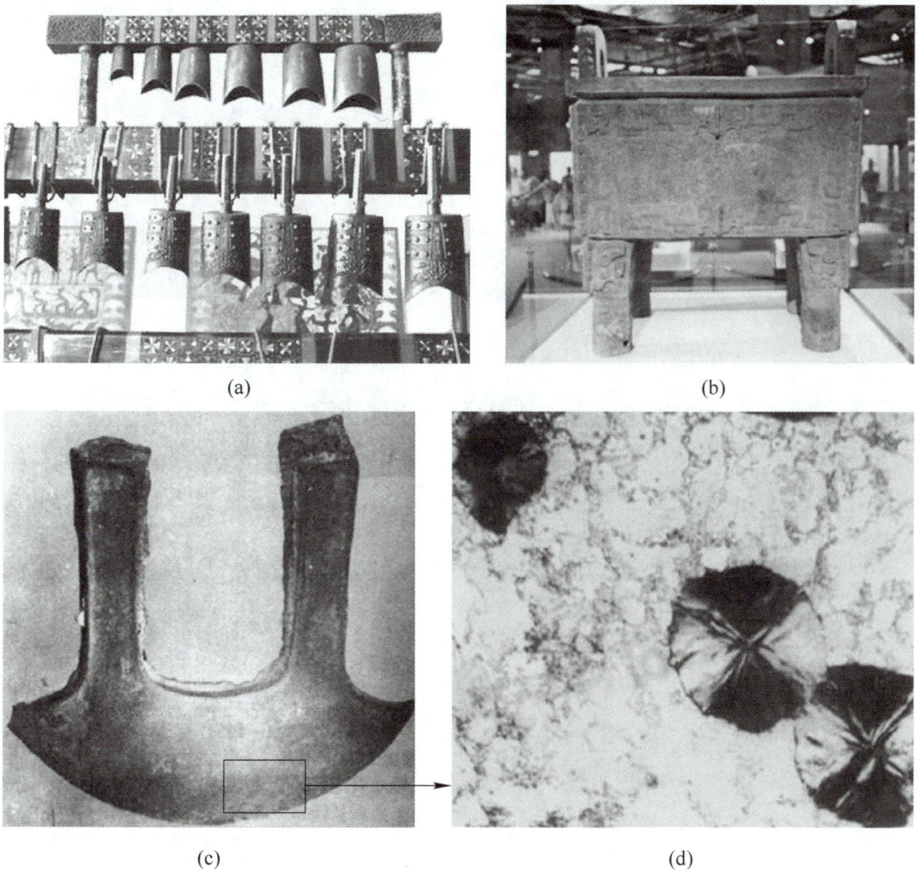

图 1.1 古代青铜器与铁器

（a）编钟；（b）青铜鼎；（c）铁器；（d）古代铁器的球墨铸铁组织

铜器和铁器制造是典型的铸造过程，包括合金配制、浇注工艺、凝固过程控制等。

随着科学技术的发展，当代凝固技术的应用和研究取得了新进展，为工业、冶金、航空航天、航海、交通运输等领域提供了重要的产品和原料，如图 1.2 所示。

(a)

(b)

(c)

(d)

图 1.2 汽轮机（a）、百吨以上圆锭（b）、船用曲轴（c）及发动机缸体（d）

根据造型方法的不同，铸造分为砂型铸造和特种铸造，如图 1.3 所示。

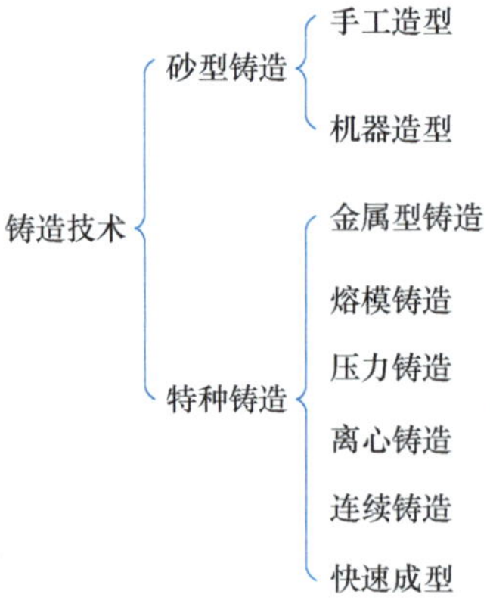

(a)

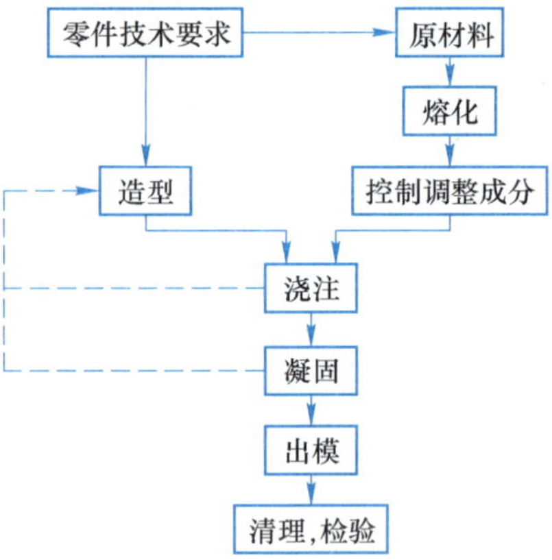

(b)

图 1.3 铸造技术及模铸法的主要工艺流程

（a）铸造方法的分类；（b）铸模工艺流程

实例 1.2：辉煌的铸造发展史

实例 1.2

铸造是将熔融金属浇注、压射或吸入铸型型腔中，凝固成一定形状和性能的铸件或毛坯的方法。

后母戊大方鼎、秦陵铜车马、沧州镇海吼、永乐大钟、曾侯乙编钟等是铸件中的极品，是我国五千年文明的重要见证，书写了我国金属铸造技术灿烂的文化史。

砂型铸造是铸型由型砂制成的铸造方法。特种铸造是铸型不同于砂型铸造的铸造方法。根据铸型材料和铸造条件的不同，特种铸造分为金属型铸造、熔模铸造、消失模铸造、压力铸造和离心铸造等。根据铸件与铸型是否有相对运动，铸造还可以分为模铸和连续铸造，模铸是铸件在铸型内凝固。连续铸造，即铸件相对于结晶器是运动的，铸坯从结晶器一冷区运动到水雾冷却二冷区，再经空冷三冷区完成凝固过程，得到铸坯的铸造方法，图 1.4 是不同发展阶段铸机的机型及弧形连铸机图片。我国是铸造大国，连铸坯产量在铸造总产量中占 95%以上。

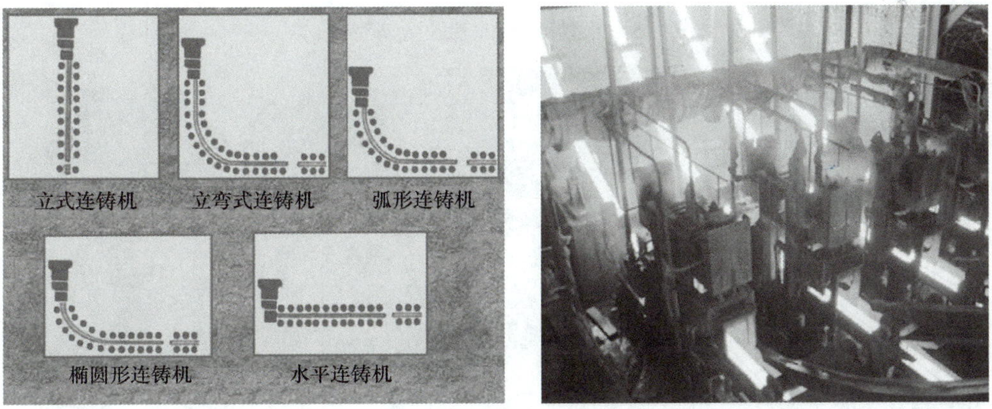

(a) (b)

图 1.4　连铸机的机型（a）及方坯弧形连铸机（b）

图 1.5~图 1.7 分别为砂型铸造、消失模铸造和熔模铸造照片。

目前，模铸在冶金行业中产量占比较小，但是在特殊钢等领域模铸是不可替代的，砂型铸造、金属型铸造、熔模铸造等铸造方法在工业、农业、国防等领域仍然发挥着巨大的作用。

制造业发展对铸件（铸坯）综合性能要求不断提高，铸态组织及凝固缺陷控制标准提升，凝固技术得到了新发展，出现了半固态成型技术、快速凝固技术、非晶制备技术等。“3D 打印”技术就是装备制造业发展催生的一种基于离散堆积成型思想的新型成型技术，也称为快速成型技术，是集成计算机、数控、激光和新材料等最新技术而发展起来的先进的产品研究与开发技术。铸造工艺过程控制和铸造技术的不断进步与发展，为大国重器提供高品质铸件，为轧制、锻压、机械加工全流程工艺链提供高附加值坯料，奠定装备制造基础，推动工业、航空航天、国防、军工、航海等领域的高端产品的研发与生产。

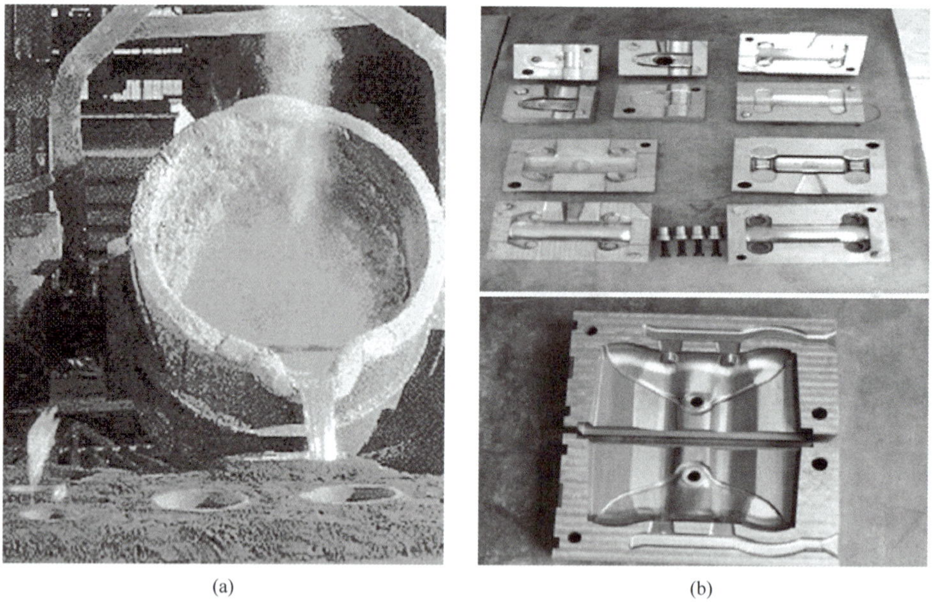

图 1.5 砂型铸造（a）及金属型（b）

图 1.6 发动机缸体消失模铸造现场及铸造产品

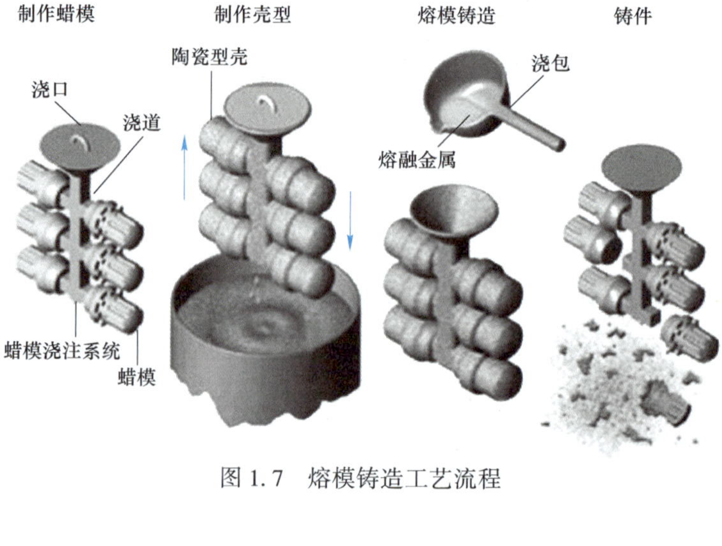

图 1.7 熔模铸造工艺流程

思 考 题

1.1 什么是凝固，经典凝固理论包括哪些内容？

1.2 凝固技术的研究领域有哪些？

1.3 什么是铸造，铸造技术有什么优缺点？

1.4 简述砂型铸造生产工艺流程。

1.5 特种铸造方法有哪些？举例说明。

1.6 模铸铸件有什么特点，举例说明铸件应用在哪些领域？

1.7 连续铸造有什么特点？

1.8 凝固技术在材料加工中的作用是什么？

1.9 根据凝固技术的现状，简述现代凝固理论与凝固技术发展的新特点。

2 液态金属的结构与性质

金属材料的宏观性能与其微观结构有着密切关系，液态金属的结构决定着液态金属的基本性质，掌握液态金属的结构和性质对研究熔化、成型过程、凝固组织及性能有着重要意义。液态金属结构的研究方法有直接法和间接法两种。直接法是用 X 射线衍射、中子衍射及电子衍射等手段直接测定金属的液态结构，研究其原子排列情况。间接法是通过测定密度、黏度和电阻率等对结构敏感的物性参数，根据测量结果，推断液态金属结构的变化。

2.1 金属的结构

2.1.1 金属的液态、固态与气态原子排序特点比较

金属的固、液、气三态结构示意图如图 2.1 所示。

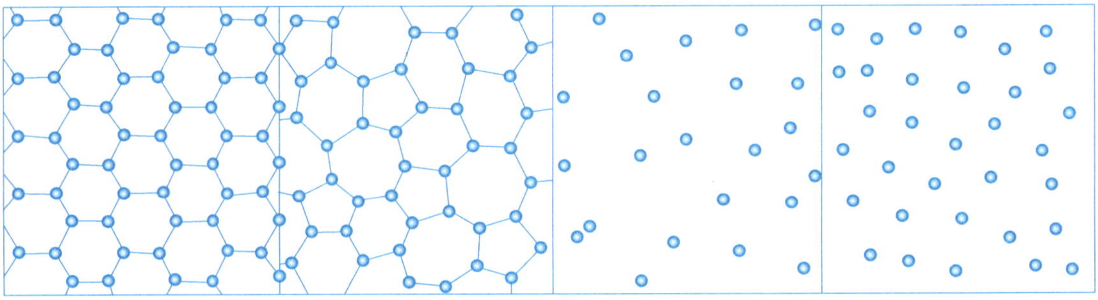

(a) (b) (c) (d)

图 2.1 金属的固态、液态、气态原子分布结构示意图

（a）固态晶体；（b）固态非晶体；（c）气态；（d）液态

液态：相对于完全无序的气体，液体中存在着许多不停“游荡”着的局域有序的原子集团，液体结构表现出局域范围的有序性，液态金属具有长程无序、近程有序特征。如图 2.2 所示。

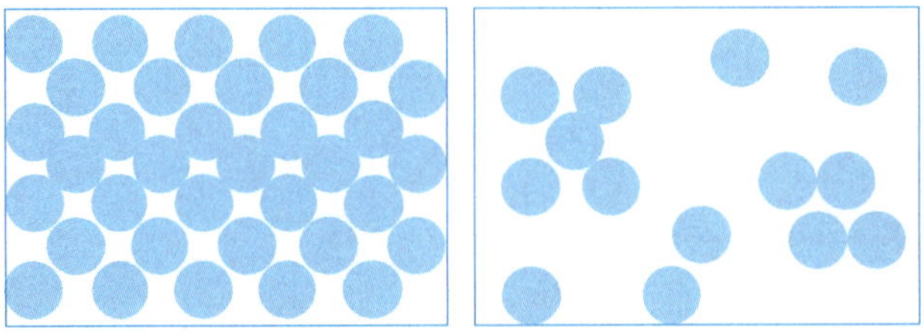

(a) (b)

图 2.2 “远程有序”（a）和“近程有序”（b）的原子排列

固态（晶体）：原子以一定方式周期排列在三维空间的晶格节点上，同时原子以某种模式在平衡位置上做热振动，晶体具有平移、对称性特征（长程有序或远程有序）。

固态（非晶体）：原子不呈空间周期性排列，结构无序或者近程有序、长程无序，但长程有规律的物质。

气态：分子不停地作无规律运动，具有无序特征（长程无序、近程无序）。

2.1.2 由物质熔化过程认识液体结构

物质熔化时体积变化、熵变（以及焓变）一般均不大，金属熔化时典型的体积变化 V_m/V_S（V_m为熔化时的体积增量）为 3%～5%，表明液体的原子间距接近于固体，在熔点附近其混乱度只是稍大于固体而远小于气体的混乱度。金属熔化潜热 H_m 比其汽化潜热 H_b 小得多，为 1/30～1/15，表明相对于汽化，熔化时其内部原子结合键只有部分被破坏。因此，液态金属结构接近固态而远离气态，这已被大量的试验数据所证实。

2.1.3 实际液态金属的结构特点

（1）“能量起伏”：液态金属内部时聚时散的原子集团自身带有不同的能量，而引起的液态金属内部各集团的能量变化。

（2）“结构起伏”：液体中大量不停“游动”着的局域有序原子团簇时聚时散、此起彼伏，也叫“相起伏”。

（3）“浓度起伏”：同种元素及不同元素之间的原子间结合力存在差别，结合力较强的原子容易聚集在一起，把别的原子排挤到别处，表现为游动原子团簇之间存在着成分差异。

2.2 液态金属的性质

2.2.1 液态金属的黏度

2.2.1.1 黏度系数

黏度系数简称黏度（动力学黏度 η），是根据牛顿提出的数学关系式来定义的：

$$\tau = \eta \frac{\mathrm{d}V_x}{\mathrm{d}y} \tag{2.1}$$

式中 τ——平行于 x 方向作用于液体表面（x-z 面）的外加剪切应力；

V_x——液体在 x 方向的运动速度；

$\mathrm{d}V_x/\mathrm{d}y$——表示沿 y 方向的速度梯度。

液体黏度量纲为［M/LT］，常用单位为 Pa · s 或 MPa · s。要产生相同的 $\mathrm{d}V_x/\mathrm{d}y$，液体内摩擦阻力越大，即 η 越大，所需外加剪切应力也越大，如图 2.3 所示。

2.2.1.2 影响黏度的因素

黏度的表达式：

$$\eta=\frac{2kT}{\delta^3}\tau_0\exp\left(\frac{U}{k_B T}\right) \qquad (2.2)$$

式中 k_B——Bolzmann 常数；

T——温度；

k——弹性模量；

U——无外力作用时原子之间的结合能；

τ_0——原子在平衡位置的振动周期；

δ——液体各原子层之间的间距。

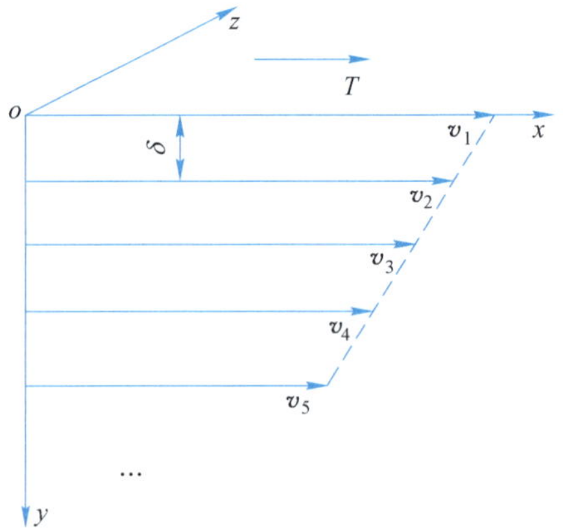

图 2.3 外力作用于液体表面各原子层速度

（1）温度。黏度随原子间距 δ 增大而降低（呈反比）。实际金属液的原子间距 δ 也非定值，温度升高，原子热振动加剧，原子间距增大，η 随之下降。η 与温度 T 的关系受两方面（正比的线性关系和负的指数关系）所共同制约，通常，总的趋势随温度 T 的升高而下降。

（2）合金组元（或微量元素）。表面活性元素（能以极低的浓度显著地降低溶剂的表面张力的一类物质称为表面活性剂，如向 Al-Si 合金中添加的变质元素 Na）使液体黏度降低，非表面活性杂质的存在使黏度提高。若溶质与溶剂在固态形成金属间化合物，则合金液的黏度将会明显高于纯溶剂金属液的黏度，因为合金液中存在异类原子间较强的化学结合键。若混合热 H_m 为负值，合金元素的增加会使合金液的黏度上升（H_m 为负值表明反应为放热反应，异类原子间结合力大于同类原子，因此摩擦阻力及黏度随之提高）。

2.2.1.3 黏度对成型质量的影响

（1）铸件轮廓的清晰程度。在薄壁铸件的铸造过程中，流动管道直径较小，雷诺数（Reynolds number）较小，雷诺数是流体力学中表征黏性影响的相似准数，为纪念奥斯本·雷诺（Osborne Reynolds）而命名，记作 Re。$Re=\rho vL/\mu$，ρ、μ 为流体密度和黏度，v、L 为流场的特征速度和特征长度。管道中流体雷诺数小于 2000 为层流，充型时金属流动通常属于层流。此时，黏度越高，铸件充型越困难，轮廓清晰程度越差。为降低液体的黏度应适当提高过热度或加入表面活性物质等。

（2）热裂、缩孔、缩松的形成倾向。由于凝固收缩形成压力差而造成的自然对流均属于层流性质，此时黏度对流动的影响就会直接作用到铸件的质量。黏度越高，热裂、缩孔、缩松的形成倾向越大。

（3）钢铁材料的脱硫、脱磷、扩散脱氧。在铸造合金熔炼过程中，冶金化学反应均是在金属液与熔渣的界面进行的，金属液中的杂质元素及熔渣中反应物要不断地向界面扩散，同时界面上的反应产物也需离开界面向熔渣内扩散。这些反应过程的动力学（反应速度、反应时间）受到反应物及生成物在金属液和熔渣中的扩散速度的影响，金属液和熔渣的动力学黏度 η 低则有利于扩散的进行，从而有利于脱去金属中的杂质元素。

（4）精炼效果及夹杂或气孔的形成。黏度 η 较大时，夹杂或气泡上浮速度较小，精炼效果差；铸件凝固过程中，夹杂物和气泡难以上浮排除，易形成夹杂或气孔缺陷。

2.2.2 液态金属的表面张力

2.2.2.1 液态金属的表面张力

表面张力是表面上平行于表面切线方向且各方向大小相等的张力。表面张力是由物体在表面上的质点受力不均所造成。由于液体或固体的表面原子受内部的作用力较大，而朝着气体的方向受力较小，这种受力不均引起表面原子的势能比内部原子的势能高。因此，物体倾向于减小其表面积而产生表面张力。

2.2.2.2 影响表面张力的因素

（1）表面张力与原子间作用力的关系：原子间结合力 u_0↑→表面内能↑→表面自由能↑→表面张力↑；

（2）表面张力与原子体积（δ_3）呈反比，与价电子数 Z 呈正比；

（3）表面张力随温度升高而下降；

（4）合金元素或微量杂质元素对表面张力的影响。

向系统中加入削弱原子间结合力的组元，会使 u_0减小，使表面内能和表面张力降低。

2.2.3 液态金属的流动性及充型能力

2.2.3.1 液态金属的流动性及其影响因素

A 合金的流动性

流动性是指熔融金属自身的流动能力。合金流动性的好坏，通常以“螺旋形流动性试样”的长度来衡量，将金属液体浇入螺旋形试样铸型中，在相同的浇注条件下，合金的流动性越好，所浇出的试样越长。

B 影响合金流动性的因素

（1）合金成分：纯金属、共晶成分和金属间化合物流动性好，结晶温度范围宽的合金流动性差，如图 2.4 和图 2.5 所示。从图 2.4 可以看出，纯金属固-液界面比较平直，流动性较好，而结晶温度范围比较宽的合金固-液界面前沿枝晶发达，流动性较差。从图 2.5（a）可以看出，过热度相同时，纯铁和共晶铸铁的流动性最好，亚共晶铸铁和碳素钢随凝固温度范围的增加，其流动性变差。

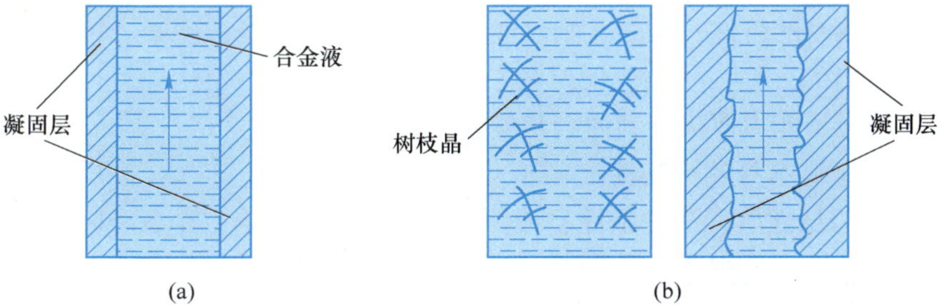

图 2.4 不同结晶特征的合金的流动性

（a）纯金属；（b）结晶温度范围宽的合金

（2）结晶潜热。结晶潜热约占金属含热量的85%~90%，结晶潜热释放越多，流动性越好。

（3）液态金属的黏度及表面张力。黏度越高、表面张力越大时，液态金属的流动性越差，反之，流动性好。

总之，在一定凝固温度范围内结晶的亚共晶合金，凝固时铸件内存在一个较宽的既有液体又有树枝状晶体的两相区。凝固温度范围越宽，则枝状晶越发达，对金属流动的阻力越大，金属的流动性就越差。同时，比热容、密度较大的合金流动性好，导热系数小的合金流动性好。在成分一定的情况下，过热度越大，液态金属流动性越好，如图2.5（b）所示。

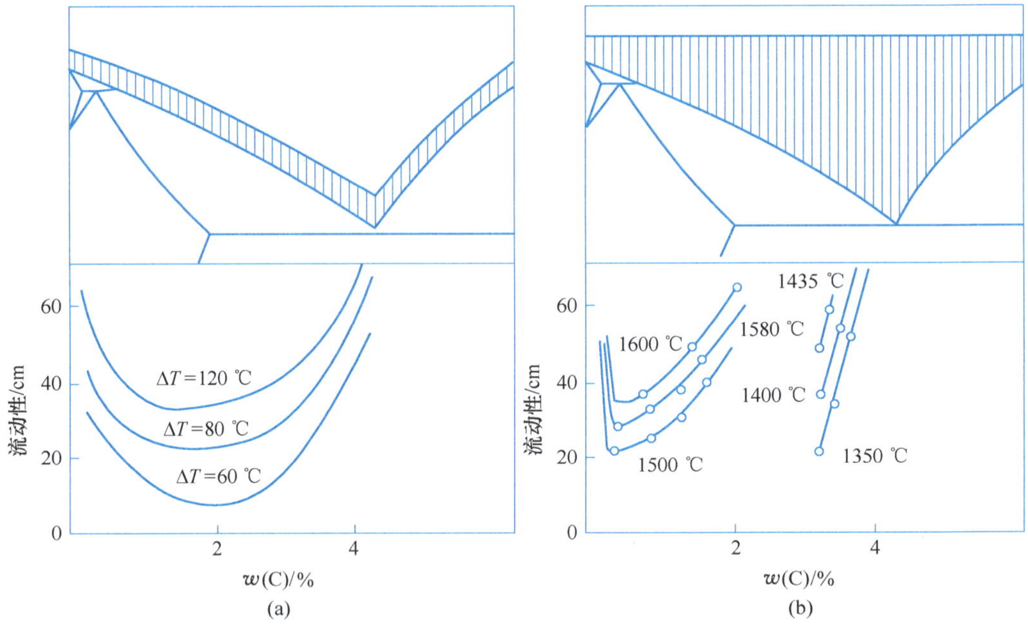

图2.5 铁碳合金的流动性与状态图的关系

（a）浇注过热度保持恒定；（b）浇注温度保持恒定

2.2.3.2 液态金属的充型能力

A 充型能力

充型能力指液态金属充满铸型型腔，获得形状完整、轮廓清晰的铸件的能力，即液态金属充填铸型的能力。充型能力是设计浇注系统的重要依据之一。充型能力强，可以得到轮廓清晰、组织致密的铸件；反之，则可能产生浇不足、冷隔、砂眼、抬箱，以及卷入性气孔、夹砂等缺陷。

液态金属的充型能力取决于其内因与外因。

（1）内因：金属本身的流动性。

（2）外因：铸型性质、浇注条件、铸件结构等因素的影响，是各种因素的综合反映。

B 影响充型能力的因素

（1）金属性质方面的因素（流动性的影响）。

1）纯金属、共晶合金及结晶温度区间较窄的合金：在固定（或较窄）的凝固温度下，已凝固的固相层由表面逐步向内部推进，固相层内表面比较光滑，对液体的流动阻力小，合金液流动时间长，所以充型能力好。具有宽结晶温度范围的合金流动性不好，充型能力也相应降低。

2）结晶潜热（约为液态金属热量的85%~90%）：对于纯金属、共晶成分及结晶温度区间较窄的合金，放出的潜热越多，凝固过程进行得越慢，流动性越好，因此潜热的影响较大。对于宽结晶温度范围的合金潜热对流动性影响不大。

3）合金液的比热、密度越大，导热系数越小，充型能力越好；合金液的黏度，在充型过程前期（属紊流）对流动性的影响较小，而在充型过程后期及凝固过程中（属层流）对流动性影响较大。

（2）铸型性质方面的因素。

1）铸型的导热系数：$b_m = \sqrt{\lambda_m c_m \rho_m}$ 。b_m越大，铸型的激冷能力就越强，金属液于其中保持液态的时间就越短，充型能力下降，铸件的最小壁厚减小，如表2.1所示。金属型（铜、铸铁、铸钢等）的蓄热系数b_m是砂型的十倍或数十倍以上，为了使金属型浇口和冒口中的金属液缓慢冷却，常在一般的涂料中加入b_m很小的石棉粉。

2）铸型温度越高充型能力越好。

表2.1 不同金属和不同铸造方法的铸件最小壁厚

金属种类	铸件最小壁厚/mm				
	砂型	金属型	熔模铸造	壳型	压铸
灰铸铁	3	>4	0.4~0.8	0.8~1.5	—
铸钢	4	8~10	0.5~1.0	2.5	—
铝合金	3	3~4	—	—	0.6~0.8

（3）浇注条件方面的因素。

1）浇注温度越高，液态金属的充型能力越好。

2）充型压头（直浇道上端与铸型中铸件上端位置的高度差）越大，液态金属的充型能力越好。

3）浇注系统（直浇道、横浇道、内浇道）越复杂，压头损失越大，充型能力越差。

（4）铸件结构因素。

1）折算厚度（当量厚度、模数）。$R=V/S$（铸件体积/铸件散热表面积）或$R=F/P$（铸件的断面积/断面周长），铸件的壁厚与复杂程度等也会影响液态金属的充型能力，壁厚越薄，充型能力越差。

2）铸件的复杂程度。铸件结构越复杂，液态金属流经的路程越长，热量损失越多，充型能力越差。

2.3 金属的凝固与结晶

自然界中，物质通常以气态、液态和固态三种聚集状态存在。这些物质状态在空间的有限部分则称为气体、液体和固体。物质从液态到固态的转变过程称为凝固。

固体又分为晶体和非晶体两种形式。晶体的结构特点是质点在三维空间作规则排列，即远程有序；非晶体包括用熔体过冷而得到的传统玻璃和用非熔融法（如气相沉积、真空蒸发和溅射、离子注入等）所获得的新型非晶材料，也称无定形体，其结构特点是近程有序，远程无序，长程有规律。

如果材料由液态转变为晶态固体，这个过程又叫作结晶。结晶过程是一个相变过程，掌握结晶过程的规律对今后研究固态相变的普遍规律非常重要，也可为控制铸件、铸锭产品质量、提高性能打下基础。

在日常生活中，人们所接触的材料不外乎两类，即晶态材料和非晶态材料。所谓晶态材料，是指材料内部原子的排列遵循一定规则；反之，原子排列处于无规则状态的材料称为非晶态材料。形象地说，如果材料中的原子排列像被检阅的士兵方阵那样有序，该材料就是晶态材料；如果原子排列像集市的人群那样分散而立、随意组合，那么这种材料就是非晶态材料。在我们日常接触的物质中，食盐、钻石等都属晶态材料，而木材、纺织品和玻璃都属非晶态材料。以往我们认识的金属，例如建筑、桥梁中的钢铁材料，高铁车身中的铝合金，青铜器中的铜合金等均属于晶态材料。

实例 2.1：合金的铸造性能与灿烂的青铜史

实例 2.1

合金的铸造性能主要包括以下方面。

（1）流动性：指合金液态时的流动能力，是合金本身的性质，主要受到合金成分、热物性参数、传热能力以及结晶潜热等因素的影响，核心因素是合金成分。

（2）收缩性：包括凝固收缩和线收缩，凝固收缩是指在凝固过程中合金体积收缩的现象，对铸件的质量和形状有重要影响；线收缩则是指合金在凝固后冷却过程中尺寸的变化。

（3）缺陷形成倾向，合金充型过程中产生浇不足、冷隔等成型缺陷的倾向，以及凝固过程中形成裂纹、缩孔缩松、偏析、气孔等冶金类缺陷的倾向。

合金获得尺寸精确、轮廓清晰、形状完整铸件的能力，主要取决于合金的流动性。流动性好的合金能够更好地填充铸型，减少缺陷的产生，提高铸件的质量。收缩性好的合金在凝固过程中体积变化小，减少铸件变形和裂纹的风险。此外铸件铸造质量还会受到铸型蓄热能力、浇注工艺、铸件结构等因素的影响。

青铜器（bronze ware）在古时被称为“金”或“吉金”，由红铜与化学元素锡、铅等的合金经铸造而成，刚刚铸造完成的青铜器是金色，由于时间流逝产生锈蚀后，青铜器变为青绿色，而得名青铜。器型多样、花纹精细的青铜器极品，源于青铜良好的铸造性能。青铜是铜和锡或铅的合金，是金属冶铸史上最早的合金，与纯铜相比，青铜强度高且熔点低，25%的锡冶炼青铜熔点会降至 800 ℃，比纯铜低 283 ℃，青铜铸造性能好、耐磨且化学性质稳定。

中国夏代始有青铜容器和兵器。商中期，青铜器品种已很丰富，并出现了铭文和精细的花纹。商晚期至西周早期，是青铜器发展的鼎盛时期，以后母戊方锭为典型代表，器型多种多样，浑厚凝重，铭文逐渐加长，花纹繁缛富丽。中国青铜器在世界青铜器中享有极高的声誉和艺术价值，代表5000年前青铜器的高超铸造技术，彰显中国文化。

思 考 题

2.1 液态金属的结构有什么特点？

2.2 什么是流动性，流动性各受哪些因素影响？

2.3 什么是充型能力，受哪些因素影响？

2.4 充型能力和流动性有什么区别与联系？

2.5 液态金属的黏度和表面张力对其充型能力有什么影响？

2.6 凝固与结晶有什么不同？

2.7 晶体材料与非晶体材料结构上有什么不同？

2.8 合金铸造性能包括哪些方面？影响合金铸造性能的关键因素是什么？

2.9 结合铁碳相图，分析：

(1) 含碳2.2%和含碳3.0%的铸铁的流动性；

(2) 在砂型和金属型中浇注相同铸件（含碳量均为3.0%，浇注工艺相同），试分析哪种条件下充型能力更好？

3 金属凝固过程的传热与温度场

金属凝固过程是液态成型的核心，大部分铸件（铸坯）的缺陷产生于这一过程中，铸件的凝固组织和性能取决于凝固过程。凝固过程涉及热量传输、质量传输和动量传输三个方面。而质量传输和动量传输都与热量传输密切相关，即温度场是其他场的核心和基础。

3.1 凝固过程的传热

3.1.1 凝固过程的传热特点

液态金属凝固过程中主要将金属的过热和凝固潜热传给铸型和环境。液态金属浇入铸型后，金属和铸型的温度都随时间而连续变化，属于不稳定传热。液态金属凝固过程的传热特点可简要概括为："一热、二迁、三传"。

所谓"一热"，即在凝固过程中热量的传输是第一位的，是最重要的，它是凝固过程能否进行的驱动力。所谓"二迁"，是指在金属凝固时存在着两个界面，即固-液界面和金属-铸型界面，这两个界面随着凝固进程而发生动态迁移，并使界面上的传热现象变得极为复杂。所谓"三传"，即金属的凝固过程是一个同时包含动量传输、质量传输和热量传输的三传耦合的三维传输物理过程，而在热量传输过程中同时存在有导热、对流和辐射传热这三种传热方式，如图 3.1 和图 3.2 所示。在液相中主要是对流传热和传导传热；在固态金属凝固层内和实体铸型内是传导传热。由于金属凝固收缩，会在铸件与铸型界面间逐渐形成气隙，界面上传热方式会先后出现传导、对流、辐射三种传热方式，气隙稳定后主要为辐射传热。

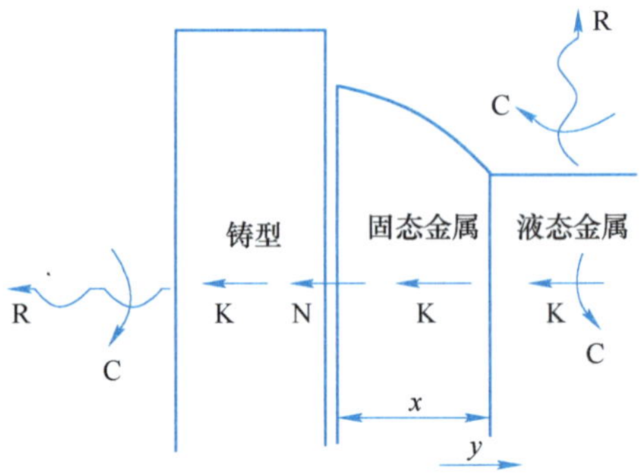

图 3.1　液态金属在铸型中凝固的传热模型

K—导热；C—对流；R—辐射；N—牛顿界面换热

由于以上传热特点，凝固时就要考虑边界条件、初始条件及传热方式等因素对温度场的影响。

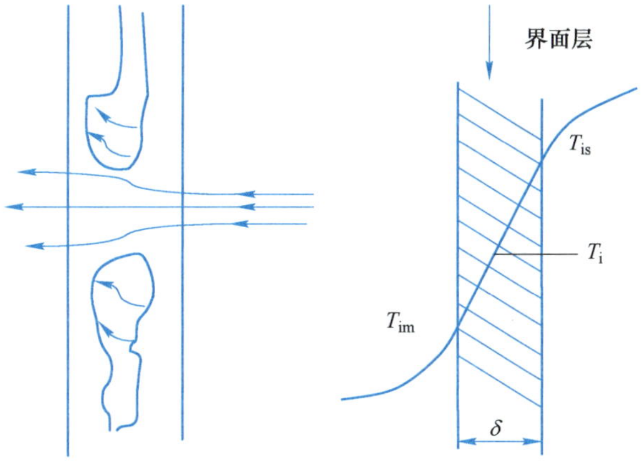

(a) (b)

图 3.2 金属-铸型界面传热模型

(a) 微观；(b) 宏观

3.1.2 界面热阻与传热

在铸件凝固过程中，如果不计液体金属的热阻，金属的凝固速度主要受如下三种热阻的控制，即：

$$R_s = s/\lambda_s$$
$$R_m = I_m/\lambda_m$$
$$R_i = 1/h_i$$

式中 R_s，R_m，R_i——已凝固的固体金属层、铸型和界面热阻；

s——凝固层厚度；

I_m——铸型厚度；

λ_s——凝固层导热系数；

λ_m——铸型导热系数；

h_i——界面换热系数。

3.1.2.1 非金属型铸件的凝固传热

铸件在砂型等非金属铸型中凝固时，铸件金属导热性比铸型的好，因此金属的凝固速度主要决定于铸型的导热性能。由于铸型导热系数较小，铸型的热阻较大，铸件与铸型边界上温度变化平缓，热流的限制环节是铸型。金属在砂型中凝固时，热阻几乎全部在铸型中，边界传热系数很小，铸件内部温度梯度小，如图 3.3 所示。假设：

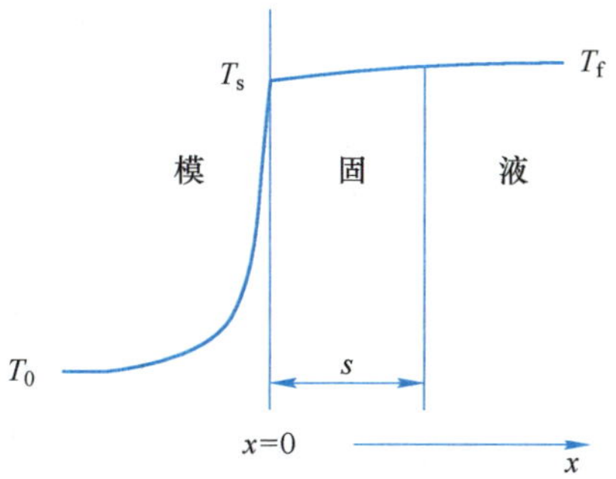

图 3.3 铸件在砂型中凝固温度分布

(1) 无限大平板在砂模中凝固；

(2) 浇注温度为其熔点 T_M；

(3) 浇注瞬间，铸型内表面立即升至 T_M；

（4）忽略铸件横截面上的温差，将温度场简化为一维偏微分方程：

$$\frac{\partial T}{\partial t} = a_m \frac{\partial^2 T}{\partial x^2}$$

$$s = \frac{2}{\sqrt{\pi}}\left(\frac{T_M - T_0}{\rho_s L}\right)\sqrt{\lambda_m c_m \rho_m}\sqrt{t}$$

令

$$C = \frac{2}{\sqrt{\pi}}\left(\frac{T_M - T_0}{\rho_s L}\right)\sqrt{\lambda_m c_m \rho_m}$$

$$M = C\sqrt{t_f}$$

式中 s——凝固层厚度；

M——铸件模数；

T_0——铸型表面温度；

ρ_s——铸件密度；

L——铸件结晶潜热；

λ_m——铸型的导热系数；

c_m——铸型的比热容；

ρ_m——铸型的密度。

3.1.2.2 金属型铸件的凝固传热

当铸件在金属型中凝固时，由于铸型热导率大，表层金属迅速凝固，凝固壳收缩产生气隙，因此必须同时考虑边界层、凝固层和铸型的传热。由于边界热阻远大于凝固层和铸型热阻，热流的限制环节是铸件与铸型之间的界面，如图 3.4 所示。假设：

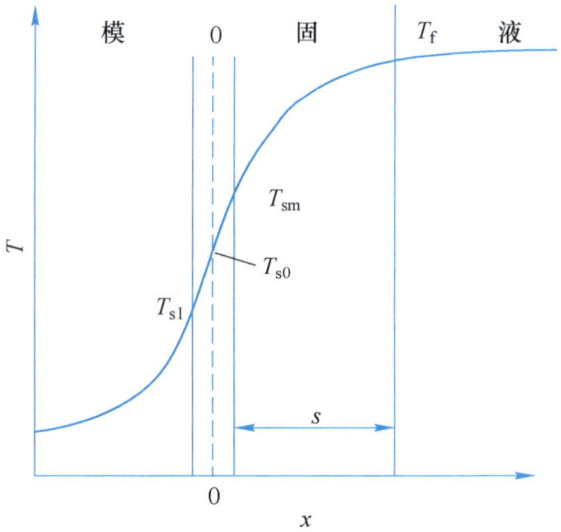

图 3.4 铸件在金属型中凝固温度分布

（1）金属型为半无限大，一维热传导；

（2）界面热阻为常数，界面传热系数 h_i 是常数；

（3）忽略液体金属的过热度和对流；物性值为常数；

（4）凝固前沿在固定凝固点 T_f 下凝固，将温度场简化为一维偏微分方程：

$$\frac{\partial T}{\partial t} = a_m \frac{\partial^2 T}{\partial x^2} \tag{3.1}$$

$$T = A + B \cdot \mathrm{erf}\left(\frac{x}{2\sqrt{at'}}\right)$$

$$t = \alpha s^2 + \beta s$$

$$\alpha = \frac{1}{4a_s\phi^2}; \qquad \beta = \frac{s_0}{2a_s\phi^2}$$

式中 T——温度；

t——凝固时间；

a_m——导温系数；

s——凝固层厚度；

A——常数；

B，α，β——系数。

实际铸件的凝固时间包括导出过热热量的时间、凝固时间和凝固后至打箱的时间。

由 $t=\alpha s^2+\beta s$，绘制 t/s 与 s 的关系线，t/s 轴上的截距即 β 值，代入 β 值即可求得 h_i。

$$h_i=\frac{\rho_s L}{(T_f-T_0)\beta} \tag{3.2}$$

实例 3.1：ϕ100Al-Si 合金铸件在砂型和金属型中凝固的测温结果和凝固组织

在砂型中浇注直径为 100 mm 的圆柱体铝硅合金铸件，浇注温度为 780 ℃，采用适时测温装置对铸件及砂型进行温度采集，铸件凝固过程中测温点的连续冷却（升温）温度曲线如图 3.5 所示。图中 1~4 表示测温点位置与编号。

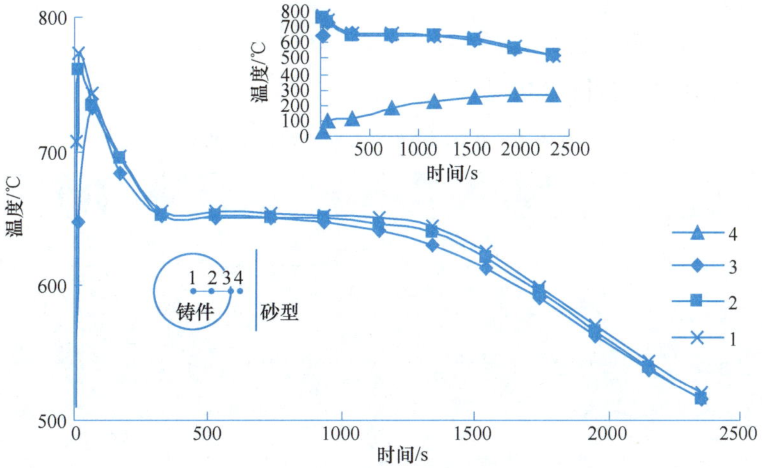

图 3.5 ϕ100 铝硅合金圆柱铸件在砂型中连续冷却曲线

ϕ100Al-Si 合金铸件在砂型和金属型中凝固的宏观组织如图 3.6 所示。由于砂型的导热能力较金属型差，因此铸件在金属型中凝固时具有更大的冷却速度，铸件与铸型的界面温度梯度较大，所以在金属型中会得到柱状晶组织（关于凝固组织，在第 6 章中会做进一步的论述）。

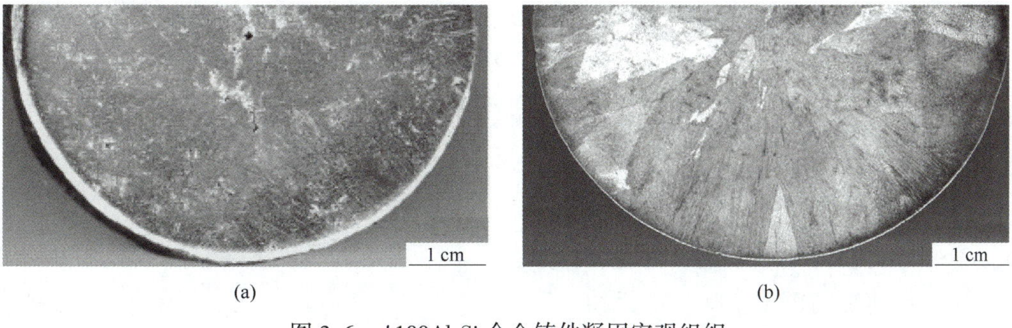

图 3.6 ϕ100Al-Si 合金铸件凝固宏观组织

（a）砂型中；（b）金属（铜）型中

3.2 凝固时间的计算

在3.1.2小节中关于凝固时间的计算是理论计算，需要知道铸件的热物理参数、金属液浇注温度、铸型的初始温度和铸件-铸型的界面温度，计算公式比较复杂，而且对凝固过程做了很多假设推导，仍然是一种近似计算。在工程上应用比较广泛的是经验计算法，即用平方根定律来估算凝固层厚度或凝固时间。

3.2.1 平方根定律法

平方根定律指凝固层厚度与时间的平方根呈正比，即：

$$\xi = K\sqrt{t} \tag{3.3}$$

式中 ξ——凝固层厚度，mm；

t——凝固时间，min；

K——铸件的凝固系数，$\mathrm{mm \cdot min^{-1/2}}$。

几种合金在铸型中的凝固系数见表3.1。

表3.1 几种金属在铸型中的凝固系数

合金种类	铸型	凝固系数/($\mathrm{cm \cdot min^{-1/2}}$)
灰铸铁	砂型	0.72
	金属型	2.2
可锻铸铁	砂型	1.1
	金属型	2.0
铸钢	砂型	1.3
	金属型	2.6
铸铝	金属型	3.1

在金属型铸造过程中考虑浇注条件、具体材质对凝固进程的影响，钢液在铸铁模中凝固的凝固系数 K 可由式（3.4）求得：

$$K=\frac{1.128 b_m (T_i - T_m)}{\rho_s \sum \Delta H} \tag{3.4}$$

式中 b_m——铸型的蓄热系数，$b_m=\sqrt{\lambda_m \rho_m C_m}$；

T_i——金属液温度；

T_m——铸型温度；

λ_m, ρ_m, C_m——铸型的导热系数、密度和比热；

ρ_s——铸锭的密度；

$\sum \Delta H$——凝固潜热。

3.2.2 当量厚度法

对于任意形状的铸件，可以用其体积 V 与表面积 S 的比值 V/S 来代替铸件的厚度，该厚度称为当量厚度或模数等。在相同的铸造条件下，铸件的凝固时间只与铸件的模数有关。由平方根定律得：

$$t = \frac{1}{K^2}\left(\frac{V}{S}\right)^2 = \frac{M^2}{K^2} \tag{3.5}$$

式中 M——模数。

3.3 液态金属凝固温度场

3.3.1 铸件温度场的研究方法

铸件温度场是指某一时刻铸件上各点的温度分布。温度场是预测铸件缺陷、微观组织形成的基础，是设计浇冒系统、冷却条件及其他工艺设计的依据。铸件在铸型中的冷却过程是极其复杂的，是一个涉及传热、传质、动量传输的非稳态过程。温度场精确计算是十分困难的，因此，求解铸件温度场需要忽略一些次要因素，设置一些假设条件。

铸件温度场的研究主要有三种方法，即数学解析法、数值计算法和测温法。

（1）数学解析法。数学解析法是在一定的假设条件下，结合边界条件，直接从传热微分方程中求出温度场的解析解。对于复杂物体，如二维、三维问题，解析表达式很难得到甚至得不到解。因此解析法的应用范围很受局限。

铸件凝固过程是一个有源的非稳态传热过程。求解铸件凝固过程温度场尤其是连续铸造，要描述温度随空间和时间的变化规律，要求助于导热偏微分方程。三维坐标系下，热流的控制方程为：

$$c\rho\frac{\partial T}{\partial t} = \frac{\partial}{\partial x}\left(\lambda\frac{\partial T}{\partial x}\right) + \frac{\partial}{\partial y}\left(\lambda\frac{\partial T}{\partial y}\right) + \frac{\partial}{\partial z}\left(\lambda\frac{\partial T}{\partial z}\right) + \dot{q} \tag{3.6}$$

式中 λ——导热系数；

T——热力学温度；

$\dot{q}$——单位体积物体单位时间内释放的热量；

c——比热容；

ρ——密度；

t——时间。

（2）数值计算法。数值计算法是从铸件的凝固过程中抽象出数学模型，并对实际凝固过程进行几何简化，利用有限元法、边界元法或有限差分法对上述简化得到的几何模型进行网格划分，通过计算机进行数值计算，得到铸件凝固温度场的近似求解方法。铸件凝固温度场经过几十年的发展，已经比较成熟，但在模拟计算大型件、薄壁铸件及精确成型铸件的温度场时，如何提高计算效率、缩短计算时间仍然有待进一步研究。

（3）测温法。测温法是试验中最常用的一种方法，它通过向铸型和铸件型腔中安放热电偶直接测出凝固过程中铸件各点温度随时间变化，得到温度-时间曲线，根据曲线可以绘制不同时刻铸件截面上特征点的温度分布和铸件凝固动态曲线，图 3.5 是用测温法得到的铝硅合金圆柱铸件横截面上各点的连续冷却曲线。测温法的主要内容包括测温点设置和测温结果处理，在考虑对称条件及边界效应的情况下，用尽量少的热电偶获得尽可能多的信息。但测温法在现场生产中很多是无法进行的，尤其是特大型铸件或连铸生产过程中，对铸件（坯）质量要求高或考虑到安全问题，是不允许安放热电偶的。

以上三种方法各有优缺点，科研和生产实际过程中，测温法和数值模拟法用得较多，尤其是以一定的测温试验为基础的数值模拟技术是目前企业生产过程控制的主要依据，数值模拟与试验相结合的方法也是科研院所常用的研究方法。

3.3.2 铸件温度场的影响因素

3.3.2.1 金属性质的影响因素

金属的热扩散率、潜热和凝固温度对温度场都有影响。

（1）热扩散率。热扩散率也叫导温系数，是表征热量扩散（或温度均匀化）能力的一种物性参数，其表达式为：

$$\alpha = \frac{\lambda}{c\rho}$$

式中 α——导温系数，m/h；

λ——导热系数；

c——比热容；

ρ——密度。

热扩散率大，铸件内部温度均匀化的能力大，温度分布曲线比较平坦，铸件截面温度梯度小；反之，温度分布曲线比较陡，截面温度梯度大。

（2）结晶潜热。结晶潜热约占液态金属总热量的 85%～90%。结晶潜热越大，铸件凝固放出的热量就越多，铸型被加热的温度就越高，因而铸件截面温度梯度小，冷却速度降低，铸件截面温度场分布均匀。反之，铸件冷却速度快，截面温度梯度大。

（3）液-固相线温度。金属的液-固相线温度高，浇注温度就高，凝固过程中铸件与铸型界面温差增大，而且铸型的热导率随温度升高而增大，导致铸件截面温差增大，温度分布曲线陡峭。

3.3.2.2 铸型性质的影响

（1）铸型的蓄热系数。蓄热系数（$b_m = \sqrt{\lambda_m \rho_m C_m}$）表示铸型吸收铸件热量的能力，$b_m$ 越大，铸型的激冷能力越强，铸件截面温差增大，温度分布曲线越陡。反之，温度曲线平缓。金属型（铜、铸铁、铸钢等）的蓄热系数 b_m 是砂型的十倍或数十倍以上，铸件表面与芯部温差较大。

（2）铸型温度。铸型初始温度越高，对铸件的激冷能力越弱，铸件截面上的温度梯度也越小；反之，铸型激冷能力强，铸件温度梯度大。一些脆硬倾向大的金属，浇注前通常需要将铸型预热，防止铸件出现裂纹。

3.3.2.3 浇注条件的影响

液态金属的浇注温度一般在液相线以上 30～50 ℃，因此过热的热量较少，约占凝固总热量的 5%～6%。在金属型铸造时，铸型蓄热能力强，过热热量很快就散失了，因此浇注温度对温度场的影响不大。但在砂型铸造时，铸型的蓄热能力低，增加过热度，相当于提高了铸型温度，使铸件截面温度梯度减小。

3.3.2.4 铸件结构的影响

（1）铸件壁厚（当量厚度、模数）。铸件的当量壁厚 $R=V/S$（铸件体积/铸件散热表面积）或 $R=F/P$（铸件的截面面积/截面周长）。

铸件壁厚越大，凝固时铸件向铸型传输的热量越多，铸型被加热的温度越高，则铸件的截面温度梯度越小。反之，壁厚越薄，冷却越快，铸件截面温度的梯度越大。如果铸件壁厚过薄，冷速快，金属液未完成充型就凝固了，导致成型不完整，因此铸件有最小壁厚和最小铸出孔的限制。根据铸件材质、铸型材质的不同，铸件最小壁厚和最小铸出孔尺寸不同。常见铸钢件在砂型铸造中的最小壁厚尺寸如表 3.2 所示。

（2）铸件的形状。铸件表面积相同的情况下，向外凸出的曲面，如球面、圆柱形表面、L 形铸件的外角，对应着渐次放宽的铸型体积，散出的热量有较大体积的铸型所吸收，所以铸件凸面和外角处的冷却速度比平面快，而凹面和凹角对应着收缩的铸型体积，冷却速度比平面部分要小，如圆筒件的内表面。

表 3.2　砂型铸造铸钢件的最小壁厚　（mm）

铸钢种类	铸件最大轮廓尺寸				
	<200	200～400	400～800	800～1250	1250～2000
碳钢	8	9	11	14	16～18
低合金结构钢	8～9	9～10	12	16	20
高锰钢	8～9	10	12	16	20
不锈钢	8～10	10～12	12～16	16～20	20～25
耐热钢	8～10	10～12	12～16	16～20	20～25

3.3.3 铸件凝固方式及其影响因素

3.3.3.1 凝固方式

根据固液两相区（凝固区间）宽度的不同，铸件的凝固方式可以分为：逐层凝固方式、体积凝固方式（或糊状凝固方式）和中间凝固方式，如图 3.7 所示。

（1）逐层凝固方式。合金在凝固过程中其断面上固相和液相由一条界线清楚地分开，

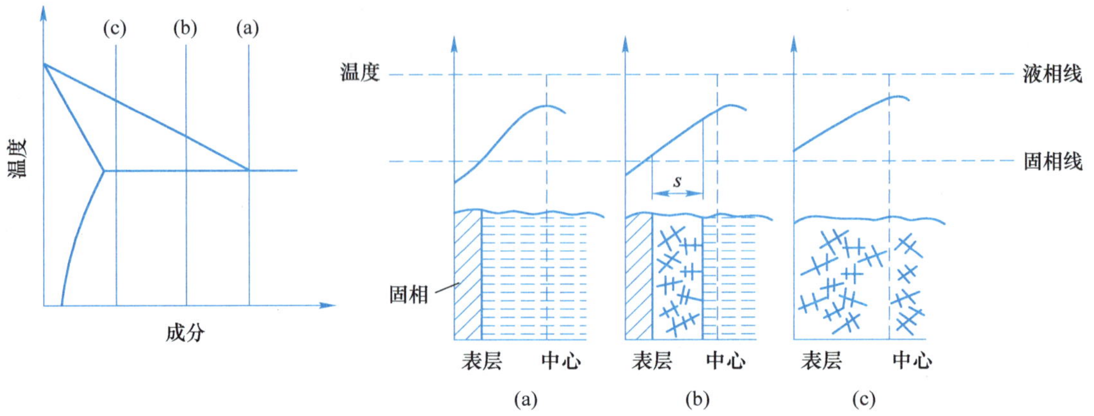

图 3.7 铸件凝固方式

（a）逐层凝固方式；（b）中间凝固方式；（c）体积凝固方式

这种凝固方式称为逐层凝固。常见如灰铸铁、低碳钢、工业纯铜、工业纯铝、共晶铝硅合金及某些黄铜都属于逐层凝固的合金。

（2）体积凝固方式。合金在凝固过程中先呈糊状而后凝固，这种凝固方式称为体积凝固。球墨铸铁、高碳钢、锡青铜和某些黄铜等都是体积凝固的合金。

（3）中间凝固方式。大多数合金的凝固介于逐层凝固和糊状凝固之间，称为中间凝固方式。中碳钢、高锰钢、白口铸铁等具有中间凝固方式。

3.3.3.2 铸件凝固方式的影响因素

铸件的凝固方式是由合金结晶温度范围和铸件断面温度梯度两个因素决定的。

（1）合金结晶温度范围。在铸件截面温度梯度相近的情况下，凝固区间的宽度随合金的结晶温度范围（$\Delta T_C = T_L - T_S$）增大而加大。碳钢的结晶温度范围随着含碳量的增加而变大，固液两相区的宽度也随之加宽。在砂型铸造时，低碳钢铸件的凝固方式为逐层凝固；中碳钢铸件为中间凝固方式；高碳钢铸件为体积凝固方式。

（2）铸件截面温度梯度。当合金成分确定后，合金结晶温度范围一定，凝固区间的宽度随温度梯度增大而减小。影响铸件截面温度梯度的因素都对凝固区间的宽度起作用。主要有合金的传热能力、铸型的蓄热能力、金属的浇注温度和铸件结构。

思 考 题

3.1 凝固过程的传热有哪些特点？

3.2 铸件凝固过程传输行为包含哪些内容？

3.3 铸件在砂型、金属型中凝固边界热阻有什么不同？

3.4 简述铸件凝固温度场有什么特点。

3.5 凝固温度场的研究方法有哪几种，当今科技工作者通常采用什么方法研究铸件凝固温度场？

3.6 铸件的凝固方式有哪些，凝固方式的影响因素有哪些？

3.7　铸件形成的四大要素是什么？

3.8　写出平方根定律的表达式，并解析其物理意义。

3.9　比较等体积的球状、板状和杆状铸件的凝固时间的长短。

3.10　铸件的最小壁厚受哪些因素影响？

3.11　内径为 50 mm 外径为 200 mm 的圆筒形铸钢件，在砂型中凝固，凝固至 5 s 时，求此时凝固层厚度，并计算该铸件的凝固时间。

4 金属凝固热力学与动力学

凝固是物质由液相转变为固相的过程，是液态成型技术的核心问题，也是材料研究和新材料开发领域共同关注的问题。凝固包括：

（1）由液体向晶态固体转变（结晶）；

（2）由液体向非晶态固体转变（玻璃化转变）。

常用工业合金或金属通常为晶体结构，因此，本章主要讨论金属的结晶过程的形核及晶体生长热力学与动力学。

热力学是研究热现象中物质系统在平衡时的性质和建立能量的平衡关系，以及状态发生变化时系统与外界相互作用（包括能量传递和转换）的学科。凝固热力学主要任务是：研究金属凝固过程中各种相变的热力学条件，平衡条件或非平衡条件下的固、液两相或固-液界面的溶质成分，溶质平衡分配系数的热力学意义及压力、晶体曲率的影响等。

动力学是理论力学的一个分支学科，它主要研究作用于物体的力与物体运动的关系。凝固动力学主要任务是研究形核、界面结构及晶体长大。

4.1 凝固热力学

4.1.1 液-固相变驱动力

4.1.1.1 结晶潜热的释放

以纯金属为例，从图 4.1 看到，纯金属的结晶曲线上有一个平台，为什么会出现平台呢？金属熔化时从固相转变为液相是吸收热量，而结晶时从液相转变为固相则放出热量，前者称为熔化潜热，后者称为结晶潜热。结晶潜热的释放，补偿了散失到周围环境的热量，所以冷却曲线上出现了平台，因此，平台是由结晶潜热释放造成的。

4.1.1.2 过冷现象

纯金属只有在无限缓慢冷却条件下（即平衡条件下）的结晶温度，才是我们常说的所谓的“凝固”点，称为理论结晶温度，以 T_m 表示。如：$T_m(Fe) = 1538$ ℃，$T_m(Cu) = 1083$ ℃，$T_m(Al) = 660$ ℃等。但在实际生产中，金属结晶时的冷却速度都是相当快的，液态金属总是在理论结晶温度以下的某一温度才开始结晶，这个温度就是冷却曲线平台所对应的温度，即金属的实际结晶温度 T_n，金属的实际结晶温度 T_n 低于理论结晶温度 T_m 的现象称为过冷现象。理论结晶温度与实际结晶温度之差，常用 ΔT 表示，称为过冷度，$\Delta T = T_m - T_n$，如图 4.2 所示。

实践证明，过冷度不是一个恒定值，它与金属的纯度及结晶时的冷却速度有关。冷却速度越快，过冷度越大，金属的实际结晶温度越低。实际上，金属总是在过冷的情况下结晶。

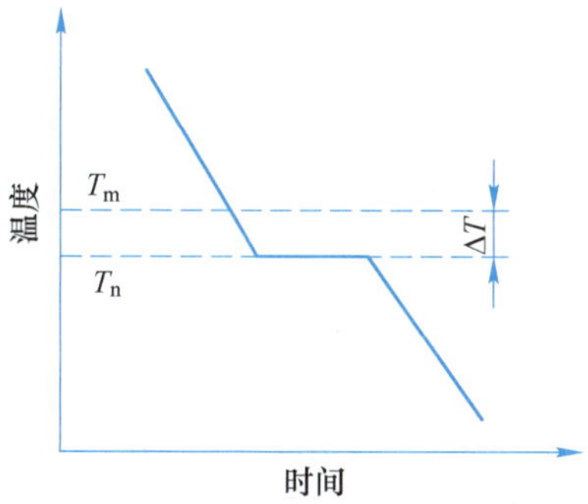

图 4.1　纯金属结晶的冷却曲线

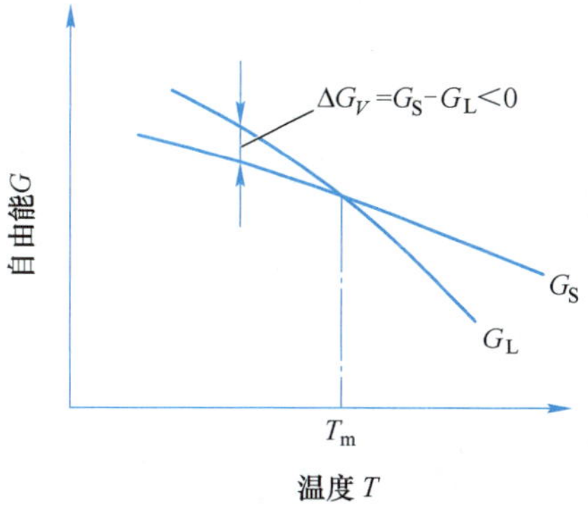

图 4.2　液相和固相自由能随温度变化示意图

4.1.1.3　相变驱动力 ΔG

金属在过冷的条件下由液态转变为固态是由结晶时的能量条件所决定的。所有自发过程总是使系统的能量降低，而金属的结晶是金属从能量较高的液态向能量较低的固态转变，转变能得以进行则是由于存在着能量差。金属的结晶是一个等温等压过程。根据热力学第二定律，在等温等压条件下，系统能否自发地从一种状态转变到另一种状态，可用自由能 G 这个状态函数的变化来判断。如果状态变化的结果能使系统的自由能降低，则这一过程可以自发进行；反之，则不能自发进行。

液态金属自由能 G_L 和固态金属自由能 G_S 与温度的关系曲线如图 4.2 所示。

根据热力学第二定律，金属的状态自由能可表示为：

$$G = H - TS \tag{4.1}$$

$$\begin{aligned}\Delta G_V &= G_S - G_L \\ &= H_S - TS_S - (H_L - TS_L) \\ &= H_S - H_L - T(S_S - S_L) \\ &= \Delta H - T \cdot \Delta S \\ &= -L_m - T \cdot \Delta S \end{aligned} \tag{4.2}$$

式中　H——焓；

S——熵；

H_S——固相热焓；

H_L——液相热焓；

S_S——固态熵；

S_L——液态熵；

T——热力学温度；

L_m——结晶潜热。

在熔点 T_m温度以下，G_S低于 G_L，如图 4.2 所示，故 $T<T_m$时液态金属进行凝固变成固态；$T>T_m$时 G_S高于 G_L，发生熔化，金属由固态变成液态；当金属温度 $T=T_m$时，$\Delta G_V=0$，即液、固态处于平衡状态。

平衡状态时，由式（4.2）得：

$$\Delta G_V = - L_m - T_m \cdot \Delta S = 0$$

即

$$L_m = - T_m \cdot \Delta S \tag{4.3}$$

当 $T<T_m$时，由于 ΔS 很小，可视为常数，则 $\Delta S=-L_m/T_m$，将导出的 ΔS 代入式（4.2），从热力学推导系统由液体向固体转变的相变驱动力 ΔG_V，即：

$$\Delta G_V = \frac{-L_m(T_m - T)}{T_m} = - \frac{L_m \cdot \Delta T}{T_m} \tag{4.4}$$

式中　ΔT——过冷度。

对某一金属（合金）而言，熔化潜热 L_m和熔点 T_m是定值，故 ΔG_V 只与 ΔT 有关。因此液态金属（合金）凝固的驱动力是由过冷度提供的，或者说过冷度 ΔT 就是凝固的驱动力。

总之，金属结晶的能量条件是：固态金属的自由能必须低于液态金属的自由能。只有在过冷的条件下，即 $T_0<T_n$时，才能满足这一能量条件，这正是结晶必须过冷的根本原因。

过冷度 ΔT 越大、自由能差 ΔG_V越大，液态金属结晶成固态金属的推动力也越大，结晶的倾向也就越大。应当指出，能量条件只是转变的必要条件，液态金属还需要满足一定的结构条件，才能完成结晶过程。

根据相变动力学理论，液态金属中原子在结晶过程中的能量变化如图 4.3 所示。高能态的液态原子变成低能态的固态中的原子，必须越过能态更高的高能态 ΔG_A 区，高能态区即为固态晶粒与液态相间的界面，界面具有界面能，它使体系的自由能增加。生核或晶体的长大，是液态中的原子不断地向前推进的过程。这样，只有液态金属中那些具有高能态的原子，或者说被“激活”的原子才能越过高能态的界面变成固体中的原子，从而完成凝固过程。ΔG_A 称为动力学能障。因此，液态金属凝固过程中必须克服热力学和动力学两个能障。

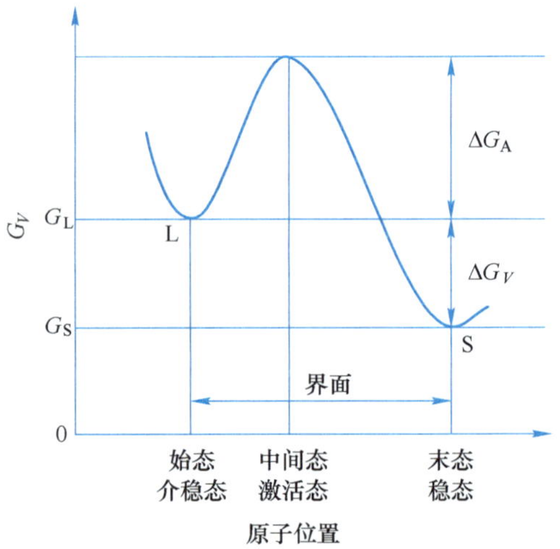

图 4.3　金属原子在结晶过程中的自由能变化

液态金属在成分、温度、能量上是不均匀的，即存在成分、相结构和能量三个起伏，也正是这三个起伏才能克服凝固过程中的热力学能障和动力学能障，使凝固过程不断地进行下去。

4.1.2　溶质平衡分配系数（K_0）

K_0 定义为恒温 T^* 下溶质在固液两相的物质分数 C_S^* 与 C_L^* 达到平衡时的比值：

$$K_0 = \frac{C_S^*}{C_L^*} \tag{4.5}$$

对于 $K_0<1$，K_0 越小，固相线、液相线张开程度越大，固相成分开始结晶时与终了结晶时差别越大，最终凝固组织的成分偏析越严重，如图 4.4 所示。因此，常将 $|1-K_0|$ 称为“偏析系数”。

4.1.3 曲率、压力对物质熔点的影响

固相表面曲率 $k>0$，引起熔点降低；曲率越大（晶粒半径 r 越小），物质熔点温度越低，如图 4.5 所示。同理，当系统的外界压力升高时，物质熔点必然随之升高。通常，压力改变时，熔点温度的改变很小，约为 10^{-2} ℃/大气压。下面推导固相表面曲率和外界压力变化对液态金属凝固的影响。

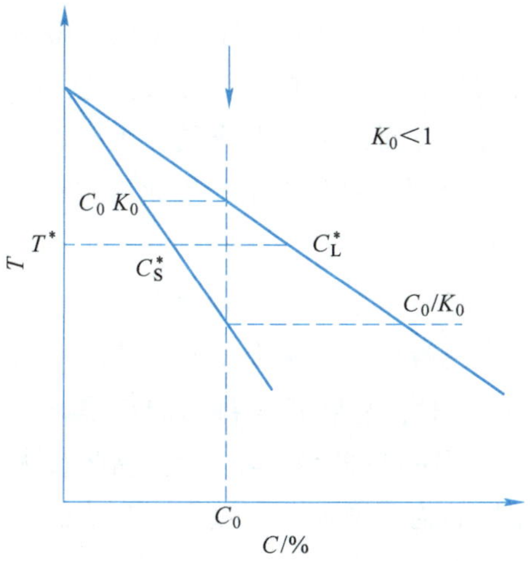

图 4.4 溶质平衡分配系数

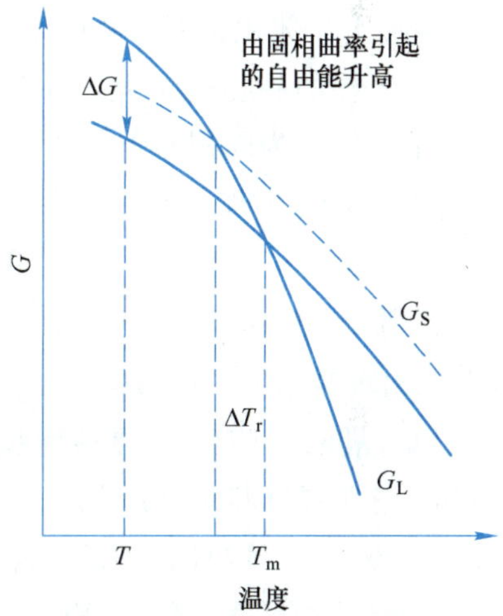

图 4.5 曲率对熔点的影响

由于表面张力 σ 的存在，固相曲率 k 引起固相内部压力增高，产生附加自由能：

$$\Delta G_1 = V_S \Delta p = V_S \cdot \sigma\left(\frac{1}{r_1} + \frac{1}{r_2}\right) = 2V_S \cdot \sigma \cdot k \tag{4.6}$$

欲保持固相稳定，必须有一相应过冷度 ΔT_r 使自由能降低与之平衡（抵消）。

$$\Delta G_2 = \frac{L_m \Delta T_r}{T_m}$$

即

$$\Delta G_1 + \Delta G_2 = 2V_S \sigma k + \frac{L_m \Delta T_r}{T_m} = 0 \tag{4.7}$$

$$\Delta T_r = -\frac{2kV_S \sigma T_m}{L_m}$$

4.2 凝固动力学

在过冷的液态金属中，最大的“相起伏”（结构起伏）可能达到几百个原子的大小，在一定条件下，液态金属中这些近程有序排列的原子集团有可能成为结晶的核心。因此“相起伏”就是液态金属结晶的结构条件。

4.2.1 均质形核

均质形核：形核前液相金属或合金中无外来固相质点而从液相自身发生形核的过程，所以也称“自发形核”。

在过冷的液态金属中，虽然能出现尺寸不一的“相起伏”，但并不是所有的“相起伏”都能成为在一定过冷条件下的结晶核心，那么具备哪些条件的“相起伏”才能成为结晶核心呢?

“相起伏”体积长大将会使系统的自由能降低，那么这些“近程有序”结构，就可以成为自发形核的晶胚而长大。在晶胚形成时，系统的自由能会发生两方面的变化：一方面，由液相转变为固相而引起体积自由能 ΔG_V 下降；另一方面，由于形成晶胚表面而引起表面自由能 ΔG_S 增加。所以，在过冷液相中形成一个晶胚时，总的自由能变化可表示为：

$$\Delta G = -V \cdot \Delta G_V + \sigma \cdot S \tag{4.8}$$

晶胚形成时系统自由能的变化与晶胚半径的关系如图 4.6 所示。当晶胚半径为 r^* 时，ΔG 曲线出现极大值，用 ΔG_k 表示。晶胚长大将引起系统自由能的降低，所以晶胚半径 r 大于 r^* 的晶胚，可能成为晶核而长大。当晶胚半径 $r<r^*$ 时，晶胚长大将引起系统自由能的增加，这类晶胚将重新熔化，不能成为晶核而长大。当晶胚半径 $r=r^*$ 时，晶胚长大和消失的趋势相等，这时的晶胚称为临界晶核，r^* 为晶核的临界半径。所以，r^* 是决定晶胚能否成为晶核的尺寸界限，只有 $r>r^*$ 的晶胚才有可能成为自发晶核。

此外，从图 4.6 还可以看出，晶胚半径 $r>r^*$ 时，晶胚的长大会引起自由能的降低，这种晶核就能够长大，但是在 $r>r^*$ 处，ΔG 仍然为正值，即临界晶核的自由能仍高于原来液相所具有的平均自由能。这说明临界晶核的形成是需要一定能量的。形成临界晶核所需要的能量，称为临界晶核形成功，简称形核功，用 ΔG_k 表示。这一形核功是过冷液体形核时的主要障碍，过冷液体需要一段孕育期才开始结晶的原因正在于此。

假设晶胚为球形，半径为 r，则：

$$\Delta G = -\frac{4}{3}\pi r^3 \Delta G_V + 4\pi r^2 \sigma \tag{4.9}$$

式中 r——球形核心的半径；

ΔG_V——单位体积液态金属凝固时自由能的变化。

由式（4.9）看出，当 r 很小时，第二项起支配作用，体系自由能总的倾向是增加的，此时形核过程不能发生；只有当 r 增大到一定值 r^* 后，第一项才起主导作用，使体系自由能降低，形核过程才能发生，如图 4.6 所示。

对式（4.9）进行求导并令其等于零，就可以求出临界晶核半径：

$$r^* = \frac{2\sigma}{\Delta G_V} \tag{4.10}$$

将式（4.4）代入式（4.10）得出：

$$r^* = \frac{2\sigma}{L_m} \cdot \frac{T_m}{\Delta T} \tag{4.11}$$

可见，临界半径 r^* 与过冷度 ΔT 呈反比，即过冷度越大，晶胚的临界半径 r^* 越小，如图 4.7 所示。

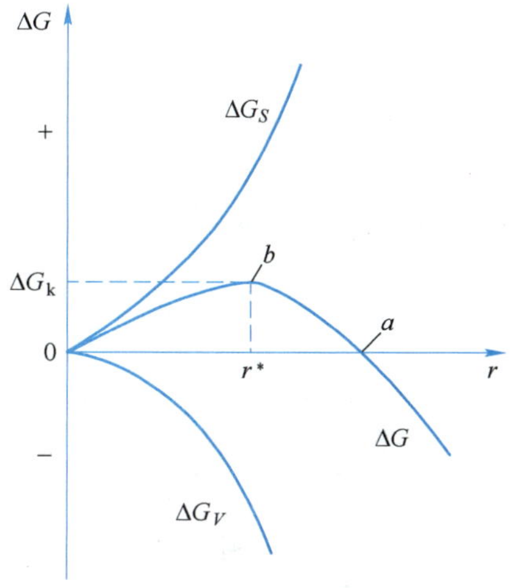

图 4.6　自由能变化与晶核半径的关系

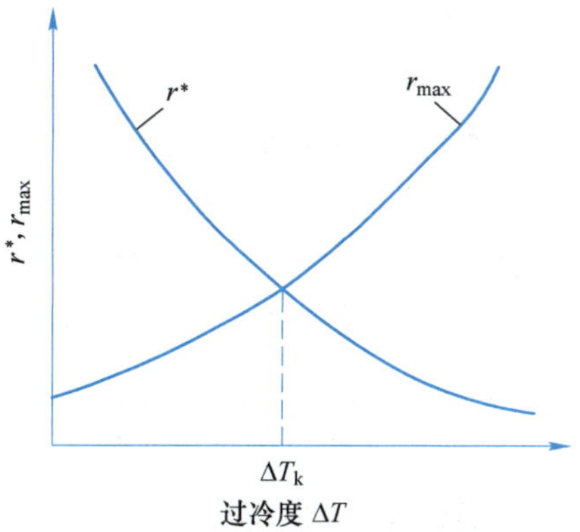

图 4.7　最大晶胚尺寸 r_{max} 和临界晶核半径 r^* 随过冷度的变化

将式（4.11）代入式（4.9）得：

$$\begin{aligned}\Delta G_k &= -\frac{4}{3}\pi r^{*3}\Delta G_V + 4\pi r^{*2}\sigma \\ &= 4\pi r^{*2}\left(\sigma - \frac{1}{3}r^*\Delta G_V\right) \\ &= 4\pi r^{*2}\left(\sigma - \frac{2\sigma}{3\Delta G_V}\Delta G_V\right) \\ &= \frac{4\pi r^{*2}}{3}\sigma \\ &= \frac{1}{3}A^*\sigma \end{aligned} \tag{4.12}$$

式中　A^*——临界晶核的表面积。

计算表明，临界形核功 ΔG_k 恰好等于临界晶核表面能的 1/3，在形成临界晶核时体积自由能的降低只能补偿表面能的 2/3。

液态金属中各微观区域的能量处于此起彼伏，变化不定的状态。这种微区内的能量短暂偏离其平均能量的现象，叫作能量起伏。形成晶核所需要的形核功就是由能量起伏提供的，当液体中某些微小区域的能量起伏达到或超过临界晶核形核功 ΔG_k 时，临界晶核就能在那里形成。

综合上述，自发形核必须同时满足以下条件：

（1）必须过冷，只有过冷才能满足 $G_L > G_S$ 的条件，结晶才有推动力。过冷度越大，结晶的趋势也越大。

（2）必须同时具备与一定的过冷度（ΔT）相适应的结构起伏（r^*）和能量起伏（ΔG_k）。

4.2.2　非均质形核

实际生产中即使是纯金属，其自发形核的过冷度也是无法实现的。如液态纯铁的 ΔT 约为 300 ℃，实际上金属结晶时的过冷度一般为几分之一摄氏度到几十摄氏度。研究表明：纯铁中总是不可避免地含有一些杂质，即使是在区域精炼的条件下，每 1 cm^3 的液相中也有约 10^6 个边长为 10^3 个原子的立方体的微小杂质颗粒。由于液态金属中的微小杂质及其他一些物质的界面（如铸模内壁等）对形核起了促进作用，因此，结晶主要是依靠非自发形核。这种以依靠外来质点或型壁界面提供的衬底进行生核的过程，称非均质形核，也称“异质形核”或“非自发形核”，如图 4.8 所示。

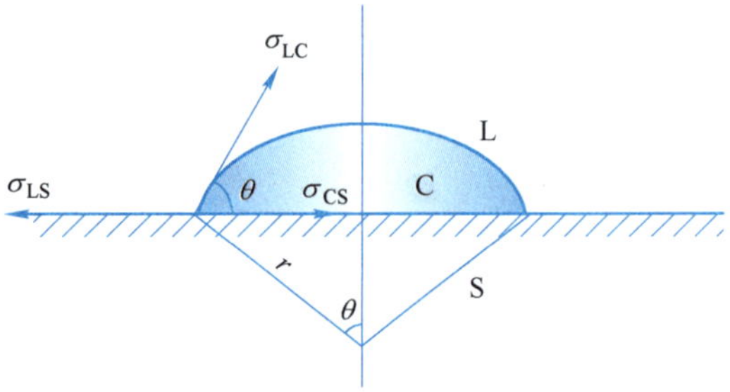

图 4.8　平面衬底上非均质形核示意图

根据初等几何知识可以推导出非均质形核的晶核半径：

$$r^* = \frac{2\sigma_{SL}}{\Delta G_V} = \frac{2\sigma_{SL} T_m}{L_m \Delta T} \tag{4.13}$$

非均质形核的形核功：

$$\Delta G_{he}^* = -\frac{1}{4}(2 - 3\cos\theta + \cos^3\theta) \cdot \Delta G_{ho}^* = f(\theta)\,\Delta G_{ho}^* \tag{4.14}$$

式中　θ——润湿角。

（1）当 θ 远小于 180°时，ΔG_{he}^* 远小于 ΔG_{ho}^*；

（2）当 $\theta = 180°$ 时，$\Delta G_{he}^* = \Delta G_{ho}^*$；

（3）当 $\theta = 0°$ 时，$\Delta G_{he}^* = 0$，此时在无过冷情况下即可形核。

结晶相的晶格与杂质基底晶格的晶格结构越相似，它们之间的界面能越小，θ 越小。杂质表面的粗糙度对非均质形核的影响是凹面杂质形核效率最高，平面次之，凸面最差，如图 4.9 所示。

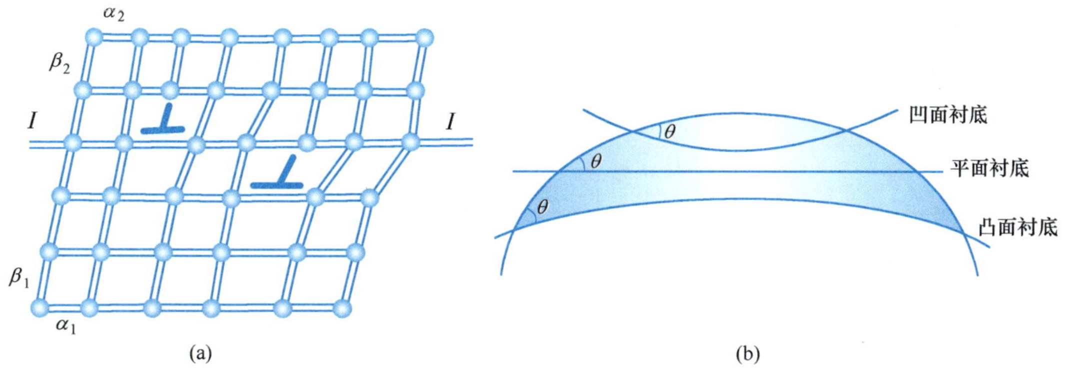

图 4.9　晶格结构（a）与杂质表面粗糙度对非均质形核的影响（b）

非均质形核和均质形核的规律相同，形核仍然要靠过冷液体中的“相起伏”和“能量起伏”，但由于非均质形核是依附于杂质表面并借助其基底形核，因此它所需要的“相起伏”和“能量起伏”都比均质形核小，所以非均质形核比均质形核容易，可以在较小的过冷度下形核。均质形核的过冷度是非均质形核的过冷度的 10 倍。

4.3 纯金属的晶体长大

稳定核心形成以后，晶核就可以继续长大而形成晶粒。系统总自由能随晶体体积的增加而下降是晶体长大的驱动力。晶体的长大过程可以看作是液相中原子向晶核表面迁移、液-固界面向液相不断推进的过程。界面推进的速度与界面处液相的过冷度有关。

决定晶体长大的方式和速度的主要因素是晶核的界面结构和界面附近的温度分布状况，以及潜热的释放及逸散条件。晶体生长形态取决于界面前沿温度的分布。液相中原子向晶核表面迁移的方式取决于液-固界面的微观结构。

4.3.1 固-液界面的微观结构

（1）光滑界面。在液-固相界面处液相和固相截然分开，固相表面为基本完整的原子密排面。从微观看，界面是平整光滑的，故亦称小平面界面，如图 4.10（a）所示。但从宏观上看，表面却不一定平整光滑。

（2）粗糙界面。在液-固界面处存在着几个原子层厚度的过渡层，在过渡层中只有大约 50%的位置被固相原子分散地占据着，从微观看是高低不平的，无明显边界，因而亦称非小平面界面，如图 4.10（b）所示。

（3）固-液界面结构的判据。K. A. Jackson 提出固-液界面微观结构理论的同时给出了区分两种结构的判据，即 Jackson 因子。

设晶体内部原子配位数为 ν，界面上（某一晶面）的配位数为 η，晶体表面上 N 个原子位置有 N_A 个原子，令 $x=\dfrac{N_A}{N}$，则在熔点 T_m 时，单个原子由液相向固-液界面的固相上沉积的相对自由能变化为：

$$\frac{\Delta G_S}{NkT_{\mathrm{m}}} = \frac{\Delta H_{\mathrm{m}}}{kT_{\mathrm{m}}}\left(\frac{\eta}{\nu}\right)x(1-x) + x\ln x + (1-x)\ln(1-x) = ax(1-x) + x\ln x + (1-x)\ln(1-x) \tag{4.15}$$

令

$$a = \frac{\Delta H_{\mathrm{m}}}{kT_{\mathrm{m}}}\left(\frac{\eta}{\nu}\right)，其中\ \Delta H_{\mathrm{m}}/T_{\mathrm{m}} = \Delta S_{\mathrm{f}}$$

式中　α——Jackson 因子；

ΔS_{f}——单个原子的熔融熵。

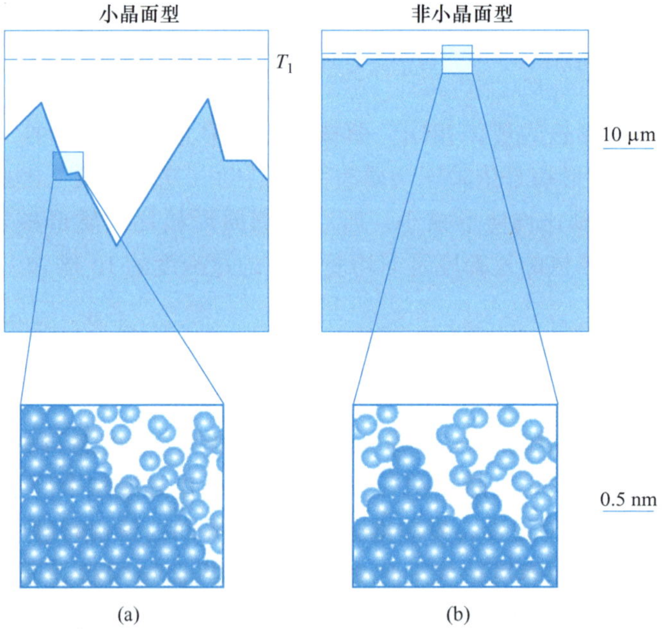

图 4.10　小晶面型和非小晶面型长大

（a）光滑界面；（b）粗糙界面

（1）$\alpha \leqslant 2$ 的物质，凝固时固-液界面为粗糙面，因为 $x=0.5$（晶体表面有一半空缺位置）时有一个极小值，即自由能最低，如图 4.11 所示。大部分金属属此类。

（2）$\alpha \geqslant 5$ 的物质凝固时界面为光滑面，α 非常大时，曲线的两个最小值出现在 $x \to 0$ 或 $x \to 1$ 处（晶体表面位置已被占满），有机物及无机物属此类。

（3）$2<\alpha<5$ 的物质，常为多种方式的混合，Bi、Si、Sb 等属于此类。

4.3.2　晶体长大机制

4.3.2.1　连续生长机制（具有粗糙界面晶体的生长）

当液-固界面在原子尺度内呈粗糙结构时，界面上存在 50%左右的空虚位置。这些空虚位置构成了晶体生长所必需的台阶，使得液相原子能够连续地往上堆砌，并随机地受到固相中较多近邻原子的键合。原子进入固相点阵以后，被原子碰撞而弹回液相的概率很小，生长过程不需要很大的过冷度，如图 4.10（b）所示。另外，对于粗糙界面来说，固

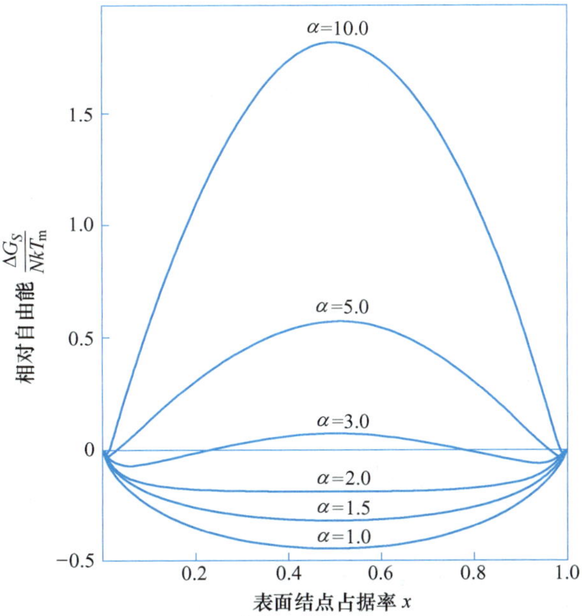

图 4.11 表面自由能相对改变值 $\frac{\Delta G_S}{NkT_m}$ 与表面位置被占据的分数 x 的关系曲线

相与液相之间在结构与键合能方面的差别较小，容易在界面过渡层内得到调节，因此动力学能障较小，它不需要很大的动力学过冷度来驱动新原子进入晶体，并能得到较大的生长速率。如前所述，绝大多数金属从熔体中结晶时都属于粗糙界面，呈现出非小平面形态。这种现象反映了晶体生长过程不受生长界面的影响，但由于界面键合能和动力学的各向异性，使枝干、枝臂沿结晶学所规定的低指数晶向生长，依然存在着并不明显的各向异性生长的趋势。

4.3.2.2 依靠台阶生长的机制（具有光滑界面晶体的生长）

（1）二维晶核生长机制。该模型假定光滑界面为理想的完整（无缺陷）晶面。这种晶面一般都是特定的密排面，晶面内原子排列紧密，固、液两相的结构和键合情况差别很大，界限非常分明。从液态转变为固态要在很窄的过渡区域内急剧完成；而界面上没有现成的台阶作为接纳新原子的角落。此时，只能依靠能量起伏使液态原子首先在界面上形成单原子厚度的二维晶核，然后利用其周围台阶沿着界面横向扩展直到长满一层。长满一层后，界面就向液相前进了一个晶面间距。这时又必须利用二维形核产生的台阶，才能开始新一层的生长，周而复始地进行，如图 4.12（a）所示。界面的推移具有不连续性，并有横向生长的特点。二维形核的热力学能障高，生长所需的动力学能障也较大，生长比较困难。

（2）利用晶体缺陷生长的机制。二维晶核生长机制是对晶体原子排列完整无缺的界面而言的。实际上，晶体在结晶时往往难以避免因原子错排而造成缺陷，例如螺型位错与孪晶，这些缺陷为晶体生长（原子堆砌）提供现成的台阶，从而避免了二维晶核生长的必要性，一些合金中的非金属相，如铸铁中的石墨和铝合金中的硅，是利用晶体缺陷生长的典型例子。

1）通过螺型位错生长的机制。在光滑界面上一旦发生螺型位错时，如图 4.12（b）所示，界面就由平整界面变成螺旋面并产生与界面垂直的露头而构成台阶。生长速率也较大，生长速率 R 与动力学过冷度 ΔT_k 之间为抛物线关系。

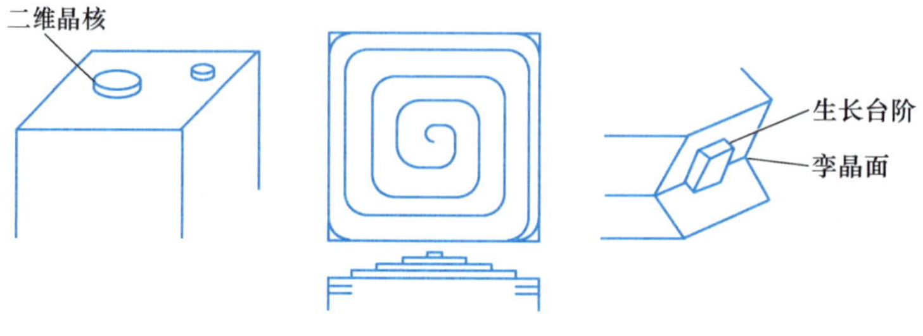

图 4.12　依靠台阶长大机制

（a）二维晶核长大；（b）螺型位错长大；（c）孪晶长大

2）通过孪晶生长的机制。孪晶面和固-液界面交叉往往要形成凹角沟槽，从液相中扩散来的原子可以在沟槽的根部附着到孪晶面两侧的晶面上，晶体生长能够在与孪晶面平行的方向上进行。旋转孪晶和反射孪晶的面缺陷提供的台阶使晶体生长连续不断地进行，如图 4.12（c）所示。

（3）晶体长大速度。晶体生长机制不同，所需要的过冷度大小及长大速度就不同，三者的关系如图 4.13 所示。连续长大机制下晶体生长速度最快；二维晶核长大机制下晶体生长速度最慢；依靠孪晶和位错机制长大的晶体生长速度介于前两者之间。

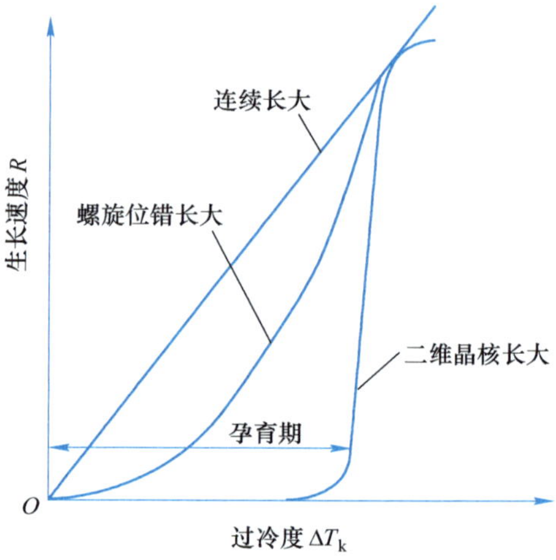

图 4.13　晶体长大速度与长大方式的关系

4.3.3 晶体宏观生长方式

晶体生长中固-液界面的形态决定于界面前沿液体中的温度分布。正温度梯度是指液相中的温度随至界面距离增加而提高的温度分布状况；反之为负温度梯度。

4.3.3.1　正温度梯度下生长的晶体形态

正温度梯度下热量只能通过凝固层金属和型壁散失。如果界面上的某些突起延伸到比熔点温度更高的区域，将被熔化。无论粗糙界面还是光滑界面的晶体，正温度梯度下，固-液界面平行于熔点等温面的平直界面，它与散热方向垂直。这种条件下，晶体界面的移动完全取决于散热方向和散热条件，且晶体具有平面状长大形态，这种生长方式称为平面生长方式，如图 4.14 所示。

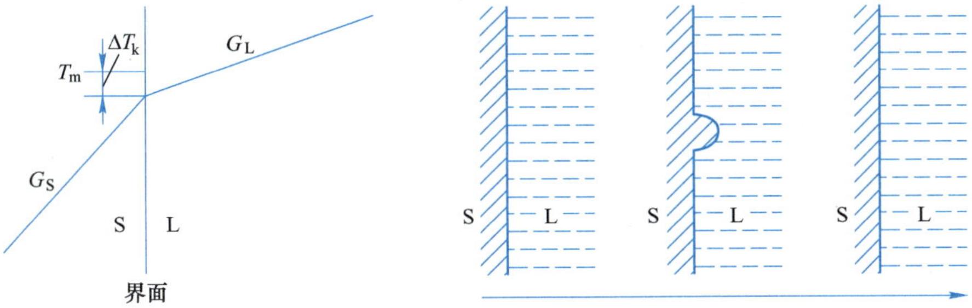

图 4.14 正温度梯度下纯金属固-液界面前沿的晶体

4.3.3.2 负温度梯度下生长的晶体形态

在负温度梯度下，固-液界面上产生的热量既可以通过固相也可以通过液相散失，如果界面的某一局部发展较快凸入液相，由于界面前沿的温度更低，凸起部分生长加快，从而更加深入液体。界面不再平直，而会向上长出二次枝晶甚至三次枝晶，这种生长方式称为树枝状生长，如图 4.15 所示。树枝状生长是具有粗糙界面物质的最典型生长方式。金属结晶时，通常以树枝状方式生长。枝晶长大不是在固-液界面上任一凸出部分的简单长大，而是沿一个特定的结晶方向长大的，这一位向由金属的晶体结构决定。例如，面心立方和体心立方的枝晶位向为<100>；密排六方的枝晶位向为< 10$\bar{1}$0>。

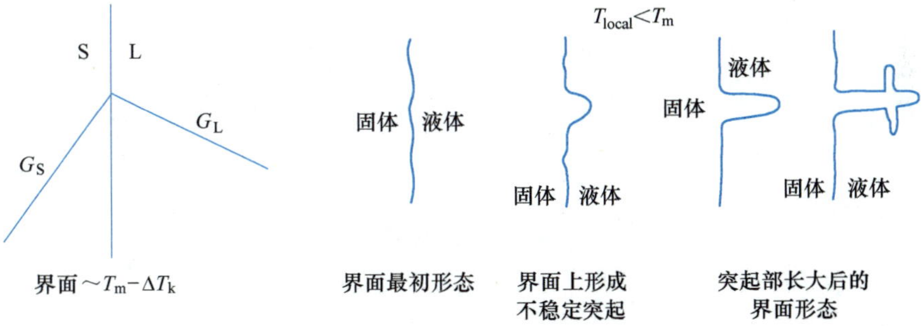

图 4.15 负温度梯度热过冷及其对纯金属固-液界面形态的影响

具有光滑界面的物质在负温度梯度下长大时，如果 Jackson 因子 α 值不大，仍有可能长成树枝状晶体，但常带有小平面特征。对于 α 值很大的晶体，即使在较大的温度梯度下，仍有可能形成规则形状的晶体。

思 考 题

4.1 何谓凝固热力学，液态金属凝固（结晶）为什么必须过冷？

4.2 凝固动力学包含哪些内容？

4.3 液态金属的形核方式有哪几种？试分析铝合金和纯铝分别以什么方式形核，为什么？

4.4 晶体长大方式有哪些，其长大方式受什么因素的影响？试分析合金钢铸件凝固过程中的长大方式。

4.5 什么是粗糙界面，什么是光滑界面，怎样判断固-液界面的微观结构？

4.6 螺型位错生长机制与二维晶核生长机制的生长速度与过冷度的关系有什么不同？

4.7 什么是正温度梯度，什么是负温度梯度？当固-液界面是负温度梯度时，晶体的生长形态如何？

4.8 什么是平面生长，什么是树枝状生长？

4.9 简述平衡分配系数的物理意义。

5 合金的凝固

单相合金：指一次结晶只析出一种固相（不考虑固相线温度以下的固态相变）的合金，它包括固溶体和金属间化合物。

固溶体：合金组元在液态相互溶解，当合金结晶成为固态晶体时，组元间仍能互相溶解而形成均匀的相，这种均匀的相称为固溶体。根据溶质原子在溶剂中所占据的位置不同，可将固溶体分为置换固溶体和间隙固溶体两类。

金属间化合物：当合金中溶质含量超过溶剂的固溶度时，将出现一种新相，这种新相称为金属间化合物。

多相合金：结晶时同时析出两种或两种以上新相的合金，它包括共晶、包晶及偏晶转变的合金等。

5.1 凝固过程溶质再分配

5.1.1 溶质再分配

由于合金在结晶过程中，析出固相的溶质含量不同于液相，而使固-液界面前的液体溶质富集或贫化的现象，称为溶质再分配。

单相合金的结晶过程是贯穿某一温度范围内进行的。在平衡结晶过程中，结晶温度范围是从平衡相图中的液相线温度开始，至固相线温度结束。随着温度的下降，固相成分沿着固相线变化，剩余的液相成分沿液相线变化，使液相和由它析出的固相一般具有不同的成分。

在三种不同的凝固条件下，固-液界面附近的溶质分配情况如图 5.1 所示。

平衡凝固：在极其缓慢的凝固过程中，凝固界面附近的溶质迁移及固、液相内的溶质扩散均是充分的，如图 5.1（a）所示。

平衡凝固条件下，根据溶质守恒，任意时刻固液两相中总的溶质含量不变，即：

$$\overline{C_S} \cdot f_S + \overline{C_L} \cdot f_L = C_0(f_S + f_L) = C_0 \tag{5.1}$$

由于 $K_0 = \dfrac{C_S^*}{C_L^*}$，某时刻固-液界面上 $C_S^* = \overline{C_S}$，$C_L^* = \overline{C_L}$，因此，平衡凝固条件下，任意时刻固-液界面前沿固相的溶质含量为：

$$C_S^* = \frac{C_0 k_0}{1 - (1 - k_0)f_S} \tag{5.2}$$

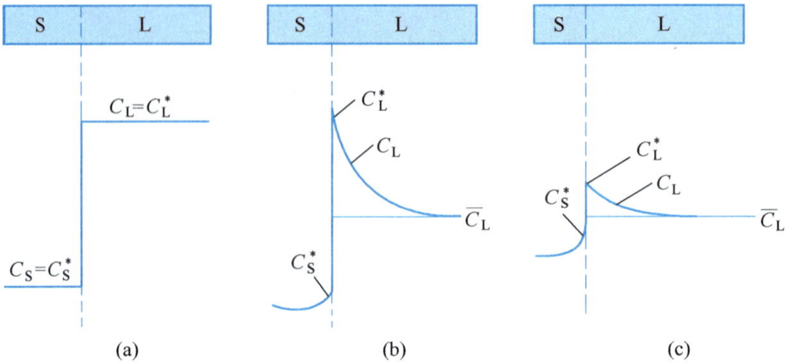

图 5.1 三种凝固条件下凝固界面附近的溶质分配情况

（a）平衡凝固；（b）近平衡凝固；（c）非平衡凝固

S—固相；L—液相；C—溶质浓度；上标“＊”—固-液界面；上划线“—”—平均值

近平衡凝固：当凝固速率稍快时，凝固界面上的溶质迁移仍能达到平衡，固相和液相内部的扩散则不能充分进行。如不考虑液相充分混合的情况，则在固-液界面附近形成图5.1（b）所示的溶质分布。

非平衡凝固：随着凝固速率的进一步加快，不仅固相和液相内部溶质来不及充分扩散，凝固界面上的溶质迁移也将偏离平衡，即凝固将完全在非平衡条件下进行，如图5.1（c）所示。

生产过程中凝固速度都很快，固-液界面的两侧都将不断地发生溶质再分配的现象。溶质再分配将造成长大方式的改变，使凝固后的显微组织在形态上发生变化，造成宏观和微观范围的偏析。在凝固中液相和固相在成分上的差别可用分配系数来衡量，分配系数（K_0）由平衡相图来确定（图5.2）。

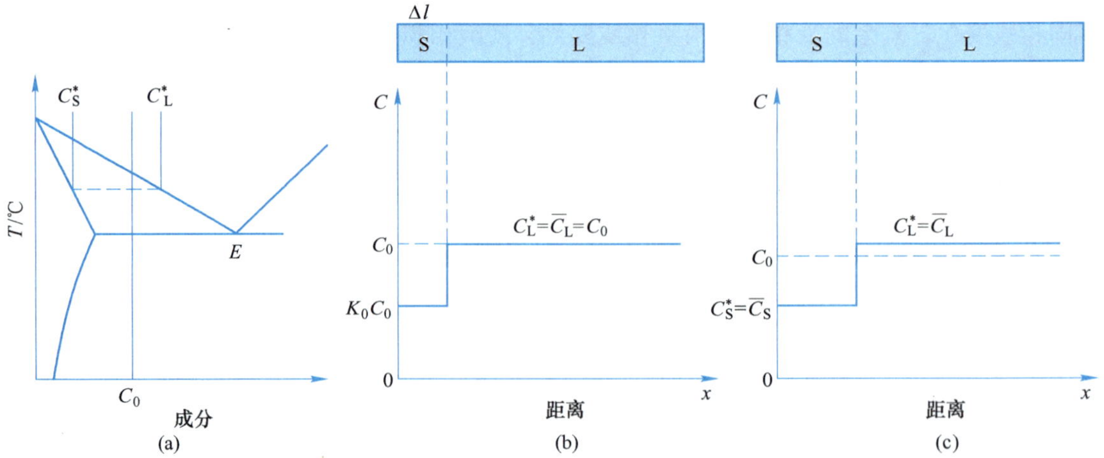

图 5.2 平衡凝固条件下定向凝固细长棒中溶质的分布

（a）共晶相图；（b）初始时刻铸件中溶质分布；（c）凝固过程中铸件内溶质分布

假定液相线和固相线都是直线（在低的溶质浓度范围内，它们是接近于直线的），则平衡分配系数 K_0 等于某一温度下固相与液相溶质浓度的比值：

$$K_0 = \frac{C_S}{C_L}$$

式中 C_S——固相溶质含量；

C_L——液相溶质含量。

平衡分配系数 $K_0<1$ 和 $K_0>1$ 时两类平衡相图的一角如图 5.3 所示。

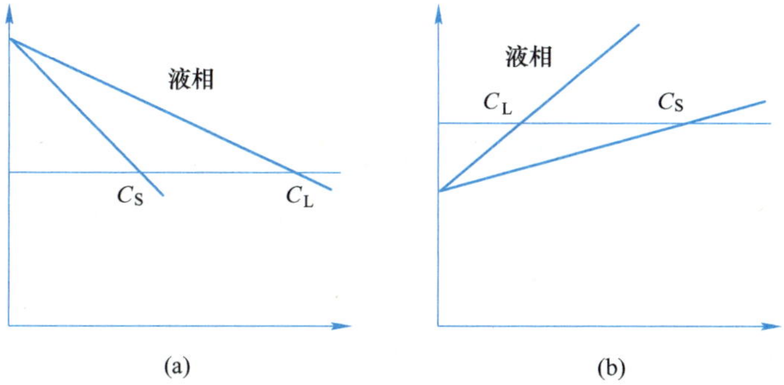

图 5.3　$K_0<1$ 和 $K_0>1$ 两类平衡相图的一角

(a) $K_0<1$；(b) $K_0>1$

5.1.2 液相充分（均匀）混合时的溶质再分配

当溶质在固相中没有扩散，而在液相中充分混合均匀时，如图 5.4 所示，凝固时由于固相中无扩散，成分沿斜线由 K_0C_0 逐渐上升。随着固相分数（f_S）增加，凝固界面上固、液相中的溶质含量均增加，因此已经凝固固相的平均溶质含量比平衡成分低。当温度达到平衡的固相线时，势必仍保留一定的液相，甚至达到共晶温度 T_E 时仍有液相存在。这些保留下来的液相在共晶温度下将在凝固末端形成共晶组织。

如图 5.4（a）所示，在水平定向凝固细长棒中，令棒长度为 L，已凝固固相的长度为 x，当固相无扩散，液相充分混合时，某时刻凝固的微元体为 $\mathrm{d}x$，在微元体中凝固前后满足溶质守恒，即：

$$\mathrm{d}M_L = \mathrm{d}M_S$$

$$C_L \cdot A \cdot \mathrm{d}x = C_S \cdot A \cdot \mathrm{d}x + \mathrm{d}C_L \cdot A \cdot (L - x - \mathrm{d}x) \tag{5.3}$$

忽略高阶无穷小项 $-\mathrm{d}C_L \cdot A \cdot \mathrm{d}x$，式（5.3）整理后得：

$$C_L \cdot A \cdot \mathrm{d}x - C_S \cdot A \cdot \mathrm{d}x = \mathrm{d}C_L \cdot A \cdot (L - x) \tag{5.4}$$

$$\mathrm{d}C_L = \frac{(C_L - C_S)\,\mathrm{d}x}{L - x} \tag{5.5}$$

方程两边同除 C_L，并积分得：

$$\int_{C_0}^{C_L} \frac{\mathrm{d}C_L}{C_L} = \int_0^x \frac{1 - \dfrac{C_S}{C_L}}{L - x}$$

因为 $K_0 = \dfrac{C_S}{C_L}$，令 $f_S = \dfrac{x}{L}$，所以：

$$C_S = C_0 K_0 \ (1 - f)^{K_0 - 1} \tag{5.6}$$

这就是著名的西尔（Scheil）公式。

固-液界面上液固两相的溶质含量为：

$$C_S^* = K_0 C_0 (1 - f_S)^{K_0 - 1}$$

$$C_L^* = C_0 f_L^{K_0 - 1}$$

其中，

$$K_0 = \frac{C_S}{C_L}$$

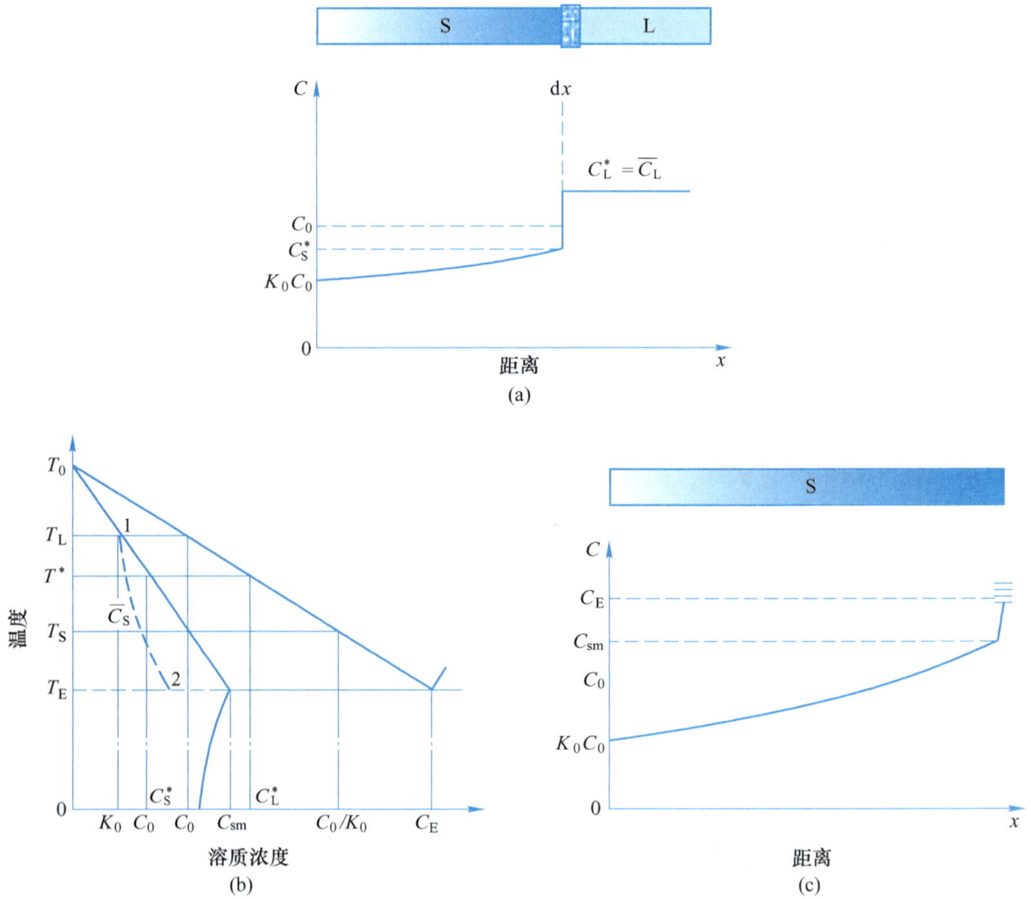

图 5.4 细长棒凝固过程中固相没有扩散，液相溶质均匀混合时的溶质再分配

（a）凝固过程中溶质分布曲线；（b）相图；（c）凝固结束时溶质分布曲线

5.1.3 液相有限扩散时的溶质再分配

单向凝固液相中没有对流只有扩散时，在固-液界面仍然存在一个很薄的扩散层 δ，假设固相无扩散，凝固过程中溶质分配分三个阶段，最初过渡区、稳态区和最后过渡区，如

图 5.5 所示。最初过渡区内，固相成分从 K_0C_0增加到 C_0，固-液界面上的液相成分从 C_0增至 C_0/K_0而达到稳定态，同时，固-液界面温度达到固相线温度 $T_S(C_0)$。在稳定态中，凝固界面向扩散层 δ 内排出的溶质量与扩散层向液相区排出的溶质量相同，扩散层内溶质含量处于动态平衡，因此固-液界面上固相成分保持 C_0不变，液相成分保持 C_0/K_0不变。固-液界面前沿的液相内，溶质分布呈指数衰减的函数关系如式（5.7）所示。

$$C_L = C_0\left(1 + \frac{1 - K_0}{K_0}e^{-\frac{R}{D_L}X}\right) \tag{5.7}$$

最后过渡区，溶质扩散受到试样末端边界的阻碍，从而使固-液界面处 C_S^* 和 C_L^* 同时升高，凝固最终过渡区范围很窄，其溶质分布可近似为均匀的，可用 Scheil 公式表示。

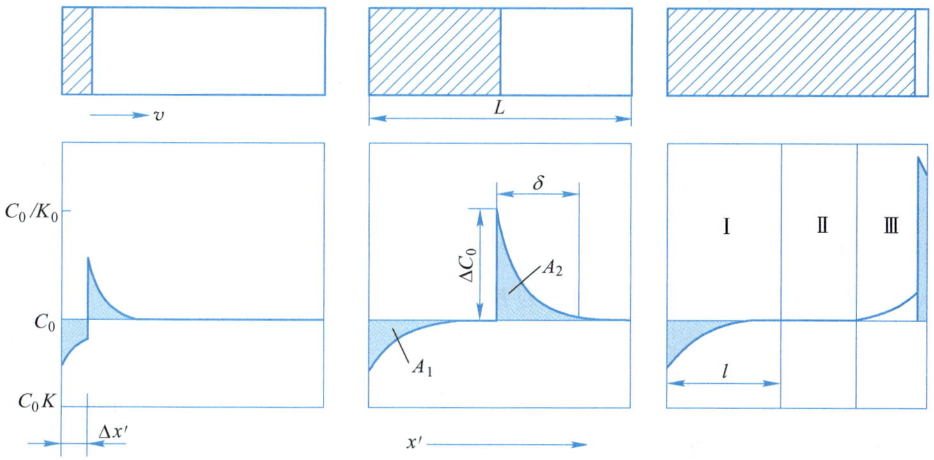

图 5.5 溶质在固相中没有扩散，液相中有限扩散时的溶质再分配

Ⅰ—最初过渡区；Ⅱ—稳定态；Ⅲ—最终过渡区

稳定生长阶段 $C_L(x)$ 曲线的形状受凝固速度 R、溶质在液相中的扩散系数 D_L、分配系数 K_0影响，如图 5.6 所示，R 越大，D_L越小，K_0越小，则在固-液界面前沿溶质富集越严重，曲线越陡峭。另外，最初过渡区的长度取决于 K_0、R、D_L的值，K_0越大、R 越大或 D_L越小，则最初过渡区越短；最后过渡区长度比最初过渡区的要小得多。

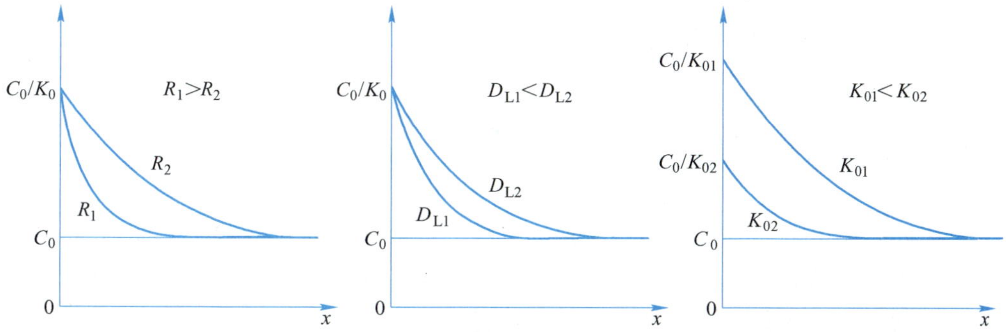

图 5.6 R、D_L和 K_0对稳定生长阶段 $C_L(x)$ 曲线的影响

5.1.4 液相中部分混合时的溶质再分配

在工程实际中，液相中溶质完全混合的溶质再分配是很少见的，液相中溶质部分混合情况下，即使强烈搅拌，在固-液界面仍然存在一个很薄的扩散层 δ，在扩散层以外，液相中溶质由于对流而保持均匀。如果液相熔体体积很大，扩散层以外液体的溶质含量保持原始液相的溶质含量。在扩散层达到稳定时，有：

$$D_L \frac{d^2 C_L}{dx'^2} + R\frac{dC_L}{dx'} = 0 \tag{5.8}$$

固-液界面处的液相中存在一扩散边界层，在边界层内只靠扩散传质（静止无对流），在边界层以外的液相因有对流作用成分得以保持均一，如图 5.7 所示。液相部分混合达稳态时，C_L^* 及 C_S^* 值如式（5.9）和式（5.10）所示，式中 δ_N 为固-液界面前沿溶质富集层厚度。

$$C_L^* = \frac{C_0}{K_0 + (1 - K_0)e^{-\frac{R}{D_L}\delta_N}} \tag{5.9}$$

$$C_S^* = \frac{K_0 C_0}{K_0 + (1 - K_0)e^{-\frac{R}{D_L}\delta_N}} \tag{5.10}$$

结晶过程若是平衡结晶，由于结晶速度缓慢，无论在液相还是固相内，溶质都可以充分混合，虽然刚开始结晶出的固相成分为 K_0C_0，但当结晶至右端时，整个固相成分都达到了均匀的合金成分 C_0。溶质原子分布相当于水平线。在实际结晶过程中，溶质不可能处处均匀。在液固两相具有不同扩散条件时的溶质分布如图 5.8 所示。

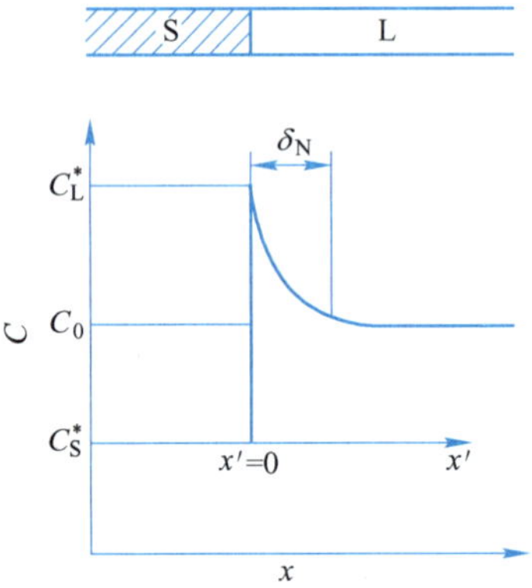

图 5.7 液相部分混合时固-液界面溶质分布

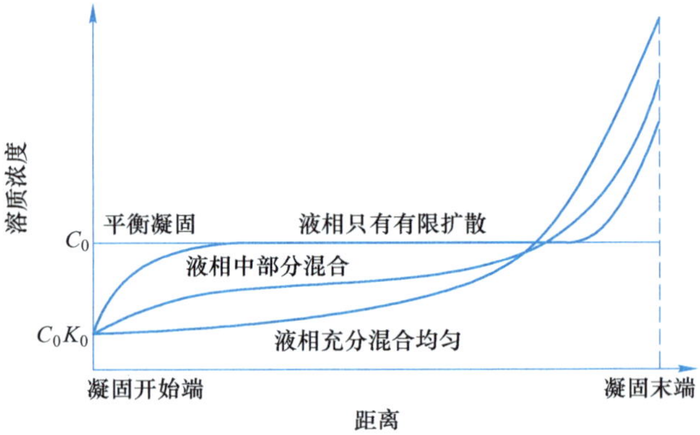

图 5.8 单向凝固时铸棒内溶质分布

5.2 合金凝固界面前沿的成分过冷

当液体实际温度低于其理论熔点时称为过冷，即液体处在过冷状态。如前所述，纯金属液体凝固时，其熔点 T_m 是固定不变的，液-固相界面前沿过冷的产生和分布取决于界面前沿液体中实际温度的分布，这种过冷称为热过冷。

与纯金属不同，合金液体的熔点随着液体浓度的变化由相图中的液相线确定。因为相图中的液相线就是合金平衡结晶温度（熔点），而该温度随合金中溶质含量而变化。对于$K_0<1$的合金，界面前沿液相中溶质含量的富集将引起液相线温度的降低。若某合金的熔体温度低于该合金的液相线温度时，则该合金处于过冷状态。液相线温度与熔体实际温度之差即为该合金的过冷度。

5.2.1 成分过冷

由溶质再分配导致固-液界面前沿熔体的液相线温度（平衡结晶温度）发生变化而引起的过冷称为成分过冷。

合金的晶体形态除受温度梯度影响外，更受成分过冷的影响。当温度梯度为负值时，固溶体与纯金属一样，易长成树枝晶。温度梯度为正值时，成分过冷将对固溶体合金的晶体形态产生很大影响。

"成分过冷"的形成条件分析（$K_0<1$情况下）：

（1）界面前沿形成溶质富集层；

（2）液相线温度$T_L(x')$随x'增大上升；

（3）当G_L（界面前沿液相的实际温度梯度）小于液相线的斜率时，即：

$$G_L < \left|\frac{\partial T_L(x')}{\partial x'}\right|_{x'=0} \tag{5.11}$$

即出现"成分过冷"，如图5.9所示。

液相中只有有限扩散时，形成"成分过冷"的判据：

$$\frac{G_L}{R} < \frac{m_L \cdot C_0}{D_L}\frac{1-K_0}{K_0} \tag{5.12}$$

式中 m_L——液相线斜率；

D_L——液相线溶质扩散系数。

液相部分混合时，形成"成分过冷"的判据，即界面前沿实际温度梯度：

$$\frac{G_L}{R} < \frac{m_L\overline{C}_L}{D_L}\frac{1}{\frac{K_0}{1-K_0}+e^{-\frac{v}{D_L}\delta_N}} \tag{5.13}$$

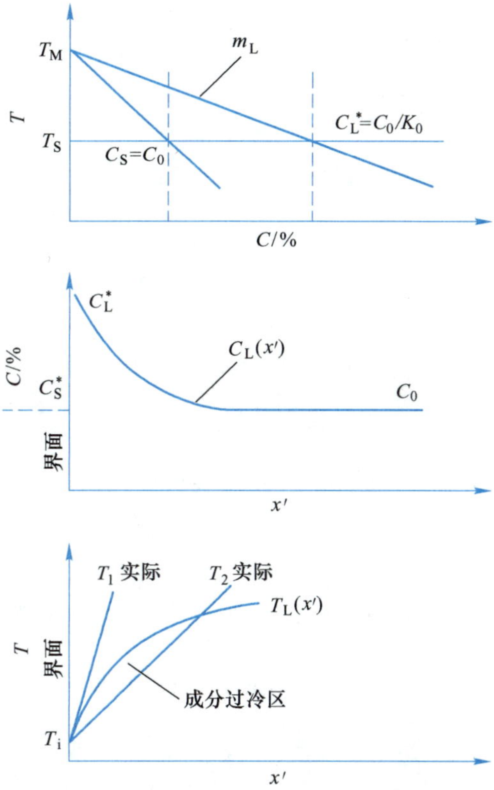

图5.9 固-液界面前沿液相中形成"成分过冷"模型

5.2.2 影响成分过冷的因素

（1）液相中温度梯度小（G_L小），成分过冷增加；

（2）晶体生长速度快，R增大，成分过冷增加；

（3）液相线斜率变陡（m_L大），成分过冷增加；

（4）原始成分浓度高，即 C_0增大，成分过冷增加；

（5）液相中溶质扩散系数 D_L降低，成分过冷增加；

（6）$K_0<1$ 时，K_0减小，成分过冷增高；$K_0>1$ 时，K_0增大，成分过冷降低。

5.3 成分过冷对单相固溶体合金结晶形态的影响

5.3.1 “成分过冷”对固溶体合金晶体形貌的影响规律

随着“成分过冷”的过冷度和过冷区间宽度的不同，固-液界面前沿固溶体合金晶体形貌将发生改变，“成分过冷”对固-液界面前沿固溶体合金晶体形貌的影响规律如图 5.10 所示。

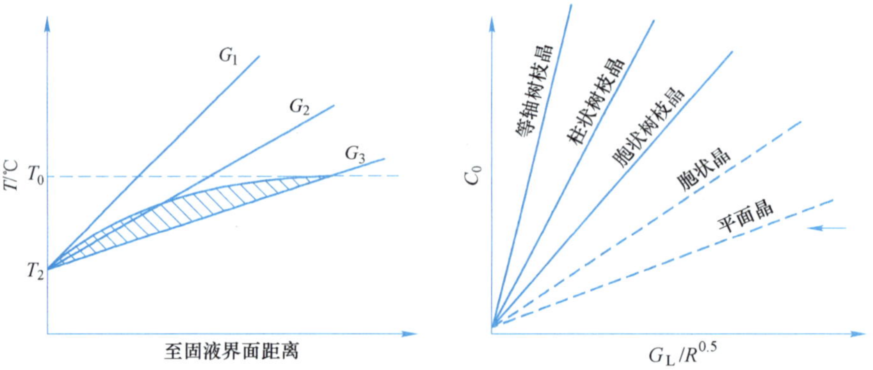

图 5.10 成分过冷对晶体形态的影响

G_1—正温度梯度，平面生长；G_2—较小成分过冷，胞状生长；G_3—较大成分过冷，树枝晶生长；R—冷却速度；C_0—溶质浓度

（1）平面晶。在正温度梯度或低成分过冷下，即 $\frac{G_L}{R} \geqslant \frac{m_L C_0(1-K_0)}{D_L K_0}$ 时的晶体形貌为平面晶。

（2）胞状晶组织。胞状界面的成分过冷，即$\frac{G_L}{R}$略小于 $\frac{m_L C_0(1-K_0)}{D_L K_0}$ 时，该区的宽度约在 0.01~0.1 cm。在该区内固-液界面前沿的形态由平面状逐渐向胞状转变，如图 5.11 所示。

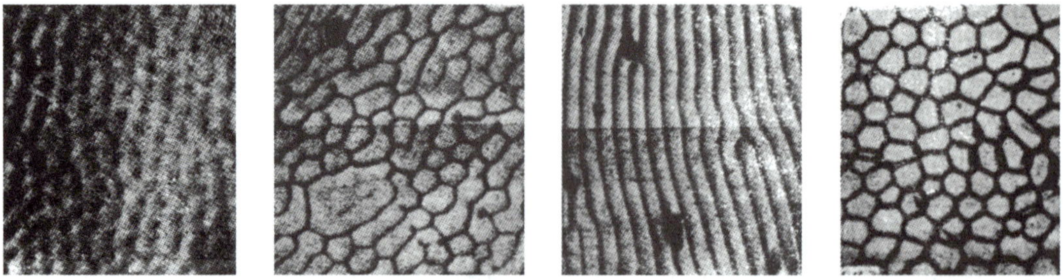

(a) (b) (c) (d)

图 5.11 窄成分过冷区内随着过冷度增加胞状组织的形态

（a）沟槽；（b）不规则的胞状界面；（c）狭长的胞状界面；（d）规则胞状态

（3）胞状树枝晶。随界面前成分过冷区逐渐加宽，胞晶界面出现局部凸起并伸向熔体更远处，生长过程中又会形成新的过冷，胞状晶生长方向开始转向择优方向生长。胞状晶的横断面因受到晶体学因素影响而出现凸缘，成分过冷进一步增大，凸缘表面出现短小的锯齿状“二次枝晶”，此即胞状树枝晶，如图 5.12 所示。如果成分过冷区域足够宽，二次枝晶在生长过程中又会分裂出三次枝晶，这样不断分枝的结果，就逐渐形成了枝晶骨架。

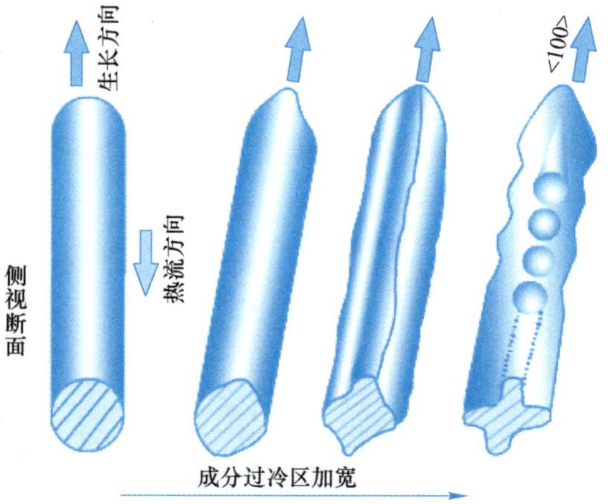

图 5.12　较宽成分过冷区内胞状生长向枝晶生长的转变

（4）柱状枝晶生长。沿单个方向温度梯度较大，液固界面前方没有非均质形核，随着成分过冷度的进一步增大，液固界面前方的柱状晶侧壁也达到了形核条件，形成新的晶核，并逐渐长大，形成柱状枝晶。柱状枝晶与胞状枝晶往往同时存在，有时统称为胞状枝晶或柱状枝晶。

（5）等轴枝晶生长。界面前方成分过冷的极大值大于熔体中非均质形核所需的过冷度时，在柱状枝晶生长的同时，前方熔体内发生非均质形核过程，并在过冷熔体中自由生长，形成了方向各异的等轴晶（自由树枝晶），如图 5.13 所示。

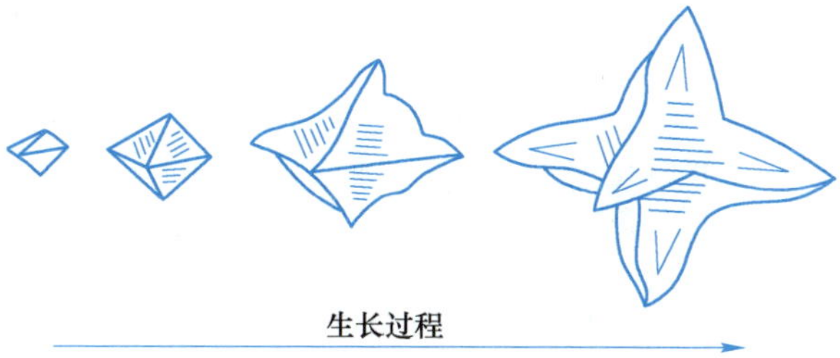

图 5.13　自由树枝晶生长过程示意图

5.3.2 枝晶间距

金属材料在凝固过程中，由于凝固界面前温度梯度的出现，而使晶粒成树枝状晶体生长，最早生长的一批晶粒称为一次枝晶，相邻一次枝晶之间的间距称为一次枝晶间距。

在一次枝晶杆上分叉出来二次枝晶，二次枝晶臂间距是两个相邻二次枝晶之间的中心距，即相邻同次枝晶间的垂直距离为枝晶间距，它是树枝晶组织细化程度的表征。实际中，枝晶间距采用金相法测得统计平均值，通常采用的有一次枝晶（柱状晶主干）间距 d_1 和二次分枝间距 d_2 两种。枝晶间距越小，细晶强化效果越显著、成分越趋于均匀化，显微缩松及夹杂物越细小且分散，热裂纹倾向越小，因此，材料综合性能好。

5.4 共晶及包晶合金的凝固

5.4.1 共晶相图及其合金的结晶

5.4.1.1 共晶合金的平衡凝固

Pb-Sn 共晶相图和共晶转变特征如图 5.14 所示。从成分为 E 的液体中同时结晶出α+β两种固溶体，即发生共晶转变，其相图称为共晶相图，其反应式为：

$$L \rightarrow \alpha + \beta$$

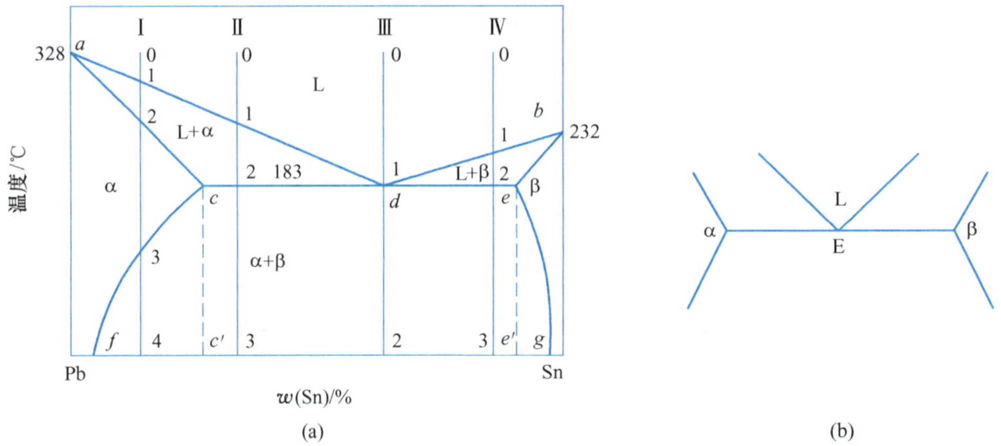

图 5.14 Pb-Sn 共晶相图（a）和共晶转变特征（b）

5.4.1.2 共晶组织形态

目前共晶组织的分类主要以两个组成相的液-固相界面性质为依据，分为三类，即：金属-金属类、金属-非金属类、非金属-非金属类。非金属-非金属类（光滑-光滑界面）不属于金属材料的讨论范围，故从略。

各种共晶组织（铸态组织）形态如图 5.15 所示。金属-金属类共晶组织形态多为层片状或棒状，这两种形态的形成主要取决于两个因素。即：两个组成相的体积分数和两个组成相的界面能。当两个组成相体积分数相当，界面能相近时，共晶组织以层片状生长，如图 5.16（a）（b）所示。反之，以棒状生长。

另一种共晶共生组织是以共晶团的形式出现。领先相富 A 组元的 α 固溶体小球析出，界面前沿 B 组元原子的不断富集，β 相固溶体在 α 相球面上析出，向前方及侧面的熔体中排出 A 组元原子，α 相依附于 β 相的侧面长出分枝，β 相沿着 α 相的球面与侧面迅速铺展，二者交替进行，形成具有两相沿着径向并排生长的球形共生界面双相核心，如图 5.16（c）所示。

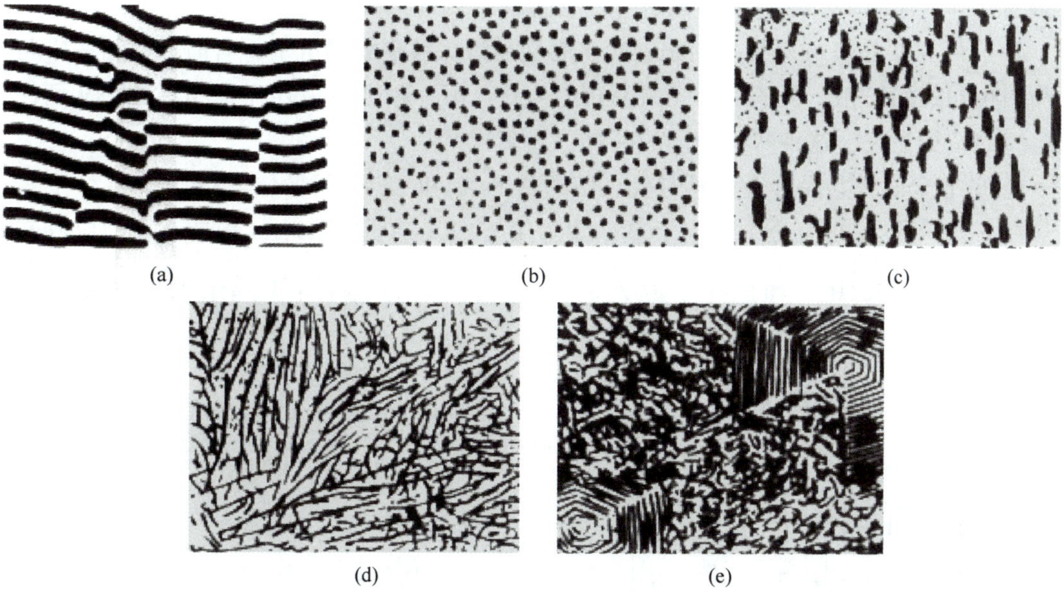

图 5.15 典型的共晶组织形态

(a) 层片状；(b) 棒状；(c) 球状或短棒状；(d) 针状；(e) 螺旋状

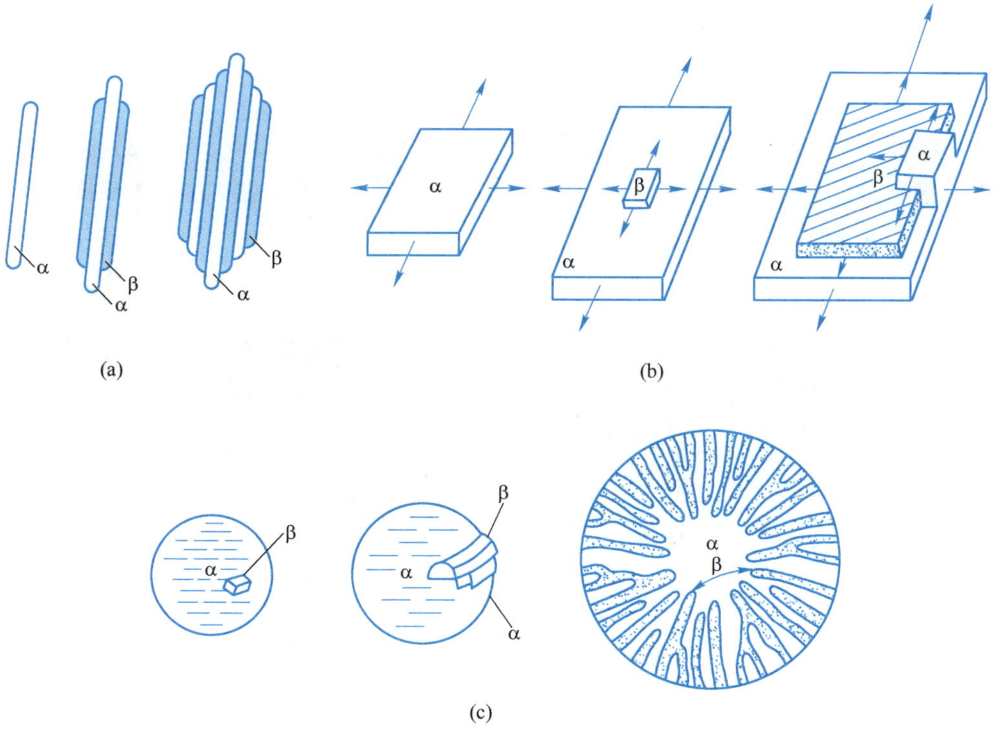

图 5.16 共晶组织的形核与生长示意图

5.4.1.3 共晶系合金的非平衡凝固

(1) 伪共晶：在不平衡结晶条件下，成分在共晶点附近的亚共晶或过共晶合金，也可以得到全部共晶组织，这种非共晶成分的合金所得到的共晶组织称为伪共晶。

（2）离异共晶：在先共晶相数量较多而共晶组织甚少的情况下，有时共晶组织中与先共晶相相同的那一相，会依附于先共晶相上生长，另一相则单独存在于晶界处，从而使共晶组织的特征消失，这种两相分离的共晶称为离异共晶。

金属-非金属类共晶合金最具有代表性的是 Fe-C 和 A1-Si 两种合金。

在一般工业 Fe-C 合金中，由于氧、硫等第三组元杂质的影响，共晶石墨则以旋转孪晶生长机制沿［10$\bar{1}$0］方向生长，从而形成片状石墨结构的共生共晶组织，如图 5.17 所示。灰口铸铁组织中石墨的形成过程就是这样。

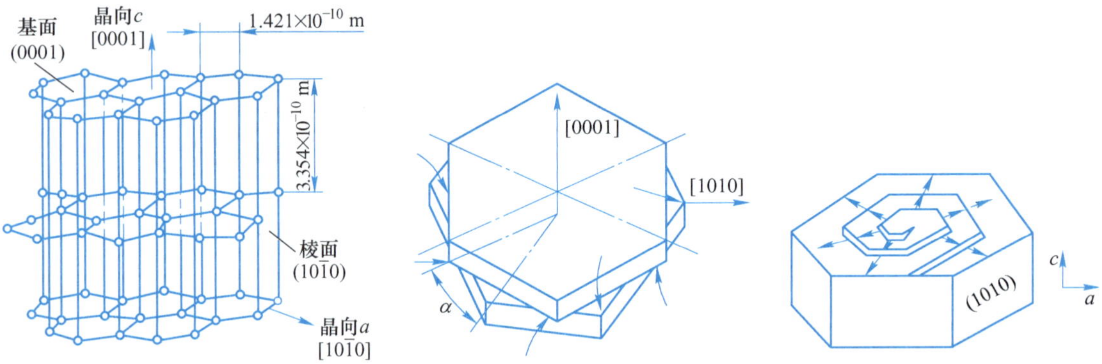

图 5.17 片状石墨的共生共晶组织

在高纯度 Fe-C 合金共晶凝固中，领先相石墨的外露面为（0001）基面，往往按螺旋位错生长机制垂直于基面按［0001］方向生长，从而形成球状石墨+奥氏体晕圈的离异共晶组织，如图 5.18 所示。

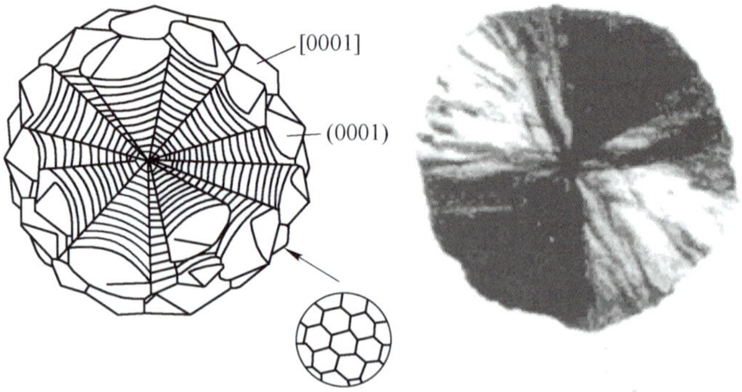

图 5.18 球状石墨的离异共晶组织

如果在工业铁液中加入微量的镁或铈等球化元素，也可得到球状石墨的离异共晶组织。工业生产球墨铸铁时，通常是向铁液中添加球化剂，结合热处理工艺得到球墨铸铁铸件。灰铸铁和球墨铸铁的金相组织照片如图 5.19 和图 5.20 所示。

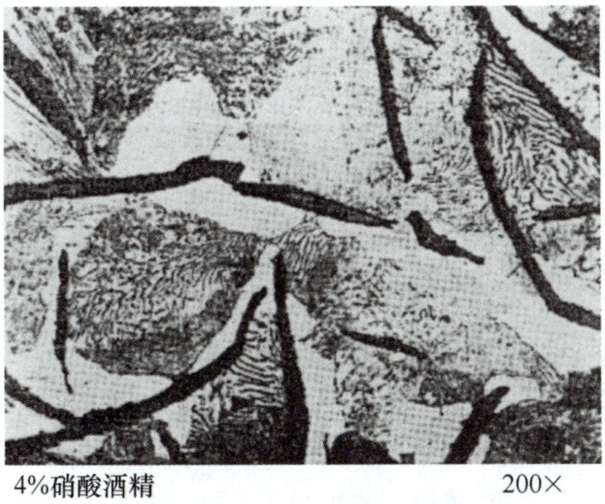

图 5.19 HT15-33 的铸态组织
（片状珠光体+粗片状石墨+少量铁素体）

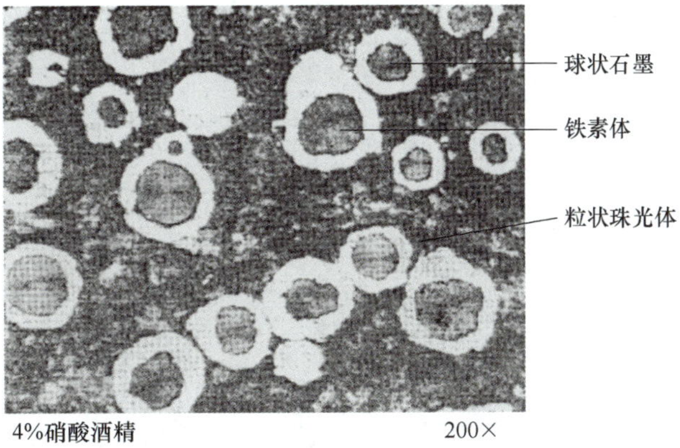

图 5.20 稀土镁球墨铸铁的铸态组织
（铁素体（牛眼状）+粒状珠光体+球状石墨）

5.4.2 包晶相图及包晶反应合金的结晶

成分为 *P* 点的 α 固相和它周围成分为 *D* 点的液相 L，在 *PCD* 水平线所对应的温度下，相互作用转变为成分是 *C* 点的另一新相 β 固溶体，如图 5.21 所示。这一转变称为包晶转变或包晶反应，其反应式为：

$$L + \alpha \rightarrow \beta$$

包晶转变是一个非常缓慢的过程，实际生产中冷却速度很快，包晶转变将被抑制而不能进行，剩余液体在低于包晶转变温度下，直接转变为 β 相，这样 α 相就被保留下来了，这种由于包晶转变不能充分进行而产生的化学成分不均匀的现象，称为**包晶偏析**。

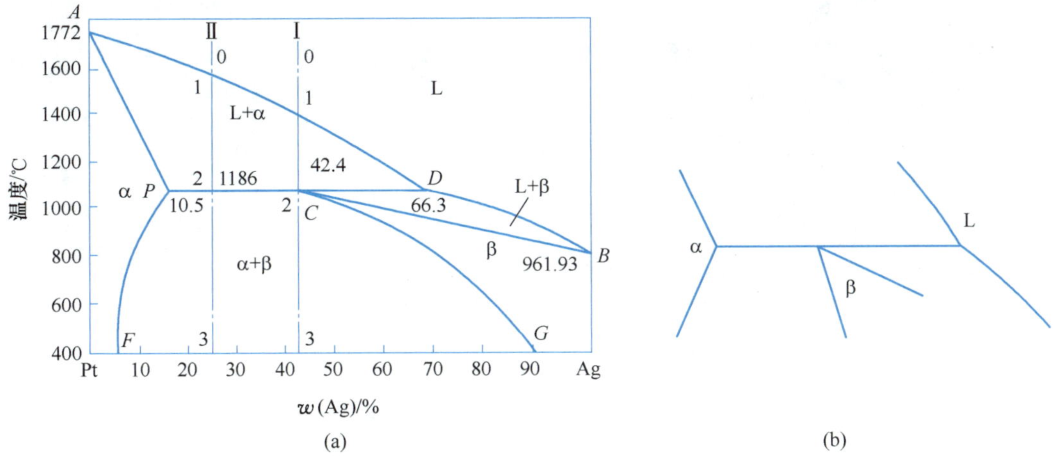

图 5.21 Pt-Ag 合金相图（a）和包晶转变特征（b）

Fe-C 合金就是典型的具有包晶反应特征的合金。包晶反应不但容易形成偏析，而且容易形成热裂纹，给铸件质量带来很大影响。亚包晶钢在凝固过程中两相区收缩量很大，由于反应处于热裂纹敏感区极易形成热裂纹，如图 5.22 所示。

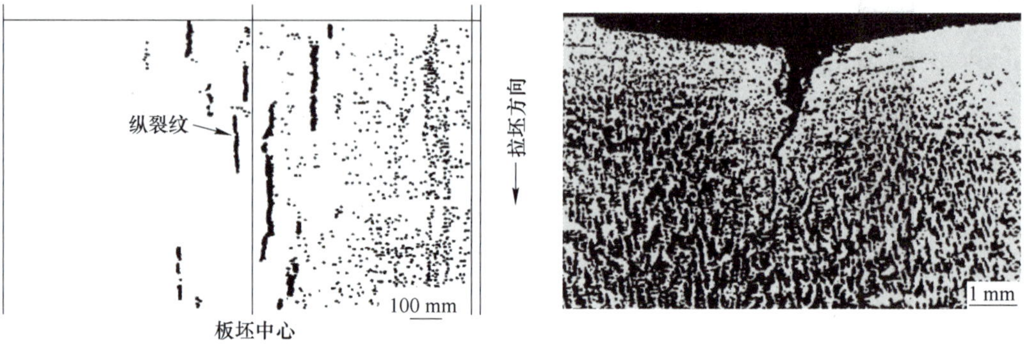

图 5.22　板坯表面纵裂纹形貌（含碳量 0.14%）

针对这种情况，高仲等利用 Ag-Zn 合金进行凝固试验，Ag-Zn 合金的金相组织照片如图 5.23 所示。根据 Ag-Zn 合金的试验结果，推测出了低碳钢、亚包晶钢和过包晶钢的定向凝固试样的纵截面示意图，如图 5.24 所示。包晶钢中初生 δ 相的数量越多［图 5.24（a）（b）］，包晶转变产生的收缩量就越大，形成热裂纹的倾向越大。但是，如果包晶转变（δ→γ）温度低于包晶反应温度（1495 ℃），使得包晶转变温度避开了钢的零强度和零塑性区，提高了钢的允许变形量，从而减少了裂纹的发生。因此低碳钢裂纹概率很小，而亚包晶钢的裂纹概率很大。

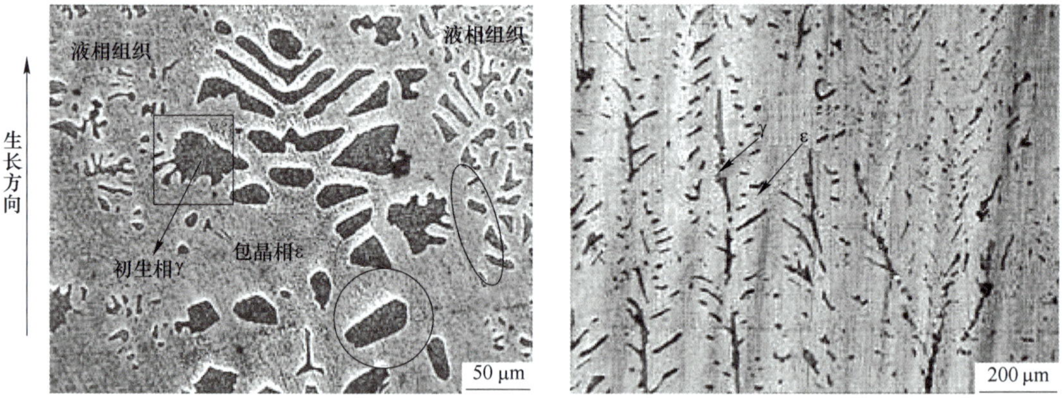

(a)　　(b)

图 5.23　Ag-56.0%Zn 纵截面凝固组织

（a）v = 1 mm/min，固-液界面处；（b）v = 10 mm/min，距固-液界面 15 mm 处

实例 5.1：合金凝固形核及长大过程的原位观察（科研案例）

本例采用同步辐射技术对低熔点 Sn-Bi 合金凝固过程进行观察。图 5.25 是 Sn-Bi 合金

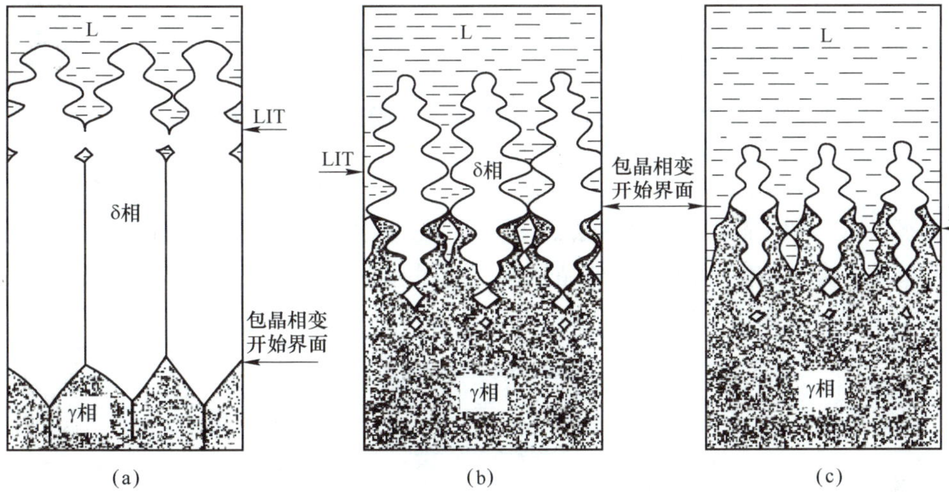

图 5.24 不同钢种的定向凝固纵截面示意图

(a) 低碳钢，$w(C)<0.09\%$；(b) 亚包晶钢，$0.09\% \leqslant w(C)<0.17\%$；(c) 过包晶钢，$0.17\% \leqslant w(C)<0.5\%$

在 X 射线同步辐射下形核与长大的成像照片，从图中可以看出合金形核后以柱状枝晶方式生长，一次晶轴比较粗大，凝固至 77 s 时出现细小三次晶，晶体前端比较尖锐（图中白色箭头指示），枝晶发达。

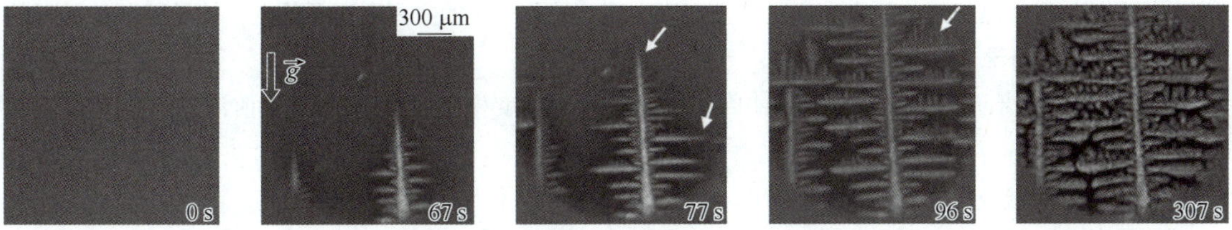

图 5.25 Sn-Bi 合金的形核与长大

图 5.26 是在直流电场作用下，Sn-Bi 合金凝固过程形核与长大的同步辐射成像照片，可以看出电场作用下形核的孕育期缩短，晶核数量增多，形核后晶体以近似各向同性生长，晶体生长前端呈现圆弧状（图中白色箭头指示），晶体长成等轴晶形态。分析其原因，

图 5.26 直流电场作用下 Sn-Bi 合金的形核与长大

施加直流电时，金属熔体内部感生磁场产生力效应和焦耳热效应，引起温度变化，促进溶质流动变化，进而影响溶质再分配、枝晶尖端形貌，从而推动晶体的生长机制由枝晶状生长向等轴晶生长转变，细化凝固组织。

实例 5.2：激光共聚焦显微镜观察铝铜合金熔化与凝固过程（科研案例）

实例 5.2

高温激光共聚焦显微镜可以对材料的熔融、凝固、结晶过程中的组织变化进行原位观察。本例利用高温激光共聚焦显微镜原位观察铝铜合金样品快速熔凝过程，研究不同工艺条件下合金熔融、凝固和结晶过程，对试验样品进行微观组织观察和硬度测量，并分析工艺条件对凝固组织性能的影响。

思 考 题

5.1 简述以下概念：溶质再分配；成分过冷。

5.2 用 Al-10%Cu 合金浇注一水平细长试棒，使其自左至右单向凝固，并保持固-液界面为平面，当固相无 Cu 的扩散，液相中 Cu 均匀混合时求：凝固 20%时，固-液界面 C_S^* 和 C_L^*。凝固完毕，共晶体所占比例。如果凝固条件现改为完全平衡凝固，凝固后试棒中共晶体的量有多少？已知，$C_{sm}=5.7\%$(Cu)，$C_E=33.0\%$(Cu)，$T_E=548$ ℃，$T_m=660$ ℃。

5.3 影响固-液界面前沿溶质富集（或贫化）程度的因素有哪些？

5.4 典型共晶组织形态有哪些？简述层片状共晶组织是怎样形成的。

5.5 什么是一次枝晶间距，什么是二次枝晶间距，影响枝晶间距的主要因素是什么，枝晶间距与材料的力学性能有什么关系？

5.6 固-液界面前沿晶体生长形态受哪些因素的影响？正温度梯度时，固-液界面前沿晶体以什么形态生长？

5.7 成分过冷判据是什么？成分过冷对固-液界面前沿晶体生长形态有哪些影响？

5.8 溶质再分配对凝固过程有哪些影响？试分析元素分布不均匀对铸件凝固组织有哪些影响。

5.9 第三组元对二元合金凝固过程有哪些影响？

5.10 包晶反应与离异共晶有什么区别，包晶反应会导致什么缺陷？

6 铸件宏观组织及其控制技术

铸态组织分为非晶组织和结晶组织两大类，铸件组织是由合金的化学成分及其凝固时的冷却条件决定的，它对铸件的各项性能，尤其是力学性能产生强烈的影响。因此，生产中控制铸件性能通常是通过控制铸件的凝固组织来实现。通常铸件的宏观组织指结晶态组织的晶粒形态、尺寸大小、取向和分布等。

6.1 铸件的宏观组织及其形成机理

6.1.1 铸件的宏观组织

结晶铸件的典型宏观组织分为表层激冷晶区、中间柱状晶区及中心等轴晶区，如图 6.1 所示。采用控制凝固边界条件及冷却速度等手段可以得到全柱状晶组织、等轴晶组织甚至单晶。

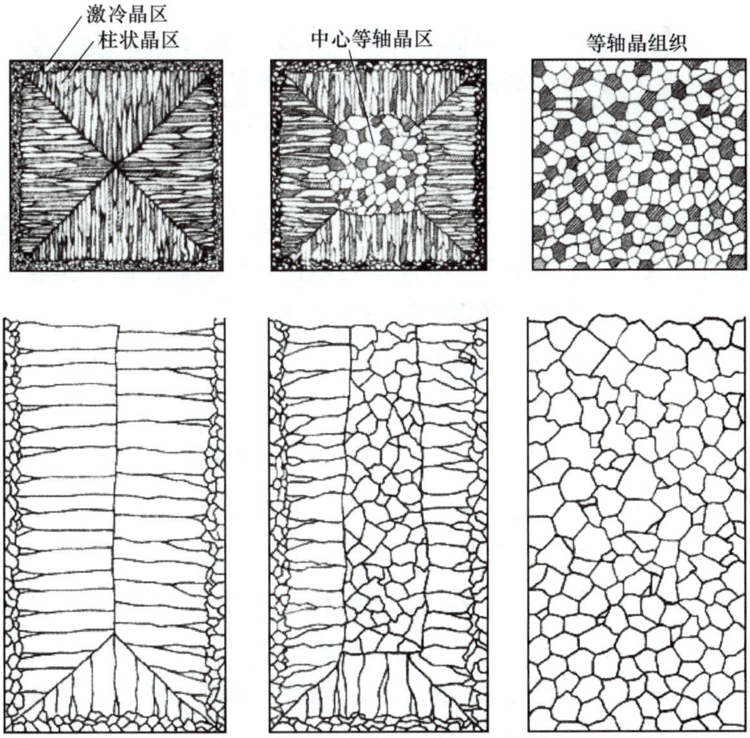

图 6.1　铸件宏观组织分布

铸件三个晶区的形成是相互联系、彼此制约的。对于厚壁和中等壁厚铸件，表面细晶区（激冷晶区）比较薄，一般为1~3 mm，对产品的质量和性能影响不大，所以主要研究柱状晶区和内部等轴晶区的形成。对于薄壁铸件，冷却速度快，冷却时间短，通常要考虑表层晶区的组织。

6.1.2 铸件宏观组织的形成机理

金属的结晶组织是由合金的成分及冷却条件决定的。在合金成分给定之后，形核及生长这两个决定结晶组织的关键环节是由传热条件控制的。因此，冷却条件不同，使得金属的结晶过程中可以得到性能不同的组织。

6.1.2.1 影响铸件宏观组织的主要因素

（1）合金性质。

1）液态金属内含有强生核剂的数量。

2）结晶温度范围的宽窄和温度梯度的大小。例如：既能保证有较宽的生核区域也能形成较长的脆弱枝晶。

3）溶质含量的高低，影响树枝晶的发达程度。

4）结晶过程中是否存在较长时间的激烈的液体对流（是否有搅拌条件）。

（2）浇注条件。

1）浇注温度较低，液态金属过热度较小，与浇道内壁接触时能生成大量的游离晶粒，也有助于游离晶粒的残存，这对等轴晶的形成和细化有利；反之，利于形成柱状晶。

2）强化金属液流对型壁冲刷作用的浇注工艺均能扩大并细化等轴晶区。反之，利于柱状晶的生长。

（3）铸型性质和铸件结构。

铸型温度越低、蓄热系数越大，液体生核能力越强。采用金属型铸造比砂型铸造易获得细等轴晶的金属组织。对于薄壁铸件，激冷可以使整个断面同时产生较大的过冷，得到细小等轴晶组织。对于厚壁铸件，其影响则非常复杂。

铸件结构越复杂、壁厚越薄，越易得到细等轴晶组织；反之，则利于形成柱状晶。

6.1.2.2 表层细晶粒区的形成

液态金属浇入到铸型后，受到铸型的激冷作用，在型壁附近的液体中产生较大的过冷度而大量非均质形核，在型壁较强的散热条件下，激冷晶核迅速长大并相互接触，形成大量无方向性的细小等轴晶组织。型壁附近液体内的晶核数量越多，等轴晶区越宽，晶粒越细小。因此外来质点的数量、液态金属的过热度和铸型的冷却能力等都会影响表层细小等轴晶区的宽度和晶粒大小。大野笃美教授通过试验发现，由于溶质再分配导致枝晶根部发生颈缩，浇注及凝固过程中形成的液体流动对颈缩部位的冲击作用，致使枝晶熔断和型壁处晶粒脱落，在型壁附近的液态金属中产生游离晶粒。这些晶粒一部分沉积在型壁附近，形成表层细晶区。

6.1.2.3 柱状晶区的形成

液体中对流的减弱及结晶潜热的析出，使细晶区界面前沿的液体温度升高，细晶区不能进一步扩展，而此时界面前的温度梯度较大，成分过冷区较小，凝固前沿的一部分细晶粒以枝晶状单向延伸生长。由于各枝晶的一次分枝不同，其中一次分枝的方向与热流方向平行，即垂直于型壁的枝晶长大较为迅速，逐渐超过其他枝晶而优先生长。其析出的潜热又使其他枝晶前沿的液体温度升高，从而抑制其他晶粒的生长，更使自己优先向内生长而形成具有一定择优取向的柱状晶，铸件中的柱状晶组织如图 6.2 所示。

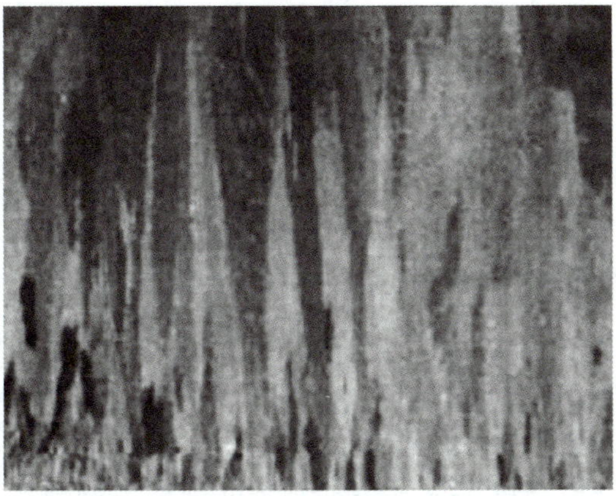

(a)

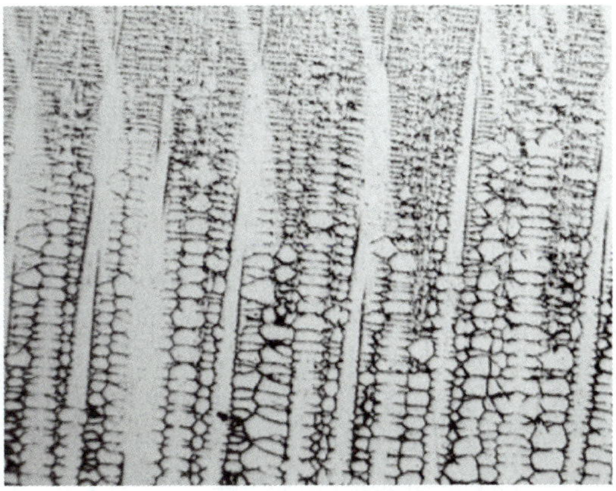

(b)

图 6.2 柱状晶的宏观组织（a）和微观组织（b）

柱状晶区始于稳定凝固壳层（表层细晶粒区），结束于内部等轴晶区的形成。因此，柱状晶区的宽窄程度及存在与否取决于以上两个因素综合作用的结果。一般情况下，柱状晶是由表面细晶粒区发展而成的，但也可能直接从型壁处长出，稳定的凝固壳层一旦形成，处在凝固界面前沿的晶粒在垂直于型壁的单向热流作用下，转而以枝晶状单向延伸生长。由于枝晶主干方向互不相同，那些主干与热流方向相平行的枝晶较之取向不利的相邻枝晶生长更为快速，它们优先向内伸展并抑制相邻枝晶的生长，在逐渐淘汰取向不利的晶体过程中发展成柱状晶组织；这个互相竞争淘汰的晶体生长过程称为晶体的择优生长。由此可见，柱状晶区形成的外因是传热的方向性，内因是晶粒生长的各向异性。柱状晶区的大小与铸型的导热能力、液体形核能力、浇注温度、合金性质等因素有关。延缓和阻止内部等轴晶的形成，将促进柱状晶区的增大。

6.1.2.4 内部等轴晶区的形成

从本质上说，内部等轴晶的形成是熔体内部晶核自由生长的结果，有关等轴晶的晶核来源以及这些晶核如何发展形成等轴晶区的过程，至今仍是尚未解决的课题。现将有关问题做如下介绍。

A 等轴晶的来源

（1）过冷熔体直接生核理论。该理论认为随着凝固层向前推移，固相的散热能力越来越弱，液相中的溶质越来越富集，使界面前方液相成分过冷逐渐增大，等成分过冷大到足以发生非均质形核时，便导致内部等轴晶的生成。

（2）界面前方晶粒游离理论。生长着的柱状晶在凝固界面前方的熔断、游离和增殖导致内部等轴晶的形成。

（3）激冷晶游离理论。内部等轴晶晶核来源于浇注期间和凝固初期的激冷晶游离，这些游离晶一部分留在制品的表面就形成表面细晶粒区，另一部分则随着液流漂移到中心，通过增殖、长大而形成内部等轴晶。

B 内部等轴晶区的形成过程

（1）内部等轴晶区的形成不仅要求界面前方存在等轴晶的晶核，而且还要求这些晶核长大到一定的大小，并形成网络以阻止柱状晶的生长，这样内部等轴晶区才能形成。

（2）内部等轴晶区的形成并不要求游离晶形成网络阻止柱状晶的生长，而是由部分游离晶的沉积和一部分游离晶被侧面生长的柱状晶捕获后而形成的。

（3）内部等轴晶区的形成是由于凝固界面生长速度与游离晶垂直于界面的运动速度相互作用的结果。当两者之差远大于界面捕获游离晶所必需的临界速度即可形成内部等轴晶区。

铸件中的等轴晶区大小与铸件冷却条件及合金成分有关，自然凝固条件下铸锭的宏观组织为柱状晶和等轴晶区共存，通过工艺条件的控制可以得到全部等轴晶组织，如图 6.3 所示。在超声波作用下，纯铝铸锭可以获得全部的细等轴晶组织。

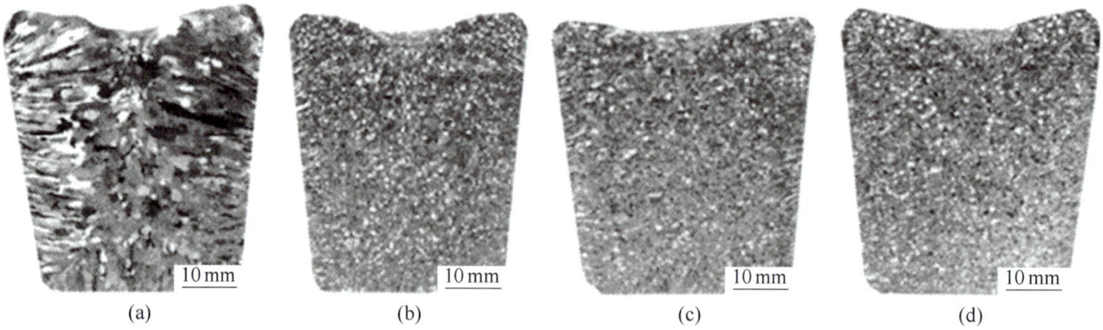

图 6.3 纯铝铸锭中的等轴晶组织

（a）自然凝固；（b）超声功率 100 W；（c）超声功率 200 W；（d）超声功率 300 W

6.2 铸态组织对铸件力学性能的影响

6.2.1 表层细晶区

晶粒细小，取向随机，尺寸等轴，因为浇注时锭模温度低，大的过冷度使表层细晶区偏离平衡凝固条件，加上模壁和涂料促进形核，大的形核率使与锭模接触的表层得到等轴细晶区。由于细晶区的厚度一般都很薄，有的只有几个毫米厚，因此没有得到过多关注。

然而，细晶粒区通常是柱状晶区形成和发展的基础，细晶区的晶粒细小，组织致密，力学性能很好，对于薄壁和极薄壁铸件，细晶区的形核条件、晶区宽度及其对铸件性能的影响还需要进一步研究。

6.2.2 柱状晶区

柱状晶区是表层细晶区的晶粒向内延伸生长的结果。如果在柱状晶的生长过程中，前方没有形成新的晶核，则柱状晶可以延伸到铸件芯部，直到与其他柱状晶相遇而止，形成所谓的穿晶组织。如果界面前方有晶核生长，它们将阻碍柱状晶的进一步生长，并在芯部形成等轴晶。

柱状晶在生长过程中，树枝晶得不到充分的发展，分枝较少，晶粒彼此间的界面比较平直，气孔、缩孔很少。因此结晶后显微缩松等晶间杂质少，组织比较致密，但柱状晶比较粗大，晶界面积小，并且取向一致，因而其性能具有明显的方向性，即纵向好横向差。此外，其凝固界面前方常常聚集有较多的第二相杂质，尤其是当不同方向的柱状晶区相遇而构成晶界时，大量夹杂与气体等聚集在晶界上，是铸件的脆弱结合面，容易产生热裂。对于铸锭来说，后续压力加工时，易于沿这些弱面形成裂纹。尤其是塑性差的合金在热轧时很容易开裂。因此，一般应力求避免形成发达的柱状晶区。对于沿某一特殊方向要求高性能的零件，如航空发动机叶片等，可以充分利用柱状晶性能各向异性，采用定向凝固技术获得全部柱状晶组织。

6.2.3 等轴晶区

随着柱状晶的发展，经过散热，铸件中心部分的液体金属的温度下降很大，另外，由于液体金属中杂质的存在、型壁晶粒的脱落和游离，以及枝晶臂的熔断，这些都使得铸件中心剩余液体中存在足够的异质形核基底，于是在整个剩余液体中几乎同时形核。由于此时的散热已经失去了方向性，所以晶粒在液体中可以自由生长，因此长成了等轴晶。从本质上说，中心等轴晶区的形成是液体内部的独立形核和长大的结果。

与柱状晶区相比，等轴晶区的各个晶粒在长大时彼此交叉，枝杈间的搭接牢固，裂纹不易扩展，不存在明显的脆弱界面，晶界面积大、杂质和缺陷分布比较分散，晶粒的取向各不相同，所以性能均匀而稳定，其性能也没有方向性，这些是等轴晶的优点。但其缺点是等轴晶的树枝状晶体比较发达，分枝较多，因此显微缩孔较多，组织不够致密。但显微缩孔一般均未氧化，通过压力加工后，一般均可焊合，对性能影响不大。因此，一般都希望得到更多的等轴晶组织。此外，等轴晶细化能使杂质和缺陷分布更加分散，从而在一定程度上提高各项性能。总的说，晶粒越细化，其综合性能就越好，抗疲劳性能越高。

综上，在生产中对于一些本身塑性较好的金属材料，如有色金属和奥氏体不锈钢，为了使其致密度增加，往往在控制杂质和进行除气处理的前提下，希望得到较多的柱状晶。对一些塑性较差的金属材料制件，特别是一般的异型制件，为了避免柱状晶区的不利作用的危害，则希望获得较多的甚至是全部的细小的等轴晶组织。对于高温下工作的零件，晶界降低蠕变抗力，特别是垂直于拉应力方向的横向晶界是工作的最薄弱环节，通过单向凝固，可以获得没有横向晶界，全部由平行于拉应力方向的柱状晶所形成的制品，其性能和寿命大幅度提高。

除了宏观组织外，结晶组织微观结构对制品的质量和性能也有较大影响。相同条件下，平面生长的柱状晶的质量和性能优于胞状结构的柱状晶，更优于树枝状结构的柱状晶组织；而没有树枝状结构的球状晶组织的质量和性能，比树枝状结构的等轴晶组织更强；树枝晶的枝晶间距越小，制品的夹杂和缺陷越分散，致密性越好，综合性能就越高。

6.3 铸态组织的控制途径

铸件宏观组织影响材料性能，材料工作者可以根据制品的工作环境、性能和要求，采取有效的措施来控制枝晶组织，得到柱状晶或等轴晶组织，满足制品性能的需求。

在一般情况下，铸件的凝固宏观组织有三个晶区，但并不是说所有铸件都由这三个晶区组成。由于凝固的复杂性，不同的凝固过程将得到不同的晶粒形态和尺寸，从而获得的凝固组织也是多种多样的。在常温下使用的铸件，柱状晶组织会导致力学性能及加工性能的恶化，而等轴晶有利于铸件力学性能的提高，所以常常希望得到细小的等轴晶。

6.3.1 凝固过程的传热

铸件凝固过程伴随着热量的传递，这部分热量包括过热（$T_{浇}-T_{液}$）、潜热（$T_{液}-T_{固}$）和显热（$T_{固}-T_{室温}$），只有热量及时导出才能保证凝固过程的进行。

金属典型凝固方式包括定向凝固和体积凝固，如图 6.4 所示。

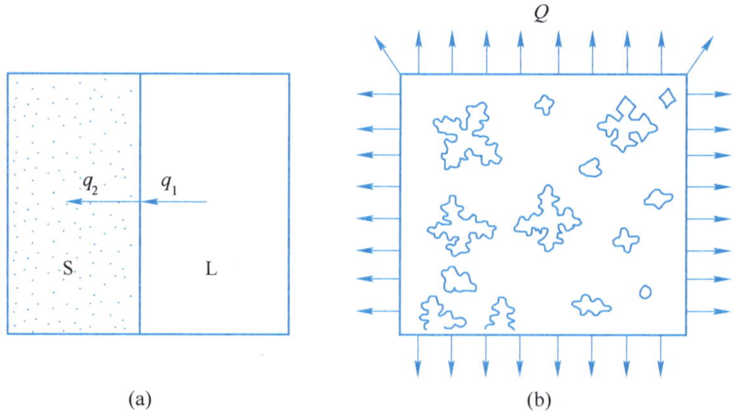

图 6.4 典型凝固方式

（a）定向凝固；（b）体积凝固

q_1—由液相导入凝固界面的热流密度；q_2—由凝固界面导入固相的热流密度；Q—铸件向铸型的散热热量

6.3.1.1 定向凝固过程的传热

$$q_2 - q_1 = q_3 \tag{6.1}$$

$$q_1 = \lambda_L G_{TL} \tag{6.2}$$

$$q_2 = \lambda_S G_{TS} \tag{6.3}$$

$$q_3 = \Delta h \rho_S v_S \tag{6.4}$$

式中 q_3——结晶潜热释放产生的热流密度；

λ_L，λ_S——液、固两相热导率；

G_{TL}，G_{TS}——液固界面附近两相平衡中的温度梯度；

Δh——结晶潜热；

v_S——凝固速度；

ρ_S——固相密度。

将式（6.2）~式（6.4）代入式（6.1）中得：

$$v_S = \frac{\lambda_S G_{TS} - \lambda_L G_{TL}}{\rho_S \Delta h} \tag{6.5}$$

6.3.1.2 体积凝固过程的传热

$$Q_1 = Q_2 + Q_3 \tag{6.6}$$

$$Q_1 = qA \tag{6.7}$$

$$Q_2 = -v_c V(\rho_S c_S \varphi_S + \rho_L c_L \varphi_L) \tag{6.8}$$

$$Q_3 = v_{SV} V \rho \Delta h \tag{6.9}$$

$$v_{SV} = \frac{d\varphi_S}{d\tau}$$

近似取 $c_L = c_S = c$，$\rho_L = \rho_S = \rho$，且 $\varphi_L + \varphi_S = 1$，由式（6.6）~式（6.9）可得：

$$q = (v_{SV}\rho\Delta h - \rho c v_c) M \tag{6.10}$$

式中 Q_1——铸型吸收的热量；

Q_2——铸件降温释放的物理热；

Q_3——结晶潜热；

q——界面热流密度；

A——铸型与铸件界面积；

φ_L，φ_S——液、固相体积分数；

v_c——冷却速度，$v_c = \frac{dT}{d\tau}$；

τ——时间；

v_{SV}——固相增加速度；

M——铸件模数，$M = V/A$。

实例 6.1：传热对凝固组织及溶质分布影响的数值模拟研究（科研案例）

实例 6.1

本例基于相场法，建立 Fe-C 合金晶体生长模型，研究不同传热条件对凝固组织的影响。采用耦合流场的相场模型模拟了多向传热（体积凝固初期）

和单向传热（定向凝固）对凝固组织形态的影响。模型同时计算了晶核形成及长大过程中，晶内溶质的迁移和晶界溶质的富集，可以作为第 2 章凝固过程传热和第 5 章溶质再分配的关联学习案例。

图 6.5 是体积传热条件下，凝固初期等轴晶形核、长大过程的相场法模拟结果。可以看出晶体无取向性，呈现各向同性特点。在溶质富集区形成凹陷，逐渐长大向枝状晶过渡。

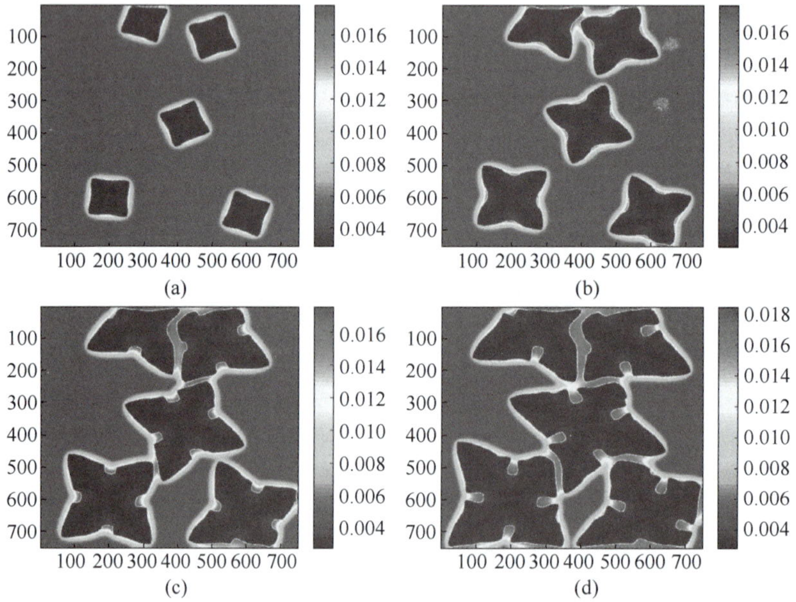

图 6.5　多向传热等轴晶形核及长大

(a) $t=2000$ dt；(b) $t=4000$ dt；(c) $t=6000$ dt；(d) $t=8000$ dt

dt—时间步长，1 dt = 10^{-9} s

图 6.5

单向传热时，晶体在激冷面形核，垂直于激冷面，沿传热相反方向以柱状晶方式生长，呈现明显的取向性，柱状晶根部及晶界有明显的溶质富集，形成晶界偏析，如图 6.6 所示。

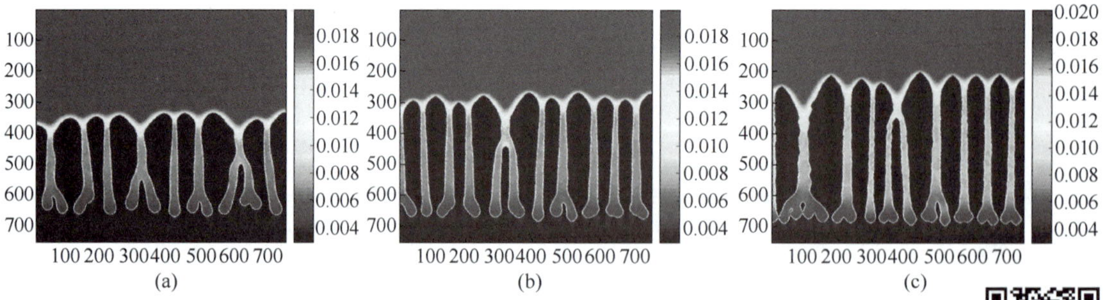

图 6.6　单向传热时柱状晶生长及溶质分布

(a) $v=0.02$；(b) $v=0.04$；(c) $v=0.06$

v—各向异性参数，无量纲

图 6.6

由此可见，凝固传热对凝固组织形态具有重要影响，同时，不同的组织形态其溶质分布规律也有很大不同。因此铸件凝固过程传热控制与晶体生长和均质化控制是一个相互关联的有机整体。

6.3.2 细化晶粒的措施

（1）变质处理。所谓变质处理，是指利用向溶液添加少量元素或其化合物的方式，以控制结晶过程而改变凝固组织，从而达到细化晶粒的目的，所加入的物质称为变质剂。

变质剂的作用可能有两方面：一是作为新相核心，减少新相形成功而增加晶核数目；二是吸附于某一晶面上而阻碍晶面的生长或延缓其生长，同时可能有助于新相成核。故变质剂可能有两种类型：第一类，多为处于弥散状态的难溶物质（金属或化合物），其作用主要在于增加新相核心数目；第二类，则多为表面活性物质，其作用主要在于阻止微小晶体的生长和聚集，并能促进新相成核。变质剂应不易溶于液态金属中，关于变质剂作用的理论效果，可以用变质剂加入后固-液相界面张力的改变来判断。

（2）合理的热力学条件。采用合理的浇注工艺，实现低温浇注，这样可以减少柱状晶而获得细等轴晶组织。但是浇注温度过低将降低液态金属的流动性。导致浇注不足和夹杂等缺陷的产生。同样，强化液流对型壁的冲刷作用的浇注工艺可有效地促进细等轴晶的形成，但应注意不要因此而引起大量气体和夹杂，而导致铸件产生缺陷。

合理控制冷却条件。控制冷却条件的目的是形成宽的凝固区间和获得大的成分过冷度而促进生核和晶粒游离。温度梯度小和冷却速度高可以满足上述要求。薄壁铸件比较容易获得小的温度梯度和高的冷却速度，而厚壁铸件则困难得多。

（3）孕育处理。孕育处理是在液态金属中添加少量粉末状元素或其化合物而细化晶粒，改善组织的一种方法，铸造生产中采用孕育处理可获得细化的等轴晶组织。孕育处理和变质处理存在着密切的联系和影响，从本质上来说，孕育主要影响生核过程和促进晶核游离而细化晶粒；而变质则是改变晶体的生长机理，从而影响晶体形貌。

1）孕育剂。按作用不同孕育剂可以分为两类：强化非均质生核的生核剂和强成分过冷元素孕育剂。生核剂一般是一些与欲细化相具有界面共格对应的高熔点物质或同类金属碎粒。

2）孕育工艺。试验表明，孕育处理存在孕育衰退现象。孕育处理不仅取决于孕育剂本身，而且与工艺密切相关。温度越高孕育衰退越快，因此在保证孕育剂均匀溶解的前提下，应尽量降低处理温度。孕育剂的粒度也要根据工艺来选择。近年来发现了一些后期孕育方法，如液流孕育法和型内孕育法，可以有效减少孕育衰退。

（4）振荡结晶。动力学细化，是在凝固过程中使液态金属（或铸型）不断受到振荡或搅拌，从而达到细化晶粒的效果。振荡结晶液态金属在凝固期间如不断受到一定频率的振荡作用，不仅可以使柱状晶部分或全部消除，并且还有利于夹杂物和气体的浮出，也有利于化学成分均匀化，如图 6.7 所示。

但是由于在振荡方法上存在具体困难，以致实际应用受到很大限制，研究较多的振荡方法主要有机械振荡法、超声波振荡法、电磁振荡法及旋转振荡法。

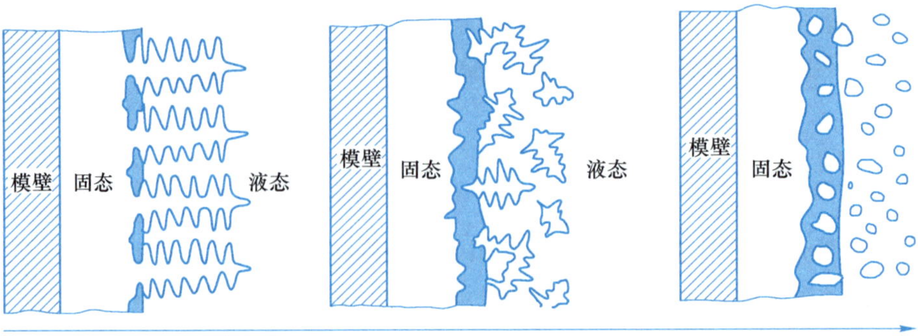

图 6.7 振荡结晶示意图

综上所述，细化晶粒的主要途径有：

(1) 添加晶粒细化剂（孕育处理），即向液体金属中引入大量形核能力很强的异质晶核，达到细化晶粒的目的。

(2) 添加阻止生长剂以降低晶核的长大速度（变质处理），使形核数量相对提高，获得细小的等轴晶组织。

(3) 采用机械搅拌、电磁搅拌、铸型振动等物理方法，促使枝晶折断、破碎，使晶粒数量增多，尺寸减小。

(4) 去除液相中的异质形核，抑制低过冷度下的形核，使合金液能够获得较大过冷度，从而使形核能够在瞬间进行。

(5) 快速凝固，提高冷却速率，使液态金属在很大过冷度下突然大量形核，如喷射沉积技术等。

6.3.3 定向凝固技术

众所周知，晶界处原子排列不规则，杂质多，扩散快，因此在高温受力条件下，晶界是较薄弱的地方，裂纹常常是沿垂直于受力方向的横向晶界扩展，甚至断裂。如果采取定向凝固方式，使晶粒沿受力方向生长，消除横向晶界，则能大大提高材料的性能。

在凝固过程中，如果热流（散热）是单向的，又有足够的温度梯度，则固-液界面前方新晶核的形成将受到限制，晶体便以柱状晶方式生长，且这种生长有一定的晶体学取向，这就是定向凝固技术。定向凝固技术已在生产涡轮叶片、磁织构材料等方面取得了应用。例如涡轮叶片在高温工作过程中，常呈晶界断裂，特别容易在沿与主应力相垂直的晶界上发生，通过定向凝固技术，可使叶片中的柱状晶晶界与主应力相平行，从而使叶片的使用寿命显著地提高。图 6.8 为大型定向凝固装置及用该装置制备的柱状晶及单晶叶片。

航空发动机是航天器的心脏，不同规格航空发动机需要大量的高温合金叶片。定向凝固技术主要应用于航空燃气发动机涡轮叶片类铸件的生产。其主要产品包括高温合金定向凝固叶片、熔模精密铸造定向凝固高温合金叶片等。图 6.9 为国产先进大推力太行-涡扇10 涡轮风扇喷气发动机歼-10B 和歼-11B 战机的动力。

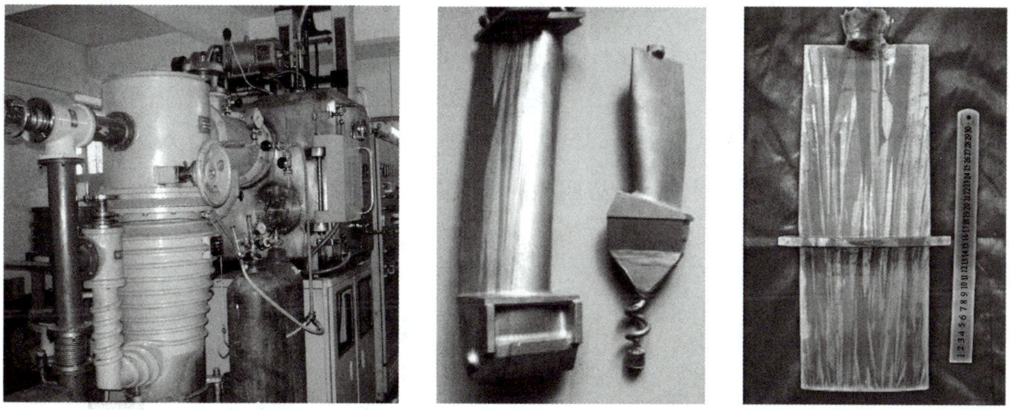

(a) (b) (c)

图 6.8 定向凝固装置（a）及柱状晶（b）、单晶叶片（c）

图 6.9 歼-10B 战机及涡扇 10 涡轮风扇喷气发动机

图 6.10 为某型号发动机上使用的定向凝固柱状晶叶片、精密铸造等轴晶叶片、定向凝固单晶叶片。

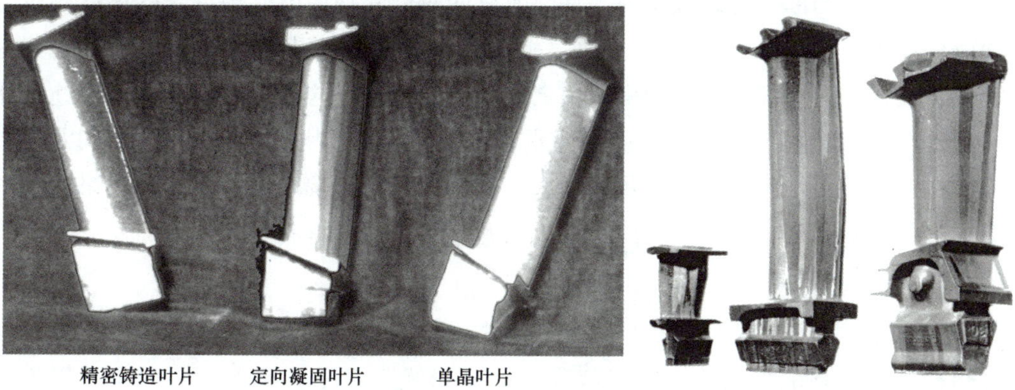

图 6.10 高温合金精密铸造定向凝固系列柱状晶、单晶叶片

获得单向生长柱状晶的根本条件是避免在固-液界面前方的液体中形成新的晶核，即

固-液界面前方不应存在生核和晶粒游离现象，使柱状晶的纵向生长不受限制。其技术关键在于控制热流，保证液-固界面上液体金属有足够的温度梯度。为此需要：

（1）严格保证单向散热，以使凝固前沿始终处于柱状晶生长方向的正温度梯度作用之下，并且要绝对阻止侧向散热以避免界面前方型壁及其附近的生核和长大。

（2）在一定合金成分下提高 G_L/R 比值，以便使成分过冷限制在允许的范围内，要减小液体的非均质生核能力；避免界面前方液体内的生核现象。

（3）提高液体的纯洁性，减少杂质，减小金属液体的生核能力。对已有的有效质点可通过高温过热或加入其他元素来改变其组成和结构，以消除外来质点的生核作用。

（4）要避免液态金属的对流、搅拌和振动，从而阻止界面前方的晶体游离。

根据上述原则，在实际生产中，采用的定向凝固方法有以下几种。

6.3.3.1 区域熔化液态金属冷却法（ZMLMC 法）

ZMLMC 法装置示意图如图 6.11 所示，其冷却部分与液态金属冷却法相同，加热部分可以是电子束或高频感应电场，加热与冷却两部分相对固定，且距离很小，使凝固的固-液界面不能上移，集中对凝固的固-液界面前沿液相加热，充分发挥过热度对温度梯度的贡献。可见，ZMLMC 法定向凝固过程中，熔区宽度对温度梯度有很重要的影响。熔区越窄，在相同的加热温度（过热度）时，温度梯度越高。细化枝晶组织有多种方法。而效果最佳的是增加凝固过程中的冷却速率。对于定向凝固和单晶铸件来说，就是要提高凝固过程的液相温度梯度和生长速率，定向凝固技术正是伴随着液相温度梯度的不断增大而发展。ZMLMC 法可在较快的生长速率下进行定向凝固，获得一种侧向分枝受到抑制、一次枝晶超细化的定向凝固组织，即超细柱状晶组织。由于这种特殊的超细微观组织特征，结晶合金的性能都有明显提高。

6.3.3.2 功率降低法（P. D 法）

功率降低法定向凝固装置见图 6.12。把一个开底的模壳放在水冷底盘上，石墨感应发热器放在分上、下两部分的感应圈内。加热时，两感应圈均通电，当型壳的温度超过合金熔点 30~50 ℃时，向型腔中浇入金属液，此时，下部感应圈停电。使液体金属内建立起温度梯度，通过调整上部感应圈功率，使之产生定向凝固。这种方法传热的主要途径是通过已凝固部分用冷却底盘上的冷却水将热量带走。传导传热与距离呈反比，所以随着固-液界面的推进，其与水冷底板间的距离加大。传导传热将大幅度下降，因此，采用这种方法，凝固过程中的温度梯度以及凝固速度 R 逐渐变小，不能保持恒定值。

6.3.3.3 高速凝固法定向凝固技术（HRS）

高速凝固法是为改善热传导条件而发展起来的定向凝固工艺。工作时，移动模壳（或移动加热器）以加强散热条件，将底部开口的模壳置于水冷底座上，并置于石墨加热器中，如图 6.13 所示。当模壳的轴向建立起合适的温度场后，浇入金属液并保持数分钟，使之达到热稳定并开始在冷却底座表面形成一薄层固态金属。然后模壳以预定速度经过感应器底部的辐射挡板从加热器中移出，为得到最好的效果，在移动模壳时，固-液界面应保持在挡板附近。挡板应起到将加热器的辐射热损失降低至最小的作用。随着凝固的进行，固-液界面离开模壳下端冷却底板的距离加大，虽然传导传热削弱，但由于模壳拉出挡板所隔绝的加热器以外，模壳与其周围介质间的辐射传热加强，所以仍能保持较大的温度梯度及较高的凝固速度。

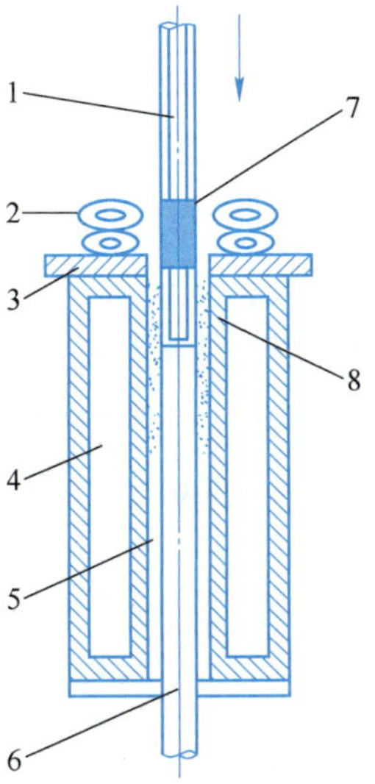

图 6.11 区域熔化液态金属冷却装置图

1—试样；2—感应圈；3—隔热板；4—冷却水；5—液态金属；6—拉锭；7—熔区；8—坩埚

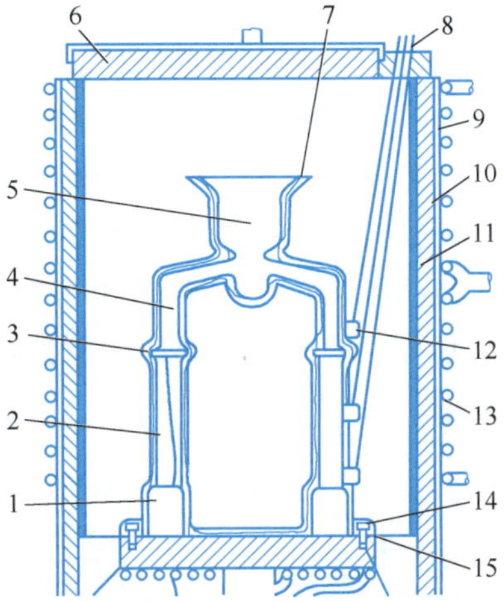

图 6.12 功率降低法定向凝固示意图

1—叶片根部；2—叶身；3—叶冠；4—浇道；5—浇口杯；6—模盖；7—精铸模壳；8—热电偶；9—轴套；10—碳毡；11—石墨发热器；12—Al_2O_3 管；13—感应圈；14—管泥封；15—模壳缘盘

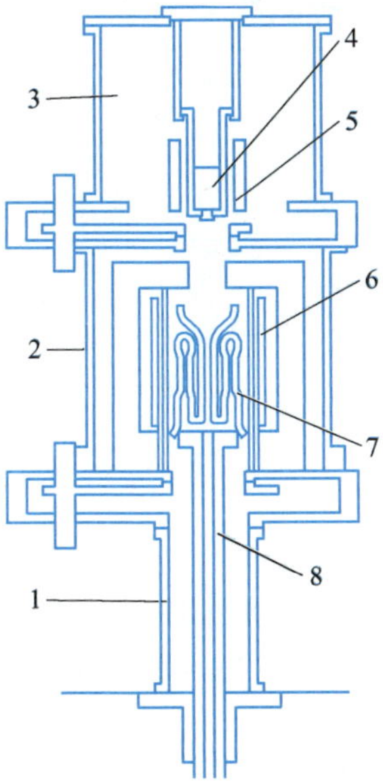

图 6.13 高速定向凝固示意图及其制备的柱状晶叶片

1—拉模室；2—模室；3—熔化室；4—坩埚和原料；5—水冷感应圈；6—石墨加热器；7—模壳；8—水冷底盘

6.3.3.4 连续定向凝固（OCC 法）

控制凝固组织结构的关键是控制铸型表面的形核过程，连续定向凝固是日本大野笃美教授发明的，该方法的基本原则是：在连续定向凝固过程中对铸型进行加热，使它的温度高于被铸金属的凝固温度，并通过在铸型出口附近的强制冷却，或同时对铸型进行分区加热与控制，在凝固金属和未凝固熔体中建立起沿拉坯方向的温度梯度，从而使熔体形核后沿着与热流（拉坯方向）相反方向，按单一的结晶取向进行凝固，获得连续定向结晶组织（连续柱状晶组织），甚至单晶组织，如图 6.14 所示。

因此，OCC 法与传统连铸技术的根本区别在于其铸型是加热的，而不是冷却的，OCC 技术的核心是避免凝固界面附近的侧向散热，维持很强的轴向热流，保证凝固界面是凸向液相的。维持这样的导热条件需要在离开凝固界面的一定位置进行强制冷却。由于 OCC 法依赖于固相的导热，适用于有较大热导率的铝合金及铜合金。同时，由于随着铸锭尺寸的增大，固相导热的热阻增大，维持某一散热条件变得更加困难，因此 OCC 技术适用于小尺寸的铸锭。

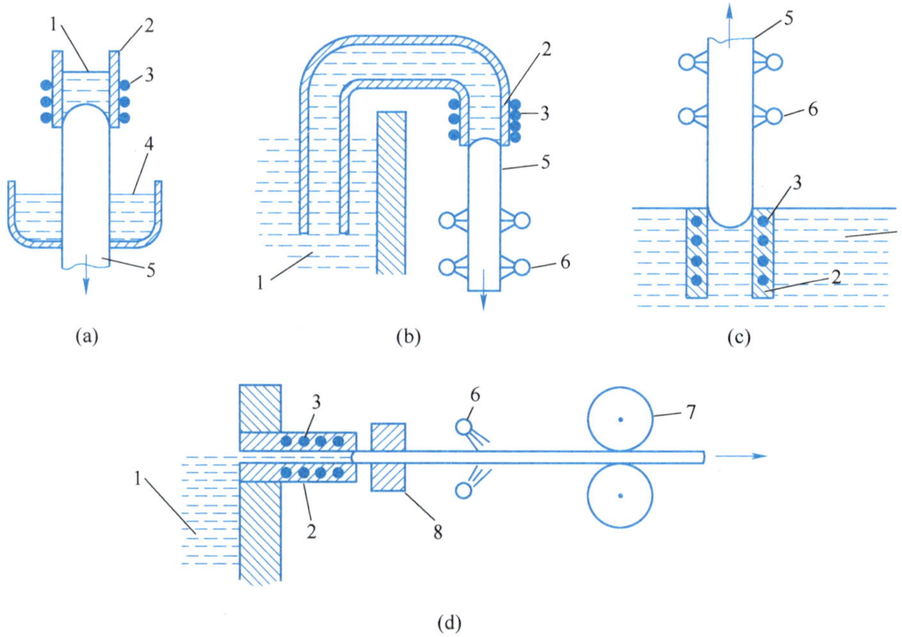

图 6.14 四种 OCC 连铸方法示意图

（a）普通下引法；（b）虹吸管下引法；（c）上引法；（d）水平引锭式

1—合金液；2—热铸型；3—电加热器；4—冷却水；5—铸锭；6—冷却水喷嘴；7—牵引轮；8—导向装置

6.3.3.5 侧向约束下的定向凝固

施加侧向约束使试样界面突然减小，合金凝固组织由发达的粗枝状很快转化为细的胞状。随着凝固的继续进行，胞晶间距逐渐增加，之后胞晶间距趋于恒定，凝固进入新的稳态。最后当试样界面由小变大时，凝固形状也由胞状很快转化为粗枝状，如图 6.15 所示。

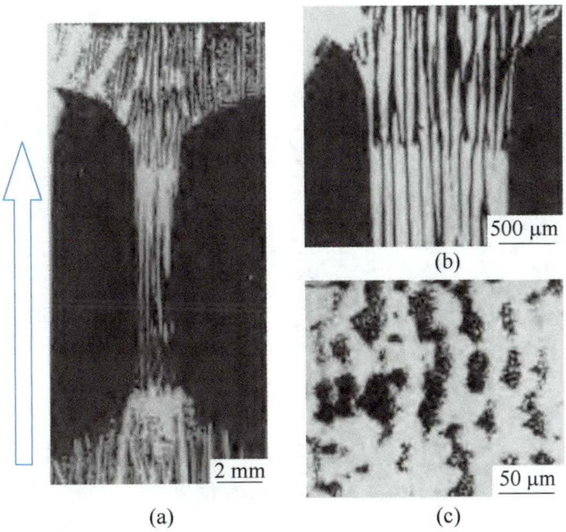

图 6.15 单晶镍基高温合金侧向约束条件下的组织

(a) 沿凝固方向组织变化；(b) 胞晶顶端失稳分岔；(c) 无共晶区纤维组织

6.3.3.6 对流下的定向凝固

加速坩埚旋转技术（ACRT）的装置包括直流电动机旋转坩埚、升降机构、加热及控制三大部分，如图 6.16 所示。在加速旋转过程中液相强迫对流，由于极大地改变热质传输过程而引起了界面形貌的显著变化。在一般定向凝固条件下，合金组织中枝晶发达，糊状区宽度大。ACRT 状态下的糊状凝固区宽度较静态下的要小得多，对 Al-Si 共晶合金，在定向凝固开始时就让坩埚旋转，则强烈的对流导致 Si 相的断裂。Si 碎片可进一步破碎并生长，最后形成块状 Si 共晶组织。施加坩埚的变速旋转，则 Si 相在坩埚加速旋转阶段变得更加规则。只有当坩埚旋转方式与定向凝固参数合理配合时，才能获得理想的定向组织。在通常情况下，提高 G_L/R 的值，当 G_L 过高时，Si 相虽然定向生长，但粗化现象明显。

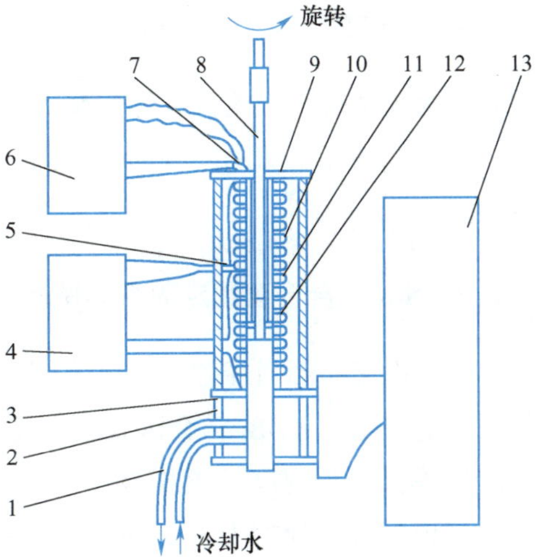

图 6.16 加速坩埚旋转技术装置图

1—水管；2—炉架；3—液态金属冷却液；4—外层炉温控制器；5—外层炉热电偶；6—内层炉温控制器；7—内层炉热电偶；8—坩埚夹杆；9—内层炉；10—外层炉；11—坩埚；12—隔热板；13—炉子升降系统

6.3.3.7 二维定向凝固

对圆盘件而言，二维定向凝固的主要原理是控制热流方向，使得金属由边缘向中心定向生长，最后获得具有径向柱状晶（从宏观角度看）和枝晶（从微观组织看）组织的材料，如图 6.17 所示。

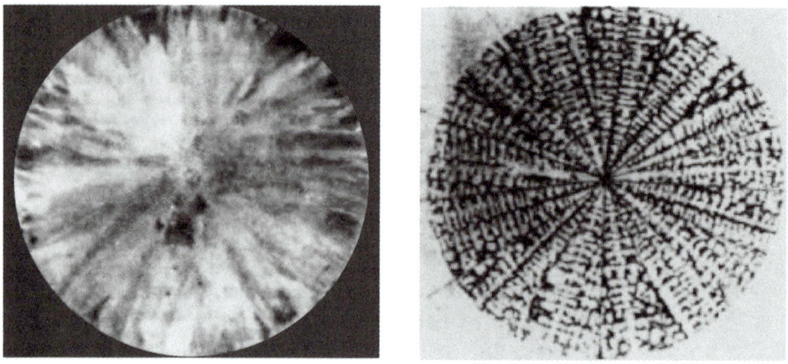

(a) (b)

图 6.17 二维定向凝固法制备的高温合金圆盘试样的组织形貌

（a）宏观；（b）微观

二维定向凝固合金由于柱状晶轴沿径向排列，具有优异的径向性能，大幅度地提高材料沿径向的强度、塑性和韧性，因而适合于制造径向性能要求高的旋转叶片和圆盘件（如高温发动机涡轮盘等）。

实例 6.2：师先生与空心涡轮叶片

实例 6.2

叶片是发动机、汽轮机、螺旋桨等重要装备核心部件的易耗易损关键零件，本例结合师先生的定向凝固空心涡轮叶片研发事迹介绍定向凝固技术及其应用。

实例 6.3：Sn-Bi 合金双侧定向凝固试验（科研案例）

本例采用定向凝固理念，提出了双侧定向凝固模型，进行模型设计和实验室试验研究。双侧定向凝固 Sn-Bi 合金试验用模具结构如图 6.18 所示。模具具体设计要求如下：

（1）模具分为内模［图 6.18（a）］和外模［图 6.18（b）］；

（2）内模和外模均为 1.5 mm 厚的不锈钢板，通过挂钩连接［图 6.18（c）］；内模、外模间隙及内模的保温顶面采用石棉粘填充和覆盖；

（3）Sn-Bi 合金收缩率小（0.051%），脱模较困难，并且模具的锥度的设计对铸件凝固过程中温度场的影响很小，因此将内模的锥度设为 20°；

（4）内模冷却面的冷却方式为空冷，热量通过外模的冷却口散热；

（5）浇注方式为上浇式；

（6）外模有吊钩。

试验步骤如下：

（1）将铸模组装好，在炉中预热，铸模预热温度为 150 ℃，并保温一段时间，使模具各部位保持温度均匀。

（2）用加热炉加热 Sn-Bi 合金，炉温控制在 300 ℃恒温，加热时间为 1 h，合金完全

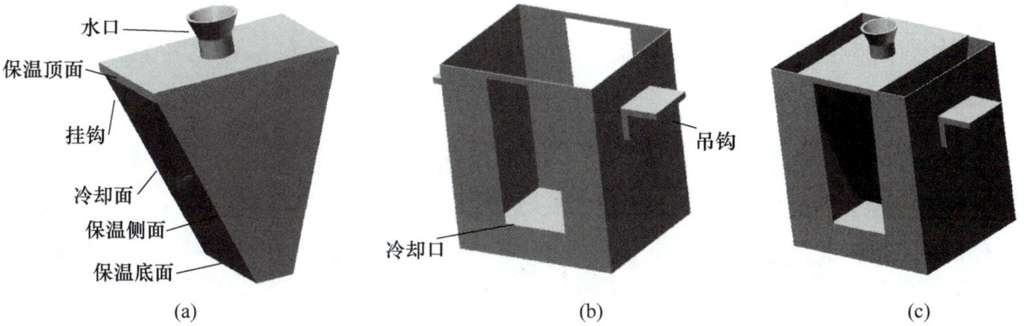

图 6.18 Sn-Bi 合金双侧定向凝固模具
(a) 内模；(b) 外模；(c) 组装图

熔化且温度均匀。

(3) 由于不同的界面保温/冷却方式不同，会使不同界面处的换热系数不相同，因此分别在保温侧壁、冷却侧壁和浇注水口处安装热电偶，实时测量凝固过程中温度的变化。由于不同型号热电偶的测量区间、测量误差、适用环境和响应速度等参数的不同，综合经济性和适用性考虑，选用 k 型热电偶，温度变化如图 6.19 所示。

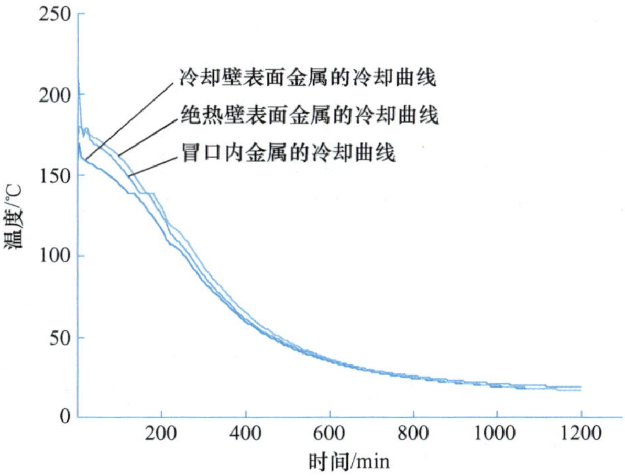

图 6.19 双侧壁冷却下 Sn-Bi 合金定向凝固过程温度变化曲线

(4) 将熔化的合金浇注到内模，待合金完全凝固且达到室温后脱模。

沿垂直于冷却面的方向将 Sn-Bi 合金铸锭纵向剖开，取铸件 1/2 高度处制作试样。由于 Sn-Bi 合金硬度较小，制备试样时不可避免地会出现划痕，因此采用扫描电镜的背散射电子成像功能和成分分析功能观察试样的晶粒组织变化情况和成分。沿冷却面向中心方向晶粒组织变化和晶粒间隙成分变化情况如图 6.20 所示。从图中可以看出，铸件沿冷却面垂直方向开始，靠近冷却板边部形成一层等轴晶区，这是由于凝固初期靠近冷却钢板部位金属液受到钢板表面强烈的冷却，其形核速度远超晶粒长大速度，而形成的一层激冷层。激冷层厚度的增加对铸件向外部传热的热阻加大，铸件内部的过冷度减少，晶体沿着散热阻力相对较小的垂直于冷却钢板的方向生长，形成柱状晶组织。与定向凝固铸件的组织相比，常规铸件晶粒沿凝固方向无明显的方向性排布，且相应部位晶粒尺寸大于定向凝固铸件晶粒。

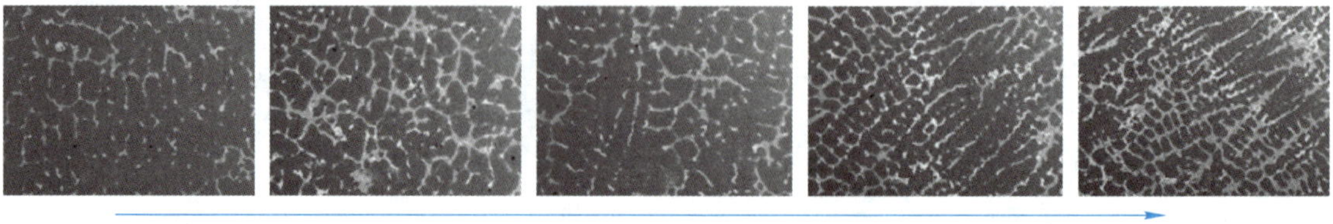

(a)

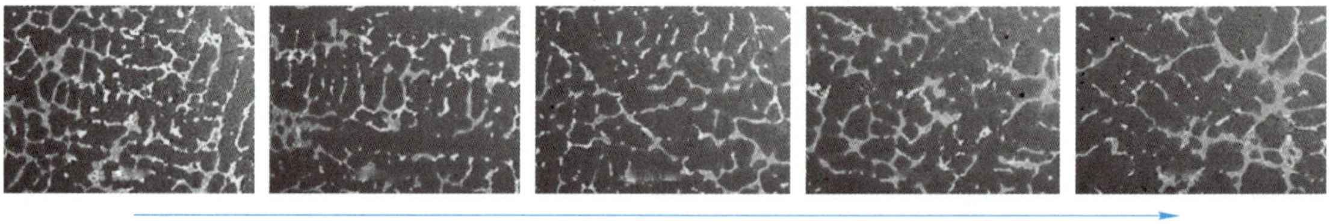

(b)

图 6.20 不同凝固条件下铸件沿冷却侧壁至铸锭中心的组织变化
（a）定向凝固；（b）常规凝固

6.3.4 快速凝固技术

6.3.4.1 快速凝固

当液态金属以 $10^5 \sim 10^{10}$ K/s 的速度进行凝固，由于金属从液相到固相的相变过程进行得非常快，因此获得普通铸件和铸锭无法获得的成分、相结构和显微结构的过程，称为快速凝固。

传统的凝固理论与技术的研究主要围绕铸锭和铸件的凝固过程进行的。其冷却速度通常在 $10^{-3} \sim 10^2$ K/s 的范围内。大型铸锭的冷却速率为 $10^{-3} \sim 10^{-1}$ K/s，中等铸件的冷却速率约为 1 K/s。特薄的铸件压铸过程的冷却速率可达 10^3 K/s，当液态金属以 $10^5 \sim 10^{10}$ K/s 的冷却速度进行凝固时，即为快速凝固。

快速凝固的概念源于 20 世纪 60 年代初 DuWe Z 等人的研究，他们发现某些共晶合金在平衡条件下本应生成双相混合物，但当该合金以足够快的速度凝固时，由于凝固速度非常快，溶质来不及移动，不能实现平衡凝固，从而得到新的凝固组织。例如，生成过饱和固溶体、非平衡晶体，更进一步能生成非晶体。这些材料具有超常的性能，如：电磁、电热、强度和塑性等，出现了应用于电工电子等方面的非晶态材料。快速凝固技术是目前冶金工艺和金属材料专业的重要领域和研究热点。

6.3.4.2 快速凝固组织的特征

（1）偏析形成倾向小，随着凝固速度的增加，实际溶质分配系数偏离平衡而增加，并趋近于 1；

（2）析出相结构发生变化，形成非平衡相（亚稳定相）；

(3) 细化凝固组织（细化枝晶）；

(4) 形成非晶态。

6.3.4.3 快速凝固的条件

(1) 快速冷却。单向凝固速度与导热条件的关系如图 6.21 所示。

一方面，选用热导率大的铸型材料或对铸型强制冷却，可以降低铸型与铸件界面温度 T_i，从而提高凝固速度；另一方面，凝固层内部热阻随凝固层厚度的增大而迅速提高，导致凝固速度下降。

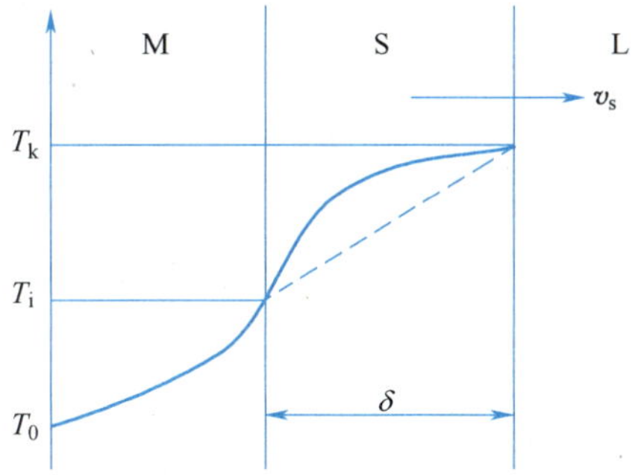

图 6.21 单向凝固速度与导热条件的关系

在雾化法、单辊法、双辊法、旋转圆盘法及纺线法等非晶、微晶材料制备过程中，试件的尺寸都很小，故凝固层内部的热阻都可以忽略（即温度均匀），界面散热成为主要控制环节。通过增大散热强度，可以实现快速冷却。

(2) 深过冷。

快冷法只能在薄膜、细线及小尺寸颗粒中实现，对于大尺寸铸件，减小凝固过程中的热量导出是实现快速凝固的唯一途径。通过抑制凝固过程的形核，使合金溶液获得很大的过冷度，从而凝固过程释放的潜热 Δh 被过冷熔体吸收掉 Δh_s，可减少凝固过程中要导出的热量 $\Delta h'$。

$$\Delta h' = \Delta h - \Delta h_s \tag{6.11}$$

深过冷快速凝固成型主要见于液相微粒的雾化法和经过净化处理的大体积液态金属的快速凝固。目前对于深过冷的应用主要是液相线浇注金属液的成型技术，以及高熔点金属的低过热度浇注成型技术。另外一类以降低界面传热量、减少铸造缺陷并细化晶粒的液态成型技术是 21 世纪发展迅速的半固态成型技术。

6.3.4.4 快速凝固技术

液态金属实现快速凝固的最重要条件，就是要求在转变的临界时刻，用具有极高的导热速度的冷却介质将热量带走。若金属靠辐射散热，使 1000 ℃的液滴获得 1000 K/s 的冷速，则要求液滴的直径只有 1 μm。通过对流传热可获得比辐射大得多的散热速度，如果采用高速流动的冷却气体其效果比任何液态冷却剂（包括液氮）都好。计算表明，将导热良好的氢或氦以每秒几百米的速度流过厚度为 5 mm 的试样，试样的冷速可达 10000～20000 K/s；直径 0.5 mm 金属丝的冷速可达 50000 K/s；要实现更大的冷却速度（10^6 K/s 以上），则需要借助于热传导的方法。实现热传导传热的途径有：将溶液分散成细小液滴，接近圆形断面的细流或极薄的矩形断面液流；散热冷却可借助于气体、液体或固体表面。几乎所有的快速凝固工艺都遵循这些原理，实现快速凝固通常有如下工艺方法。

A 雾化法

采用雾化法快速凝固技术可以获得具有快速凝固组织特征的细小的金属碎片或粉末材

料。常见的方法有亚音速气体雾化法、超音速气体雾化法、水雾化法、旋转电极法、旋转盘法、快速旋转杯法等。概括起来可分为流体雾化法和离心雾化法两大类，典型的雾化设备工作原理如图 6.22 所示。工业生产中雾化装置的几何形状多种多样，并由一系列相互联系的工艺参数支配着整个雾化过程，包括射流距离、射流压力、喷嘴的几何形状、气体和金属的流速以及金属液的温度等。一般地，射流压力越高、射流距离越小，产生的粉末越细小。

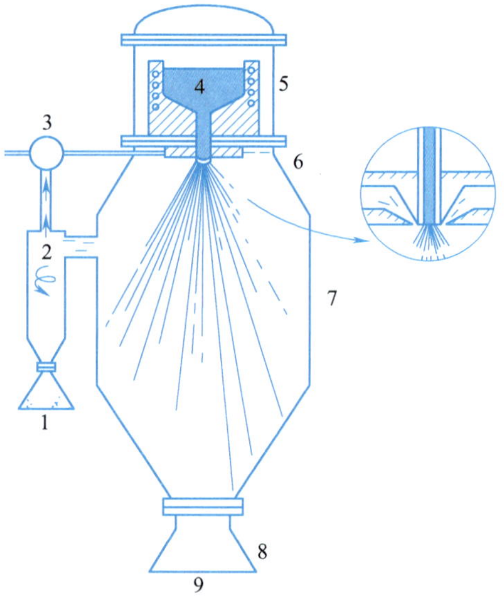

图 6.22 气体雾化设备工作原理图

1—细粉；2—气体；3—气源；4—合金液；5—真空感应加热器；6—喷嘴；7—雾化室；8—收集室；9—粉末

B 带材快速凝固

粉末材料往往需要进行后续的块体化加工，在最终制件中失去了许多快速凝固组织的特征和性能。因此线材和带材制备成为快速凝固技术发展最快的分支，也是目前最成熟的制备非晶态金属材料的途径，可以连续批量地生产出具有快速凝固组织的带材。常用的方法有单辊法、双辊法和溢流法等，分别如图 6.23～图 6.25 所示。

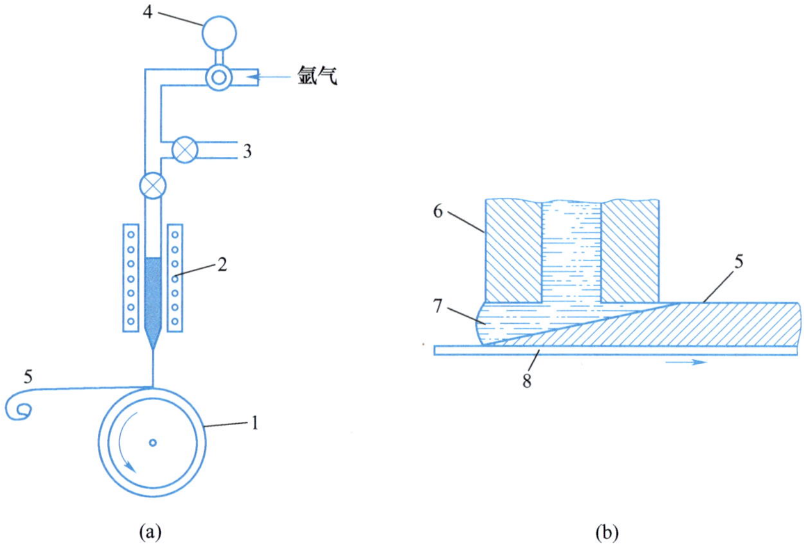

图 6.23 单辊法快速凝固原理图

（a）自由喷射甩出（FJMS）法；（b）平流铸造（PFC）法

1—激冷辊；2—感应加热器；3—排气阀；4—压力表；5—带材；6—喷嘴；7—合金液；8—激冷基底（单辊表面）

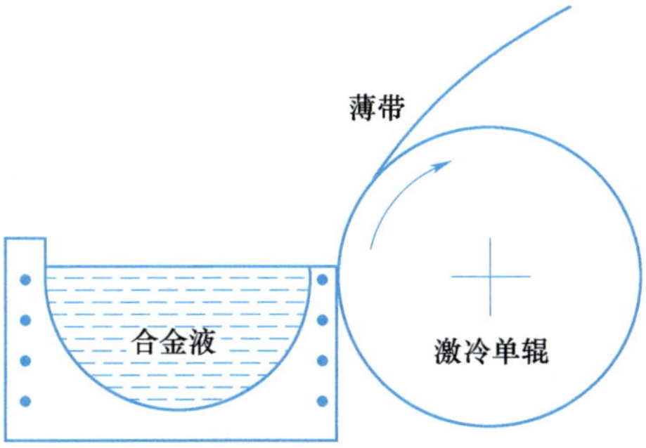

图 6.24 溢流法快速凝固原理图

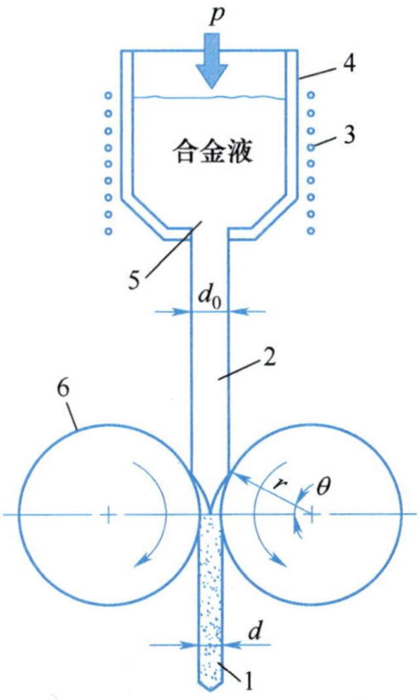

图 6.25 双辊法快速凝固原理图

1—带材；2—合金液；3—加热器；4—坩埚；5—喷嘴；6—双辊

C 线材快速凝固

快速凝固法制备非晶合金线材的关键在于：首先是获得细而稳定的熔液流柱，其次是采用一定的冷却介质对该熔液流柱进行激冷，对于连续生产，还要实现线材的连续卷取。目前较成熟的线材凝固技术包括玻璃包覆熔融纺线法、旋转水纺线法和合金熔液注入快冷法，分别如图 6.26~图 6.28 所示。

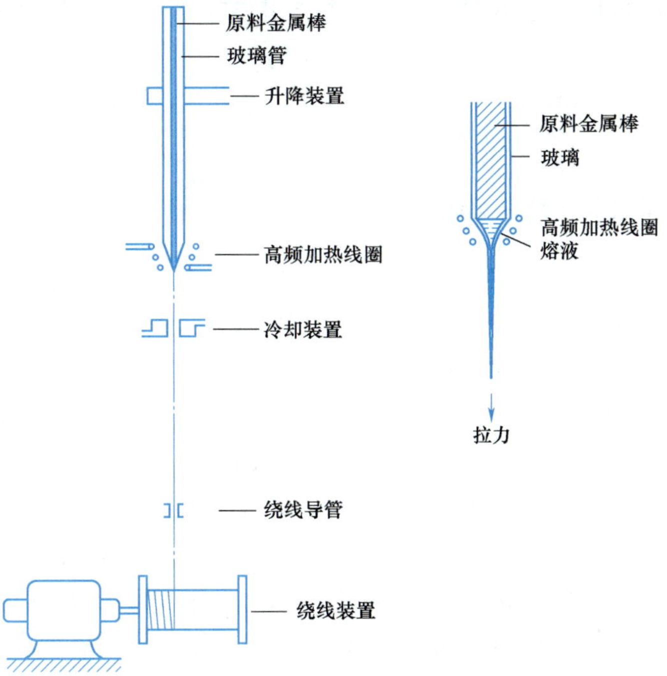

图 6.26 玻璃包覆纺线法快速凝固原理图

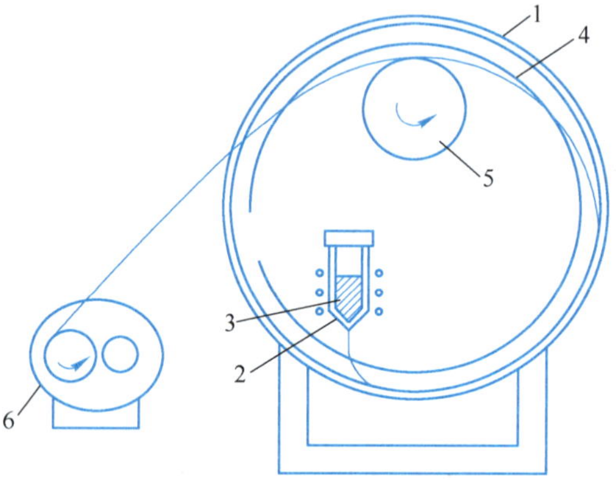

图 6.27 旋转水纺线法

1—旋转鼓；2—喷嘴；3—熔融金属；4—金属丝；5—磁性辊；6—卷取机

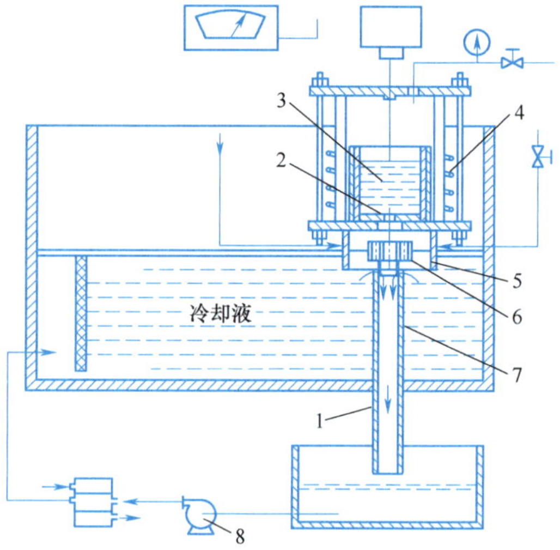

图 6.28 合金熔液注入快速凝固原理图

1，7—分流管；2—喷嘴；3—合金液；4—感应加热器；5—稳流罩；6—分散器；8—泵

D 快速凝固材料的应用

（1）非晶及微晶材料。其应用主要体现在它们的磁性和电性两方面的特殊性，而破碎非晶带，致密化成大块微晶材料，不但使其具有高硬度，还有良好的抗热振性，可用作挤压模或铸模的内衬。

（2）高强合金材料。快速凝固的粉末高温合金已经成功地应用于涡轮盘的制造和涡轮叶片的研制。粉末高速钢在某些方面已经取代了熔铸高速钢，快速凝固铝合金在气体涡轮发动机中有着巨大的应用潜力。从比强度和比刚度方面考虑，快速凝固铝合金很可能在某些应用中代替钛合金。

实例 6.4：真空甩带法制备快速凝固薄带

甩带法的原理属于单辊快速凝固，该方法在真空条件下将熔融态金属或合金喷射到高速旋转的铜辊上，令其快速冷却以得到薄带，如图 6.29 所示。由于该制备方法冷却速度非常快，可以达到 $10^4 \sim 10^6$ K/s 数量级，从而能够在室温凝固时继续保持其液态的无序结构，抑制晶化，得到非晶态亚稳材料。而通常熔化的金属或合金冷却到玻璃转变温度以下时，会发生形核和晶化，无法得到亚稳材料。本实例配制 AZ31B 镁合金 5 g，利用真空甩带机制备镁合金薄带。首先将原料置于石英管中，放入真空室的小感应炉（5~10 g）线圈内，感应加热频率为 20 kHz，抽真空至 6.0×10^{-3} Pa，开始熔炼，待样品熔化并达到 680 ℃时，吹高压氩气将金属液冲挤到旋转的铜辊上，铜辊转速为 5600 r/min 甩出的薄带从条带接收口收集，所制备薄带如图 6.30（a）所示，甩带法制备的合金薄带微观组织细小，但是产品质量不稳定，容易出现孔洞和杂质缺陷，如图 6.30（b）所示。

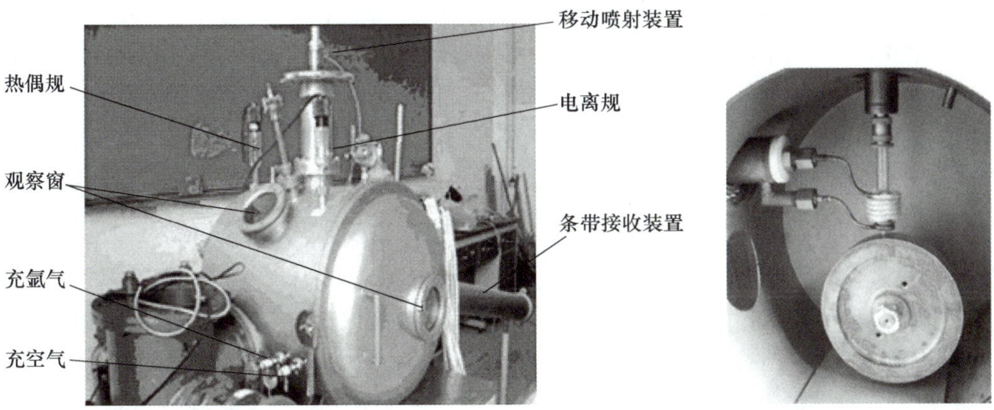

图 6.29 真空甩带机及其工作原理图

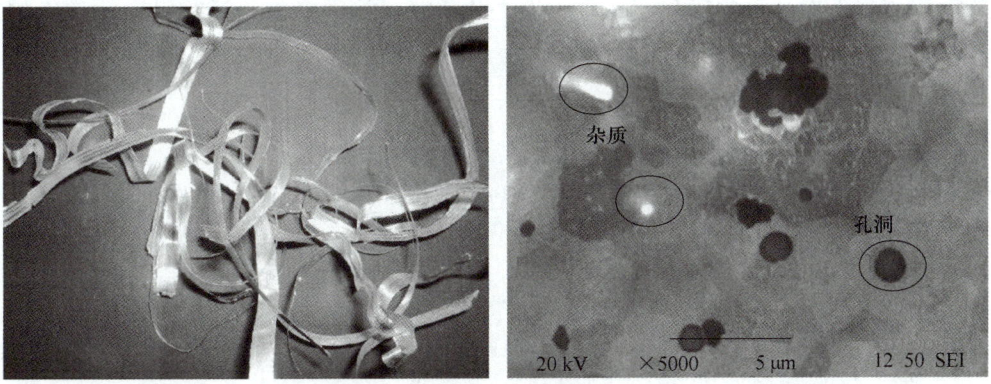

(a) (b)

图 6.30 AZ31 镁合金薄带（a）及微观组织（SEM）（b）

6.3.5 半固态成型技术

6.3.5.1 半固态成型技术

半固态成型技术（semi-solid metal process，SSP）通过搅拌或加热等方法在液相线附近获得具有非树枝晶状组织的半固态浆（坯）料，并通过加压的方式，使其在不同形状的型腔内凝固成型的技术。SSP 起源于 20 世纪 70 年代，其基本概念、理论和技术在美国麻省理工学院 Flemings 教授等的努力下逐步创立。半固态金属加工技术是 21 世纪前沿性金属加工技术，金属在凝固过程中施加强烈搅拌或通过控制凝固条件，抑制树枝晶生长或破碎所生成的树枝晶，形成具有等轴、均匀、细小的初生相，均匀分布于液相中的悬浮半固态浆料，这种浆料在外力作用下，当固相率达到 60%时仍具有较好的流动性。利用压铸、挤压、模锻等常规工艺进行加工成型，也可以用其他特殊的成型方法加工零件。这种既非完全液态、又非完全固态的金属浆料加工成型的方法，就称为半固态金属加工技术（semi-solid metal forming or semi-solid metal process，SSM）。

与普通加工方法相比，半固态金属加工的主要技术优势是：

（1）SSM 具有均匀的细晶粒组织及特殊的流变特性，加之在压力下成型，使工件具有很好的综合力学性能；对于半固态模锻，由于坯料变形抗力极低，可以一次加工成型复杂的零件，减少了成型道次。

（2）由于坯料中已有一半左右的固相存在而且其成型温度比全液态成型温度低近 100 ℃，因此可以减少常规压铸件固有的皮下气孔和疏松等缺陷，提高铸件质量，增加模具寿命。

（3）由于凝固收缩小，可以降低毛坯重量，减少机加工，实现金属制品的近终成型。半固态金属成型技术具有高效、节能、近终形生产和成型件性能高等许多优点。

6.3.5.2 半固态金属的物理特性

半固态金属（合金）的结构特点是固液相混合共存，根据固相分数不同，其状态不同，物性也有很大差别。当固相率（f_S）小于 0.2 时，半固态金属浆料可以作为牛顿黏性流体；当固相率在0.2~0.6 时，固相微粒相对运动及聚集行为为半固态金属浆料性质；当固相率在 0.6~0.7 甚至更高时，半固态浆料可以被认为是浸透着液体的多孔固体。半固态金属的结构示意图如图 6.31 所示。半固态金属的结构特点决定了其既具有一定的流动性又具有一定的表观黏度，而且其表观黏度随剪切速率的变化而变化，即半固态金属具有一定的流变性和触变性。

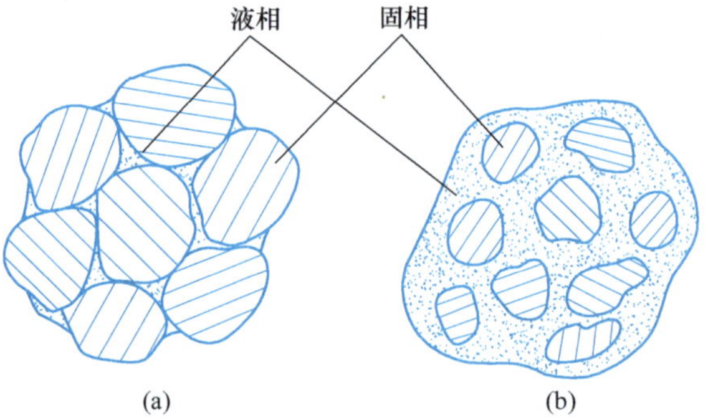

图 6.31 半固态金属结构示意图

（a）高固相分数；（b）低固相分数

A 半固态金属的流变性

半固态金属的流变特性是指在外力作用下半固态金属的流动、变形性能。研究半固态金属的流变特性对半固态金属的制备和成型技术具有重要的指导意义。合金成分、半固态金属的制造条件、固体相的形状与大小等因素对半固态金属的流变性能都有影响，其中固相组分的数量对流变性能的影响最大。通常用半固态金属的表观黏度作为其流变性的指标。通过在一定剪切变形速度及冷却条件下的搅拌试验，测定了在不同固体组分下的铝、铜、铁半固态金属的表观黏度，如表 6.1 和图 6.32 所示，并采用悬浊液的黏度公式对表观黏度与固相率的关系进行回归分析，得到式（6.12）所示的半固态金属表观黏度表达式。

表 6.1 固相率与剪切率的回归曲线

回归曲线	实测	合 金	剪切率/s^{-1}	凝固速度（df/dt）/s^{-1}
……	▽	Al-4.5%Cu	75	0.0015
——		Al-4.5%Cu	75	0.0007

续表 6.1

回归曲线	实测	合 金	剪切率/s^{-1}	凝固速度（df/dt）/s^{-1}
— —	◇	Al-10%Cu	75	0.0012
……	□	Al-10%Cu	200	0.0010
— —	□	Al-15%Cu	75	0.0006
— —	△	Al-3.6%Si	75	0.0007
—·—	■	Fe-2.5%C	75	0.0004
——	▲	Cu-8%Sn	171	0.0044

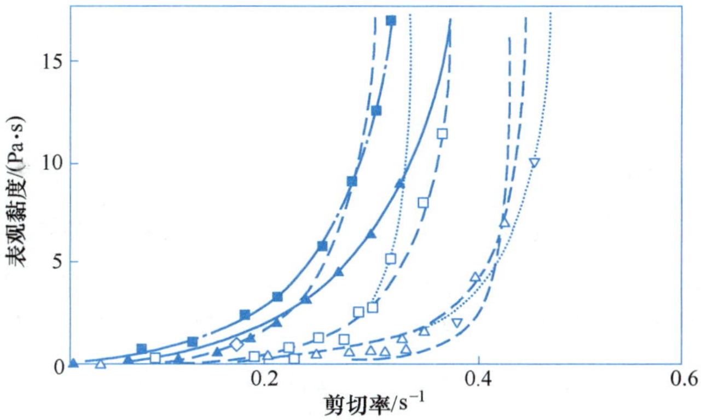

图 6.32 固相率与表观黏度间的关系（曲线为回归结果）

$$\eta_a = \eta_{La}\left\{1 + \frac{\alpha\rho_m c^{1/3}\dot{\gamma}^{-4/3}}{2[1/f_S - 1/(0.72 - \beta c^{1/3}\dot{\gamma}^{-1/3})]}\right\} \tag{6.12}$$

$$\alpha = 2.03 \times 10^2 (x/100)^{1/3}$$

$$\beta = 19.0 (x/100)^{1/3}$$

式中 η_a——半固态金属表观黏度，Pa·s；

η_{La}——金属液表观黏度，Pa·s；

ρ_m——合金密度，kg/m^3；

c——凝固速度，s^{-1}，$c = \frac{df_S}{dt}$；

$\dot{\gamma}$——剪切变形速度，s^{-1}；

f_S——固相率，$f_S = 0 \sim 0.4$；

x——金属溶质浓度；

α，β——悬浮晶粒的形状系数。

由于半固态金属浆料中的固相率主要由半固态金属的温度来决定，因此在实际应用中温度的控制非常重要。使半固态金属发生变形时的剪切应变率对表观黏度也有很大影响。用高温旋转黏度计对稳定状态的半固态 A356 铝合金的表观黏度进行了测定，结果如图 6.33 所示。

该表观稳定态黏度可以用式（6.13）的形式来表示。

$$\eta = C \cdot \gamma^{m} \tag{6.13}$$

式中 η——表观黏度；

γ——剪切率；

C——稠密度；

m——指数，$m=-1.3\sim-1.2$。

上述情况都是在搅拌试验进行几十分钟，黏度不再变化，达到稳定状态时得出的结果。对于连续冷却状态，则表观黏度较稳定态的稍高。在实际成型加工中，半固态金属充填型腔的时间只持续几秒钟，在这一瞬间由于液体相的黏度，固体颗粒的数量、大小、形貌均在变化，情况变得十分复杂。对 Sn-15%Pb 的搅拌试验表明，在给定结构下，半固态浆料的瞬时结构特性为随着剪切率的增加表观黏度有所增加。

B 半固态金属的触变性

半固态金属的触变性是指表观黏度随剪切时间的依赖关系，反映了半固态金属浆料的依时行为。半固态金属的表观黏度在一定的剪切速率下，随剪切时间的延长而逐步下降，具有可逆性。将搅拌的半固态金属浆料凝固后再重新加热至半固态，由于半固态金属的触变性，当切变速率很小或等于零时，半固态金属的黏度很高，可以像固体一样夹持及搬运，而当其受到较高剪切应力，产生较大切变速率时，黏度迅速降低，变得与流体一样很容易成型。和其他具有触变性能的材料一样，半固态金属浆料也具有滞后回线现象，如图 6.34 所示。滞后回线面积为触变性能定量指标，其大小表示触变性的强弱。滞后回线面积越大，材料触变性越强。半固态金属的触变性比蜂蜜、环氧树脂小，接近于油漆。滞后回线面积随固相率、初始黏度、最大剪切速度和静置时间等参数的增加而增加；随最初剪切率和半固态浆料剪切率增大时所需时间的增加而减小。

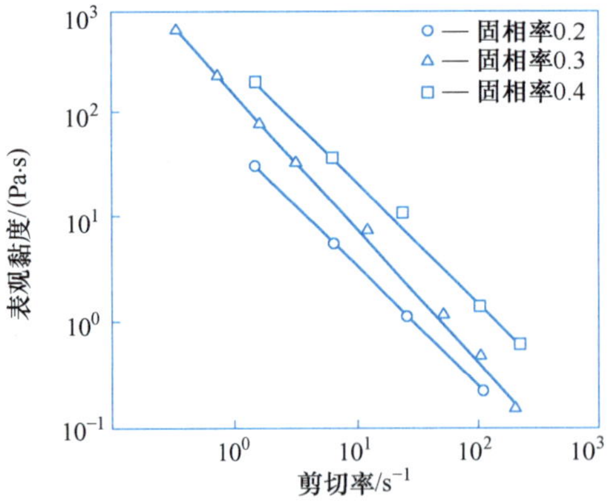

图 6.33 A356 铝合金浆料表观黏度与剪切率的关系

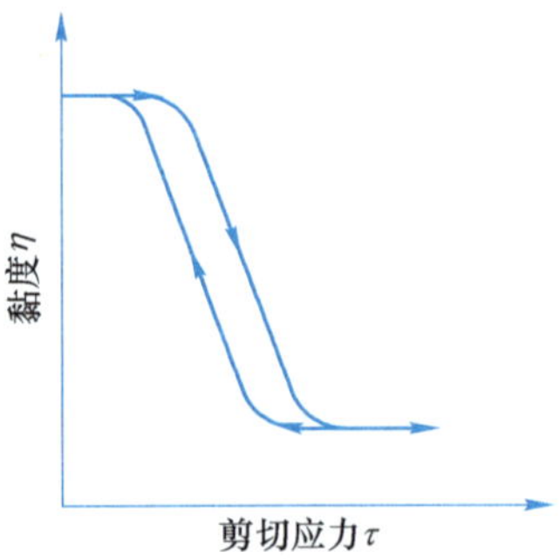

图 6.34 浆料剪切应力与黏度的触变现象

6.3.5.3 半固态金属组织形成机制

金属的凝固过程通常是一个相变过程，要经历晶核的形成和长大过程；凝固过程中存在溶质再分配、成分过冷和成分偏析。金属的传统凝固组织与其形核和长大过程密切相关。金属的最终晶体形貌不仅取决于晶体的长大方式，还取决于固-液界面前沿的温度梯度、溶质的浓度梯度、热流的方向及散热强度。而半固态成型过程中，金属熔体经历强烈搅拌，其凝固组织的形态与形成机制与传统凝固过程有很大不同，如图 6.35 所示。

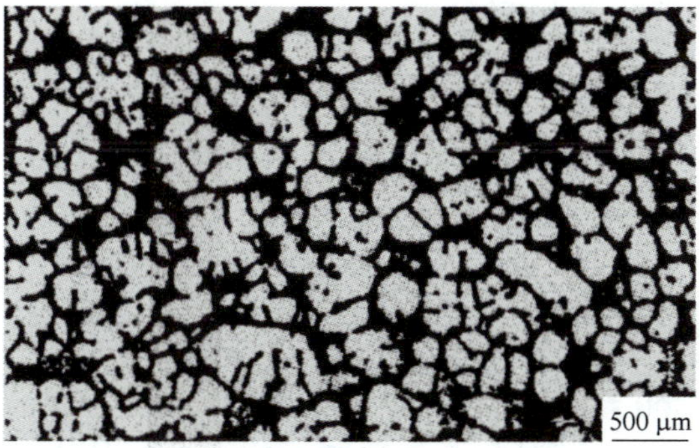

(a)

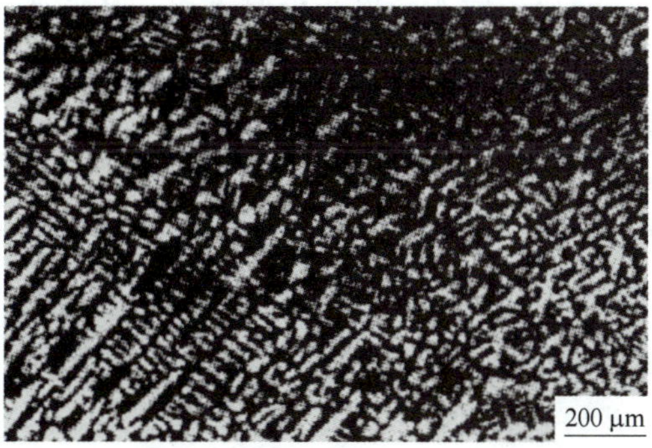

(b)

图 6.35 半固态铸造与常规铸造的组织比较

（a）Sn-15%Pb 合金的球形晶粒；（b）Al-6.6%Si 合金的常规铸造组织

与常规铸造方法形成的枝晶组织不同，利用半固态流变铸造方法生产的半固态金属具有独特的非枝晶、近似球形（球状、椭球状或花瓣状）的显微结构。结晶开始时，搅拌促进了晶核的产生。此时晶核是以枝晶生长的。随着温度的下降，虽然晶粒仍然是以枝晶生长方式生长，但是由于搅拌的作用，造成晶粒之间互相磨损、剪切以及液体对晶粒剧烈冲刷，枝晶臂被打断，形成了更多的细小晶粒，其自身结构也逐渐向蔷薇形结构演化。随着温度的继续下降，最终使得这种蔷薇形结构演化成更简单的球形结构，如图 6.36 所示。

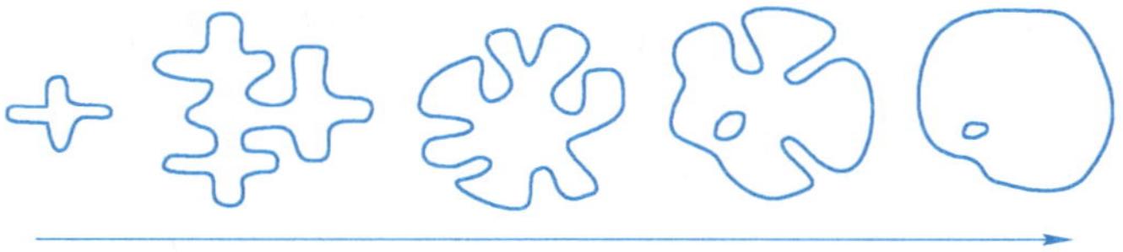

图 6.36 球形晶粒的演变过程示意图

球形结构的最终形成要靠足够的冷却速度和足够高的剪切速率，同时这是一个不可逆的结构演化过程，即一旦球形的结构生成了，只要在液-固区，无论怎样升降合金的温度（但不能让合金完全熔化），它也不会变成枝晶。对于半固态金属初生晶形态转变机制，尚未形成统一和确定的理论，目前的研究提出了下面几种初生晶转变机制的假设。

（1）枝晶臂根部断裂机制。因剪切力的作用使枝晶臂在根部断裂，最初形成的树枝晶是无位错和切口的理想晶体，很难依靠沿着自由浮动的枝晶臂的速度梯度方向产生的力来折断。因此，必须加强力搅拌，在剪切力作用下从根部折断。

（2）枝晶臂根部熔断机制。晶体在表面积减小的正常长大过程中，枝晶臂由于受到流体的快速扩散、温度涨落引起的热振动及在根部产生应力的作用，有利于熔断，同时固相中根部溶质含量较高，也降低熔点，促进此机制的作用。

（3）枝晶臂弯曲机制。此机制认为，位错的产生并累积导致塑性变形。在两相区，位错间发生攀移并结合成晶界，当相邻晶粒的倾角超过20°时，界面能超过固-液界面能的两倍，液相将侵入晶界并迅速渗入，从而使枝晶臂从主干分离。

半固态浆料搅动时的组织演变受很多因素影响，半固态浆料的温度、固相分数和剪切速率是三个基本因素。对于初晶为树枝状的半固态合金，当固相率达到0.3左右就无法流动，而初晶形状为近乎圆形的半固态合金，即使固相率超过0.5，也还有流动性，这说明凝固时晶粒形态对流变性有重大影响。制造半固态金属浆料时，搅拌速度、冷却速度及固相组分对非树枝状结构的生成具有如图6.37所示的影响。

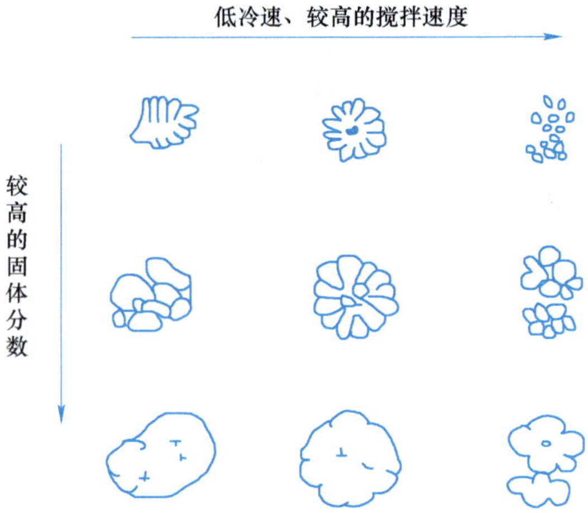

图6.37 非树枝晶结构生成机理示意图

6.3.5.4 半固态成型工艺

A 半固态压铸（或半固态铸造）

半固态压铸即狭义上的半固态成型，主要有两种工艺路线，分别被称为流变铸造和触变铸造。

a 流变铸造

如图6.38（a）所示，在凝固期间，对合金施加搅拌，使浆料中形成非枝晶固相，然后像液态金属压铸一样直接将半固态浆料注入压型中成型，这种工艺称之为流变铸造或流变成型。

流变铸造充型前浆料已呈半固态状态，虽然黏度较高，但具有良好的流动性，充型流态为层流，因此可以制造尺寸精确、形状复杂、没有内部孔隙的高质量零部件。这种加工方法的缺点是半固态浆料储运比较困难，所以应用受到很大限制。

b 触变铸造

触变铸造也叫触变成型，就是将经过剧烈搅拌的半固态金属浆料预先凝固成坯料（或铸锭），再按需要将金属坯料分切成一定大小，把这种半固态坯料重新加热至固液两相区某一温度，保持一定的固液相比例，然后对之实施成型，如图6.38（b）所示。加热坯料通常采用电磁感应加热的方法。将半固态坯料送往成型机进行成型的方式有触变压铸，其成型设备是压铸机；触变锻造的成型设备是压力机；触变挤压的成型设备是轧机。其中前两种工艺已在工业上应用，后一种尚不成熟。另外还有一种技术形式即“射铸成型”，通过加热源和特殊的螺旋推进系统将具有枝晶组织的合金锭在传输过程中加热剪切，使其具有流变性后射入模具型腔成型。美国威斯康星触变成型发展中心采用射铸成型进行镁合金

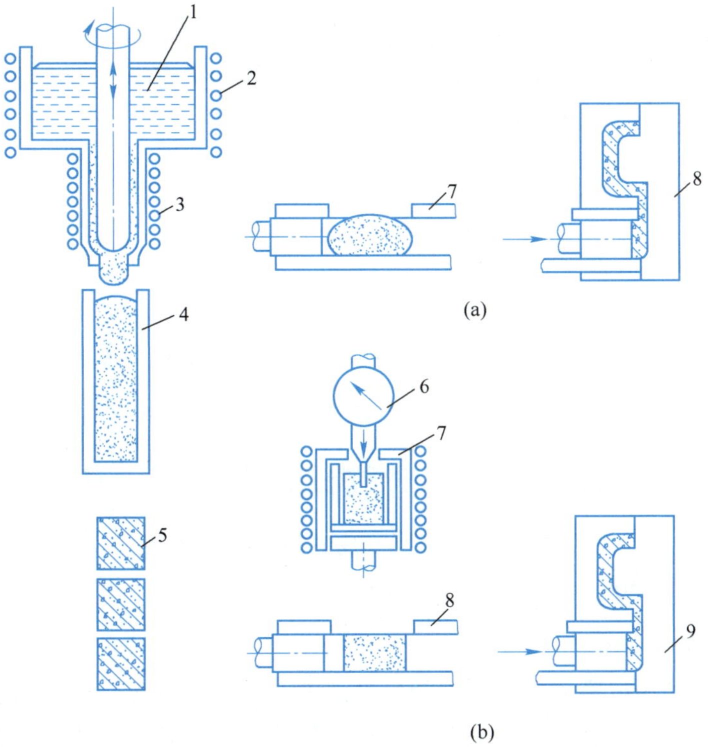

图 6.38 流变铸造（a）与触变铸造（b）

1—金属液；2—加热炉；3—冷却器；4—流变铸锭；5—料坯；
6—软度指示仪；7—坯料二次加热器；8—压射室；9—压铸模

半固态生产。

普通压铸工艺有一个缺点是液态金属射出时空气卷进制品中形成气泡，在半固态压铸时，通过控制半固态金属的黏度和固相率进行调整，可以抑制气泡的产生。因此可以加工容易产生气泡、普通压铸工艺难以成型的制品，还可以经热处理提高性能，从而有可能应用到重要零件上，并可以制造锻造难以成型的复杂形状的制品。

此外，将铸造技术与压力加工技术结合起来进行的半固态加工方法还有半固态锻造、半固态挤压、半固态轧制等。

B 半固态浆料的制备技术

半固态成型中的一个关键问题就是如何制备优质的半固态浆料（或坯料）。常用半固态金属浆料的制备方法有机械搅拌法、电磁搅拌法、超声波振动法和低过热度倾斜板浇注法等。

a 机械搅拌法

机械搅拌法是制备半固态金属最早使用的方法，它可以通过控制搅拌温度、搅拌速度和冷却速度等工艺参数，使初生树枝状晶破碎而成为颗粒结构。采用机械搅拌法可以获得很高的剪切速率，有利于形成细小的球状微观结构。图 6.39 是双螺旋连续搅拌流变成型装置示意图。机械搅拌法设备简单，但操作困难，搅拌腔体内部往往存在搅拌不到的死区影响了浆料的均匀性，而且搅拌叶片易被腐蚀，搅拌棒污染合金，生产效率低，而且金属熔体的固相分数不能大于 0.65。

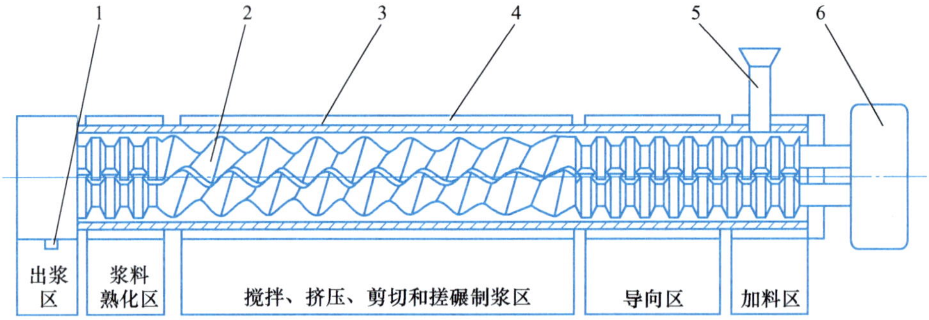

图 6.39 双螺旋流变成型工艺原理示意图

1—出浆阀；2—双螺杆；3—筒体；4—加热器；5—加料口；6—驱动系统

b 电磁搅拌法

电磁搅拌法是利用电磁感应在凝固的金属液中产生感应电流，在外加旋转磁场的作用下促进金属固液浆料激烈地搅动，呈涡流运动，使传统的枝晶组织转变为非枝晶的搅拌组织。电磁搅拌法制备半固态浆料的搅拌方式通常分为垂直搅拌、水平搅拌和螺旋搅拌三种，如图 6.40 所示。影响电磁搅拌效果的因素主要有搅拌功率、冷却速度、金属液温度、浇注速度等。而影响金属熔体搅拌功率（搅拌强度）的主要因素有旋转磁场的磁感应强度、旋转磁场与金属熔体的相对速度、金属熔体电导率。

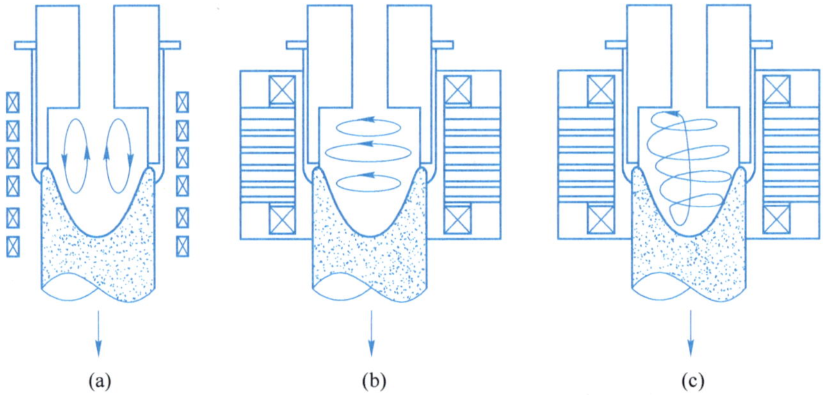

图 6.40 几种电磁搅拌法制备半固态坯料示意图

(a) 垂直搅拌式；(b) 水平搅拌式；(c) 螺旋搅拌式

磁场作用下，金属熔体的感应电流密度的大小可用式（6.14）表示：

$$I = \lambda(v \cdot B) \tag{6.14}$$

式中 I——金属熔体的感应电流密度；

v——旋转磁场相对于金属熔体的运动速度；

B——旋转磁场的磁感应强度；

λ——金属熔体的电导率。

电磁搅拌的突出优点是不用搅拌器，与金属无接触，不会污染金属浆料，也不会卷入气体。电磁参数控制方便灵活，尤其适用于高熔点金属的半固态制备。但设备投资大，工艺复杂，成本较高，而且金属熔体的固相分数不能大于0.65。由于“集肤”效应，该技术目前只运用于直径小于150 mm的锭坯。在众多制备方法中，电磁搅拌法是一种较好的方法。

c 超声波振动法

超声波振动制备半固态金属浆料的基本原理是利用超声机械振动波扰动金属的凝固过程，细化金属晶粒，获得球状的半固态金属浆料；超声机械振动波作用于金属熔体的方法有两种：一是振动器直接作用于金属熔体，如图6.41所示；二是振动器先作用于铸型，振动通过铸型传给金属熔体并产生振动作用。超声振动制备半固态金属浆料的工艺参数：振动频率为10~100 kHz，最佳范围为18~45 kHz；振幅为5~100 μm，最佳范围为20~60 μm；超声振动可以连续施加也可以脉冲施加。脉冲振动施加时间为20 ms~10 s，最佳范围为0.1~1 s。脉冲振动时间与非脉冲振动时间之比为0.1~1。超声法的优点是方法简单，易于实施，成本低；超声振动可以一直施加在金属熔体上，直至金属熔体完全凝固；超声振动不仅细化晶粒获得球状初晶，还可以清除熔体中的气体，减少金属中的氧化夹杂，改善熔体均匀性。超声振动法的缺点是超声波在熔体中衰减厉害，不易达到较深或较广的区域。目前这种方法仍处于研究阶段，尚未应用于工业生产中。

d 低过热度倾斜板浇注法

低过热度倾斜板浇注法是金属液体通过坩埚倾倒在内部具有水冷装置的冷却板上，金属液冷却后达到半固态，流入模具中制备成半固态坯料。倾斜冷却板装置设备简单、占地面积小，方便安装在挤压、轧制等成型设备的上方，如图6.42所示。浆料制备过程中，斜槽的倾角、斜槽的冷却长度及冷却强度对浆料的初生晶形态及固相率影响较大。该方法

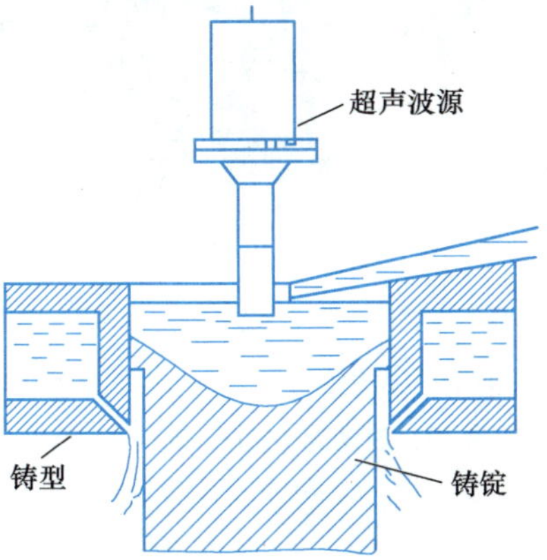

图6.41 超声振动半固态浆料制备示意图

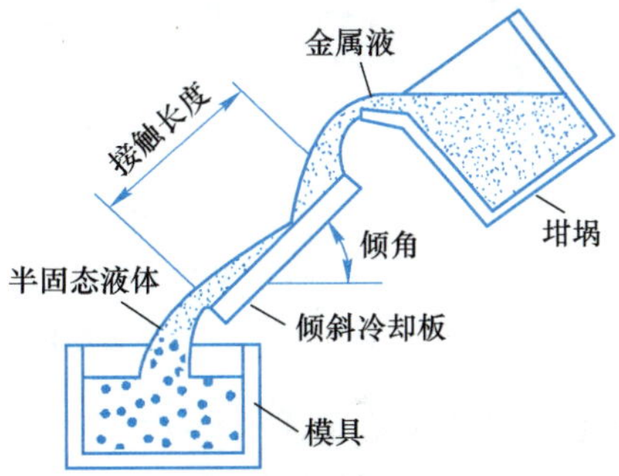

图6.42 斜槽半固态浆料制备示意图

主要应用于有色金属的半固态成型过程中，如：铝合金的半固态压铸成型过程中，浆料制备就采用水冷斜槽法。

此外，半固态浆料制备方法还有液相线铸造法、粉末冶金法、喷射沉积法、应变激活法等。

C 半固态金属成型的研究及应用

自 20 世纪 70 年代初期，M. C. Flemings 教授和 SPencer 博士提出半固态加工技术之后，由于该技术采用了非枝晶半固态浆料，打破了传统的枝晶凝固模式，因此关于半固态金属成型的理论和技术研究引起了各国研究者的高度重视，半固态加工的产品及应用也随之迅速地发展。20 世纪 80 年代后期以来，半固态加工技术已得到了各国科研工作者的普遍承认，目前已经针对这种技术开展了许多工艺试验和理论研究。对于各种合金，只要有固、液相同时存在的凝固区间，都可以进行半固态成型加工。根据所研究的材料，可分为有色金属及其合金的低熔点材料半固态加工，如：铝、镁、锌、铜及其合金；以及黑色金属如：钢铁材料、镍基合金等高熔点金属材料半固态加工。

a 铝合金/镁合金的半固态凝固组织及其影响因素

20 世纪 70 年代以来，美国、日本等国针对铝、镁、铅、铜等的合金进行了研究，其重点主要放在成型工艺的开发上。目前，国外进入工业应用的半固态金属主要是铝、镁合金，这些合金最成功的应用主要集中在汽车领域，如半固态模锻铝合金制动总泵体、挂架、汽缸头、轮毂、压缩机活塞等。

在半固态合金制备时，通过添加适当的细化剂，并控制一定的凝固条件，如浇注温度、冷却速度等，最大限度地增加晶粒形核率和抑制枝晶生长，就可以制备出晶粒细小的非枝晶显微组织，如图 6.43 所示。

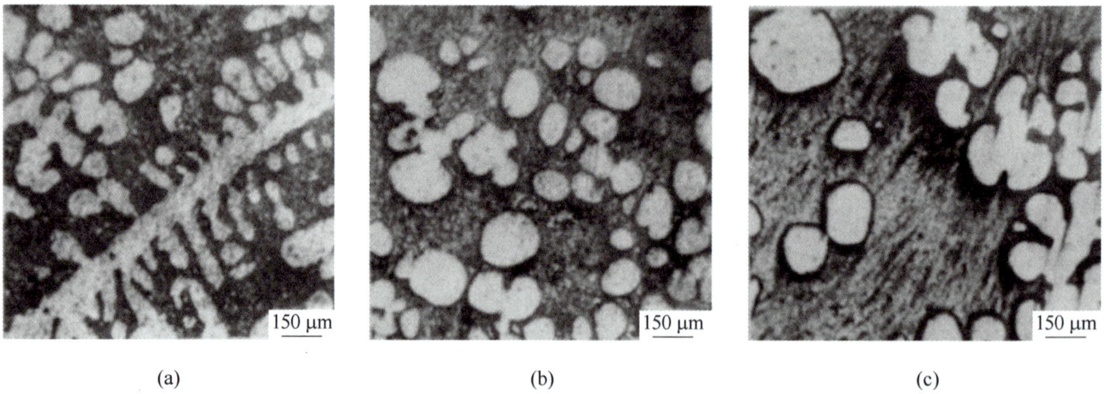

图 6.43 AlCu20 合金共晶反应前的淬火组织

（a）未搅拌；（b）搅拌速度为 1000 r/min；（c）搅拌速度为 750 r/min

b 镁合金的半固态成型

镁合金半固态成型技术发展较晚，目前成熟的技术只有 Thixomolding 技术。1995 年，美国 Thixomat 公司的子公司 Lindberg 公司利用 Thixomolding 工艺，为一些汽车公司生产了50 余万件的半固态镁合金铸件。日本的一些公司利用 Thixomolding 工艺制造移动通信手机外壳、微型便携式计算机外壳等。近年英国布鲁诺大学研制出低熔点合金双螺旋半固态流变成型机，并实现产业化。

最近资料报道，一些发达国家正在开发镁合金半固态连铸坯料和触变成型技术，这些情况说明镁合金的半固态成型技术仍然处在不断发展之中，将会出现新的技术突破。低冷却速度下的初生 α-Mg 比高冷却速度下的要粗大，但初生 α-Mg 颗粒的形态要圆整，如图 6.44 所示。影响半固态金属浆料中初生固相大小的主要因素是凝固时的冷却速度，冷却速度越大，初生固相的尺寸就越小。冷却速度过快，初生相的形貌不太圆整，冷却速度慢，形貌比较圆整。冷却速度对半固态浆料中初生固相大小的影响如图 6.45 所示。

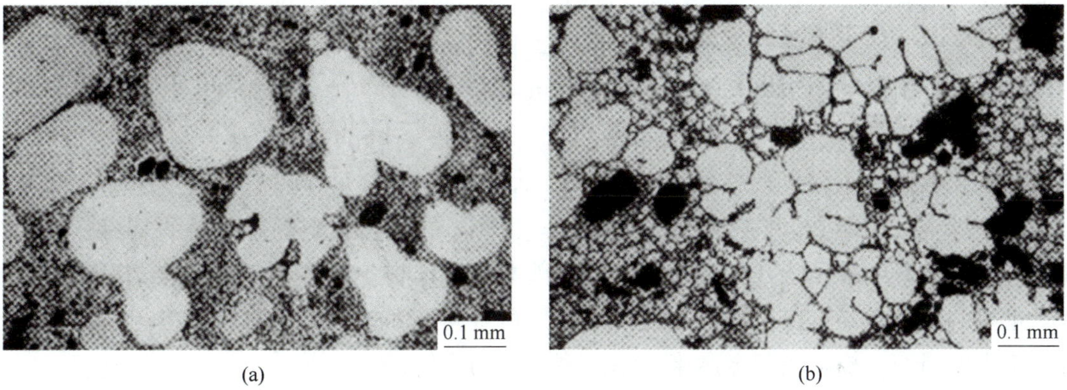

图 6.44 不同冷却速度下初生 α-Mg 的晶体形态

（a）冷却速度 1 ℃/min，剪切速度 94.7/s；（b）冷却速度 5 ℃/min，剪切速度 94.7/s

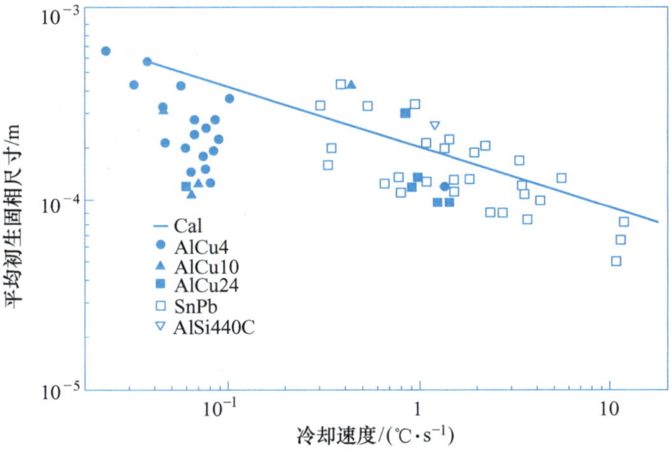

图 6.45 凝固冷却速度对半固态金属浆料中初生固相大小的影响

c 铸铁及钢的半固态凝固组织及影响因素

2002 年 9 月在日本筑波召开的第七届半固态加工国际学术会议，会议专设了一个钢铁材料半固态加工研讨的分会场。我国关于半固态成型的研究比较深入的是北京科技大学的康永林、毛为民等。采用半固态加工方法所研究的高熔点材料涉及 D2、HS6-5-2 高速工具钢、100Ct6 钢、60Si2Mn 弹簧钢、AISI304 不锈钢、C80 工具钢、铸铁等钢铁材料，半固态加工方法涉及触变锻压、挤压、流变轧制及喷铸成型等。

根据已有的文献和研究结果来看，高熔点黑色金属半固态加工之所以进展缓慢，其中的重要原因在于选择的材料液-固线温度区间较小、高温半固态浆料难以连续稳定地制备、熔体的温度、固相的比率和分布难以准确控制、浆料在高温下输送和保温困难、成型温度高，工具材料的高温性能难以保证等。

目前研究的重点主要集中在某些钢种的压铸、锻造等非连续半固态成型加工方面，高熔点黑色金属材料半固态浆料制备方法、成型的研究现状和发展趋势主要表现在两个方面。

首先涉及高熔点黑色金属半固态浆料或坯料的制备方法研究。获得高熔点黑色金属半固态浆料或坯料的方法主要有机械搅拌法、电磁搅拌方法、应变激活方法（SIMA）、粉末冶金方法和单辊旋转方法等。尝试制备的材料有铸铁、AISI4340 碳钢、440C 和 304 不锈钢、H11 和 H13 钢、M2 高速钢，以及 X40、Ti-20Co 等合金的半固态浆料或制造出优质的半固态零件毛坯坯料。但是，目前关于高熔点黑色金属和合金半固态浆料的交流感应电磁搅拌基本规律研究未见公开的报道，所以目前电磁搅拌制备高熔点金属和合金半固态浆料缺乏重要的理论指导，应该对电磁搅拌制备黑色金属半固态浆料或坯料的应用基础和技术进行深入的研究，推动黑色金属半固态成型技术的应用。

其次是有关黑色金属半固态成型加工方法研究。由于黑色金属半固态浆料的保存和阶段式输送较为困难，其流变成型零件毛坯的研究进展缓慢。从黑色金属半固态成型零件毛坯力学性能试验结果可以看出黑色金属半固态成型零件毛坯的抗拉强度与传统方法成型件的强度相当，成型件的塑性也有提高。近年来，日本学者尝试了将黑色金属半固态浆料与轧机直接相结合来连续轧制金属薄带，虽然研究结果没有详细报道，但粗略表明：薄带的晶粒细小、表面裂纹少、铸造速度加快、模具的热负荷降低；低熔点 Cu-Sn 合金的半固态浆料连续轧制薄带比较容易，而熔点高的 SUS310 的半固态浆料连续轧制薄带还有许多基本问题需要研究。

D 半固态成型技术的发展及其存在的问题

半固态成型技术可以直接用于制造从几十克到 9 kg 的大范围的零件，也可以与锻造、轧制、挤压等工艺结合生产板材、型材。用半固态成型技术制造的黄铜零件可用于管道、锅炉系统及电器系统领域。铝零件，特别是 A357 材料的制品有优良的性能，被广泛地使用在 A/C 盖板、制动器、发动机、燃料供给系统、悬挂装置、汽车轮毂及军工领域。

但是半固态金属成型的推广应用目前仍存在很多工艺问题：

（1）传统电磁搅拌的功率大、效率低、能耗高，因此，半固态坯料制造成本高，浆料制备额外成本高达 40%。

（2）传统电磁感应重熔加热能耗高，坯料氧化严重，金属流失量占 5%～12%。浇注系统、废品等回炉料等占坯料重量的40%~50%，回炉料再加工增加了生产成本。

（3）液相分数不能太高，否则坯料搬运困难，尤其是制备复杂零件毛坯。

（4）半固态金属成型要求合金具有较宽的固液两相区，适合成型的合金种类较少。

为了更好地促进半固态金属成型的研究和应用，应该解决如下问题：

（1）探索半固态合金球状组织的形成机制，建立更准确的数学模型。

（2）探索新的低成本半固态浆料制备技术，降低坯料制备成本，扩大其应用领域。

（3）扩大适合半固态成型的合金种类，提高半固态合金成型件的性价比。

（4）研制适合半固态金属成型的模具，提高现有模具寿命，尤其是适合高熔点黑色金属半固态成型的模具材料，这对高熔点金属材料的半固态成型具有重要意义。

实例6.5：铝硅合金半固态浆料制备及凝固组织研究实例（校企合作案例）

辽宁科技大学凝固理论与质量控制团队郭庆涛等在半固态成型工艺的研究中进行了旋转磁场作用下Al-8%Si的半固态浆料制备，及半固态铸件直接水淬处理后的凝固组织。试验对ϕ50和ϕ80两种型号的铸件在自然凝固和半固态条件下，分别讨论电磁搅拌电压、铸模温度、浇注温度和淬火温度对铸件凝固组织的影响，试验参数见表6.2。

表6.2 铝硅合金半固态浆料制备及凝固组织研究试验条件

编号	电压/V	磁场加载时间/s	铸型条件	浇注温度/℃	淬火温度/℃
Case 1-1	—	自然凝固	ϕ50，2 T，25 ℃	600	553
Case 1-2	60	5	ϕ50，2 T，25 ℃	600	553
Case 1-3	120	5	ϕ50，2 T，25 ℃	600	553
Case 1-4	160	5	ϕ50，2 T，25 ℃	600	553
Case 2-1	—	自然凝固	ϕ80，1 T，200 ℃	605	557
Case 2-2	120	5	ϕ80，1 T，200 ℃	605	557
Case 2-3	120	5	ϕ80，1 T，200 ℃ 保温	605	557
Case 2-4	160	5	ϕ80，1 T，25 ℃	600	553

图6.46为自然凝固和半固态条件下ϕ50Al-8%Si铸锭表面、中间$\left(\frac{1}{2}R\right)$和中心取样样品的金相照片，取样位置见图6.46（a）左图。自然凝固铸锭由于中心缩孔较大，中心部分未取样，如图6.46（a）所示。自然凝固条件下初生α-Al相枝晶粗大，AlSi共晶相分布在初生α-Al相的晶界，呈长条状。图6.46（b）~（d）为施加电磁搅拌后，不同电压、浇注温度、淬火温度条件下ϕ50Al-8%Si半固态铸锭淬火后的金相照片。从图中可以看出，施加电磁搅拌后Al-Si铸锭凝固组织明显细化，从中心到表面组织相对均匀，整体没有粗大枝晶，初生α-Al呈球形或近球形，符合半固态凝固组织特征。

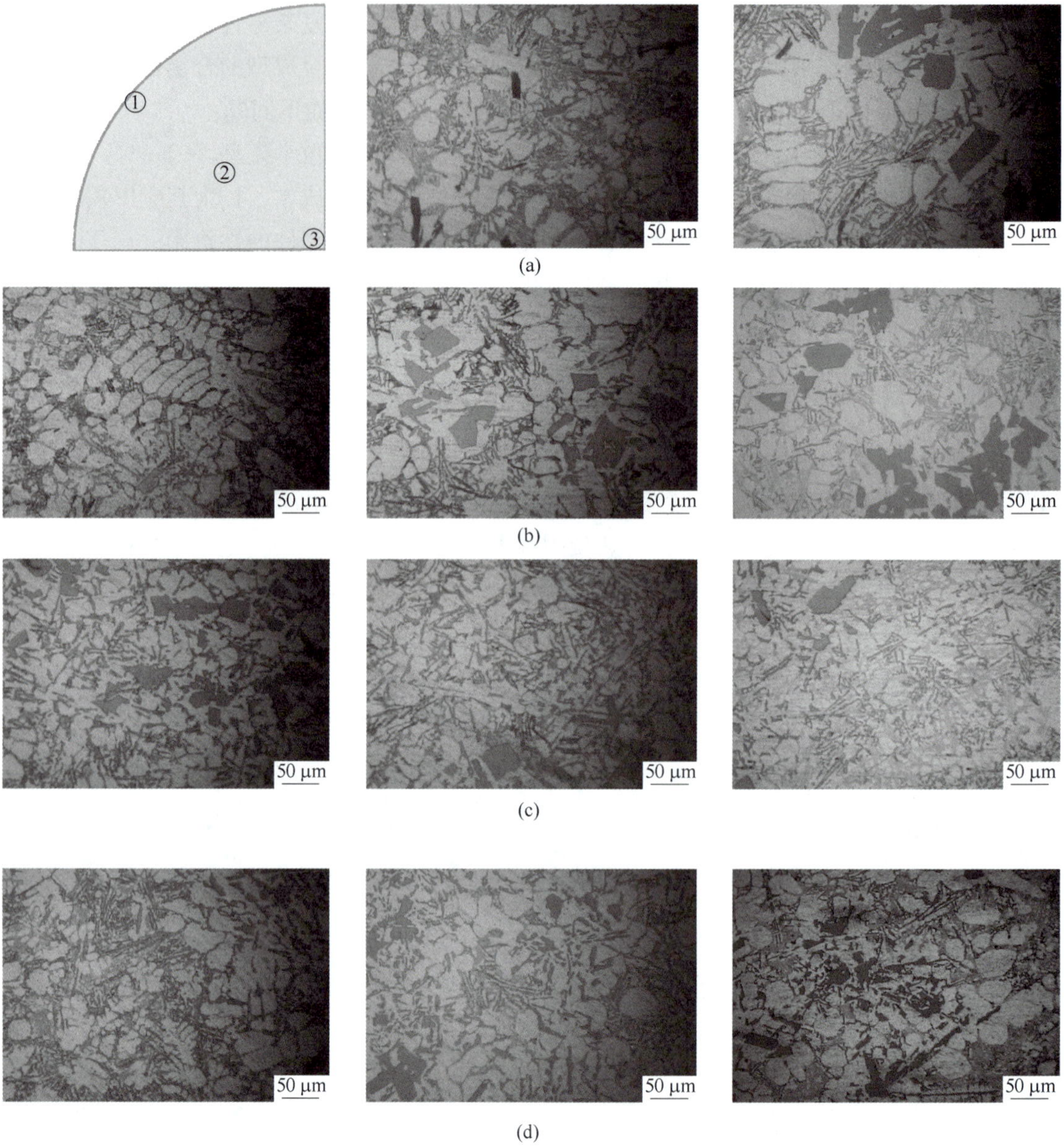

图 6.46 自然凝固（Case 1-1）和半固态凝固（Case 1-2，Case 1-3，Case 1-4）ϕ50Al-8%Si 铸锭的金相照片
（a）取样位置和 Case 1-1；（b）Case 1-2（电压 60 V）；
（c）Case 1-3（电压 120 V）；（d）Case 1-4（电压 160 V）

图 6.47 为自然凝固和半固态条件下 ϕ80Al-8%Si 铸锭表面、中间$\left(\frac{1}{2}R\right)$和中心取样的金相照片。从图中可以看出，施加电磁搅拌后 Al-Si 铸锭凝固组织先细化再粗化，试样 2-3 半固态浆料经过保温处理后，从中心到表面组织相对均匀，初生晶圆整，符合半固态凝固组织特征。

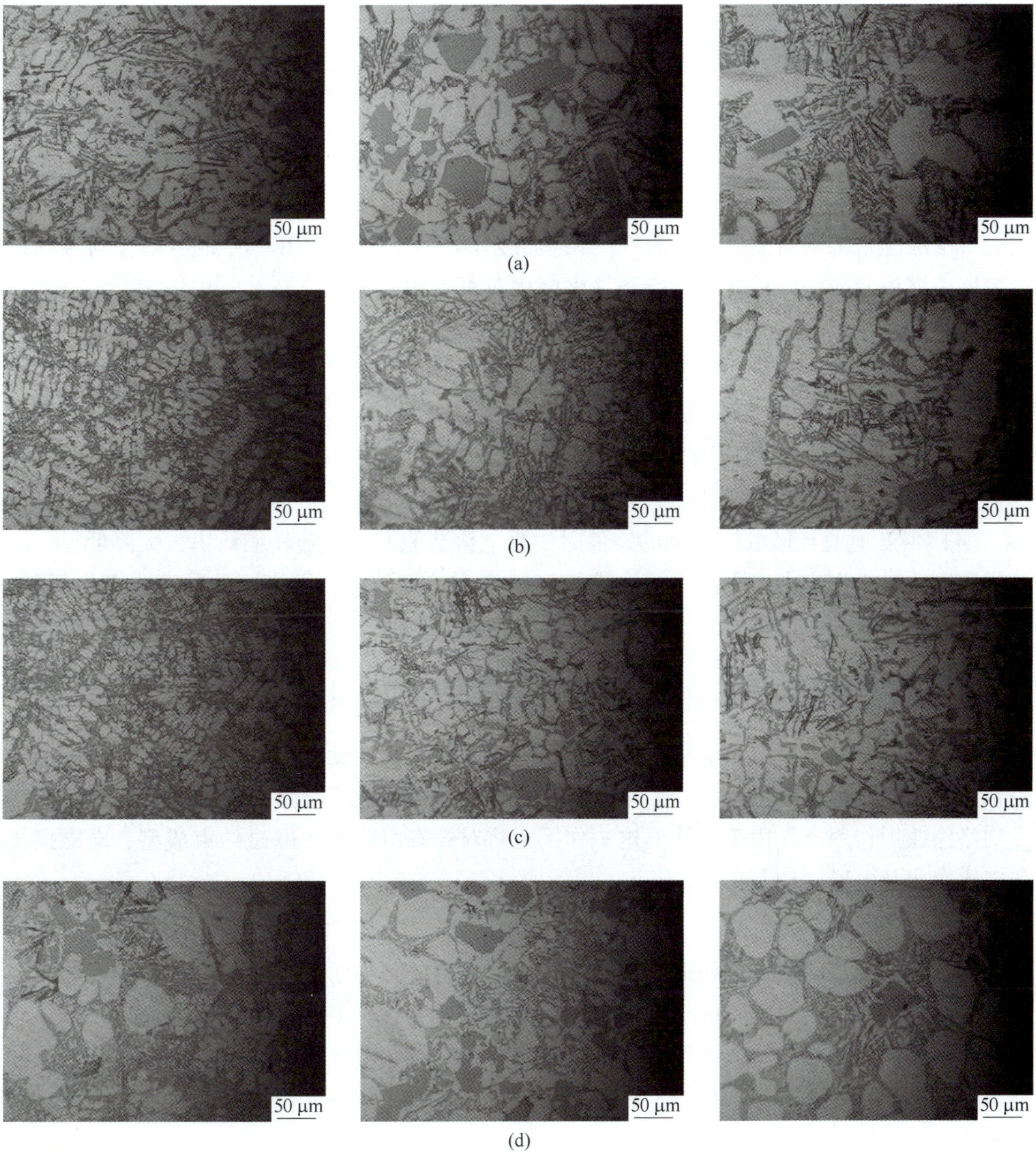

图 6.47 自然凝固（Case 2-1）和半固态凝固（Case 2-2，Case 2-3，Case 2-4）ϕ80Al-8%Si 铸锭的金相照片

（a）Case 2-1（铸型温度 200 ℃）；（b）Case 2-2（电压 60 V，铸型温度 200 ℃）；

（c）Case 2-3（电压 120 V，铸型温度 200 ℃，保温）；（d）Case 2-4（电压 160 V，铸型温度 25 ℃）

综上，分析电磁搅拌作用下，半固态 Al-Si 合金铸锭直接淬火后，组织变化情况与电磁搅拌力大小有关，搅拌力较小时，半固态金属的初生晶较粗大，数量较少，在降温过程中会长大，因此组织细化不明显；随着搅拌力增加，初生晶细小、数量逐渐增加，组织细化明显；搅拌力进一步增加，会形成涡流，导致冷速降低、部分晶粒合并、组织不均匀等。

6.4 真空及电磁场对液态成型过程的影响

6.4.1 真空条件对液态成型的影响

“真空”条件下，气体分压降到极低，对于高温金属来说极大地降低了氧化风险，因此，真空浇注是很多高品质铸件选择的铸造工艺。真空铸造就是在真空的状态下对金属进行熔炼、浇注及凝固。铸件在真空环境下凝固时可有如下优势：

（1）可防止一般浇注时的二次氧化；

（2）液体金属在负压下充型和凝固，析出气体体积较大，气泡易聚集长大，容易浮出液体表面，故形成析出性气孔的可能性小；

（3）金属充型时遇到的阻力小，故可以降低金属的浇注温度，减少液体金属的吸气和烧损，有利于结晶器寿命和保温炉寿命的提高；

（4）生产薄壁且形状较复杂的铸件时，真空铸造能使铸件疏松缩孔率大大降低。

该方法对于生产易氧化及质量要求较高的合金铸件性价比更高。此外还有真空压铸、真空吸铸等真空铸造技术。

6.4.2 电磁场对液态成型的影响

由于金属是导体，由电磁理论可知，在感应圈中通入交变电流（形成一个电磁场的作用），就会在放入线圈的金属（液）中感应出频率相同的感应电流，该电流在交变磁场中受到洛伦兹力作用。作用于熔体的这一作用力将对铸态组织产生电磁约束成型、电磁搅拌和电磁净化及电磁制动等作用。

6.4.2.1 电磁约束成型

电磁铸造的基本原理是根据电磁感应原理，在感应圈中通入交变电流，就会在放入线圈的导体中感应出频率相同的感应电流，该电流在交变磁场中受到洛伦兹力作用，该作用力在一个周期内均指向熔体内部，相当于有容器存在时器壁产生的向内压力，这个无形的“容器”根据磁场分布将熔体约束成一定的形状，如图 6.48 所示。

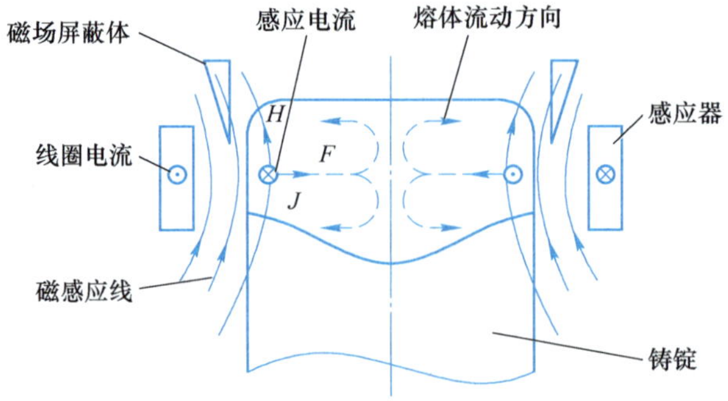

图 6.48　电磁约束成型原理图

6.4.2.2 电磁搅拌

电磁搅拌（EMS）是利用电磁感应产生的作用力来推动液态金属有规律运动的过程。电磁搅拌是根据麦克斯韦尔方程，通过应用移动磁场在凝固前沿的液体中产生对流运动。磁场运动可以是旋转的、线性的或交变的，这些磁场都可以产生感应电流。磁场和涡流的相互作用产生了电磁驱动力，电磁力作用在液态金属体积元上，液态金属就被迫运动。根据直流电动机原理、感应电动机原理、直线电动机原理，电磁搅拌力可分为：旋转磁场型、行波磁场和螺旋磁场电磁搅拌型，如图 6.49 所示。

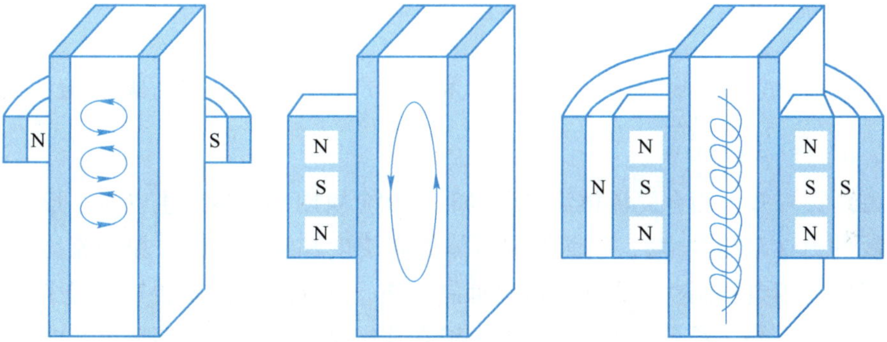

图 6.49 三种磁场类型的电磁搅拌器

（a）旋转磁场；（b）行波磁场；（c）螺旋磁场

6.4.2.3 电磁净化

电磁净化去除非金属夹杂的原理基于电磁分离机制。电磁分离与重力分离相类似，在重力分离情形下，流体中的颗粒除受到自身重力 G 的作用外，还受到周围流体施加的阿基米德浮力 F_b 的作用，如图 6.50（a）所示。在电磁分离情形下，流体中的颗粒除自身受到的电磁体积力（lorentz）、“电磁重力”（electromagnetic weight）的作用外，也同样会受到周围流体施加的“电磁浮力”（electromagnetic buoyancy）的作用，如图 6.50（b）所示，图中在封闭的静止导电流体内施加电流密度为 J 的均匀电场，并在垂直的方向上施加一磁感应强度为 B 的均衡磁场。但与重力场作用不同的是，电磁场作用下，由于颗粒与流体的导电性差异使颗粒附近的电磁力分布不均匀，结果颗粒周围的流体产生扰动。电磁分离利用的是流体与颗粒之间的导电性差异，特别地，当夹杂不导电（$\sigma_p = 0$）或导电率远远小于熔体导电率（$\sigma_p/\sigma_f \ll 1$）时，其受力公式简化为：

$$F = \frac{3}{4}JBV \tag{6.15}$$

在数值上颗粒所受分离力的大小等于未产生扰动时等体积流体所受电磁力的 0.75 倍，而方向正好相反，因此也可称之为电磁斥力（electromagnetic expulsive force）。这种差异使杂质颗粒与金属颗粒发生相对运动，使杂质聚集在铸件表面，最终达到净化效果。严格的颗粒受力分析必须考虑此磁流体动力学扰动对流体内压力分布产生的影响。

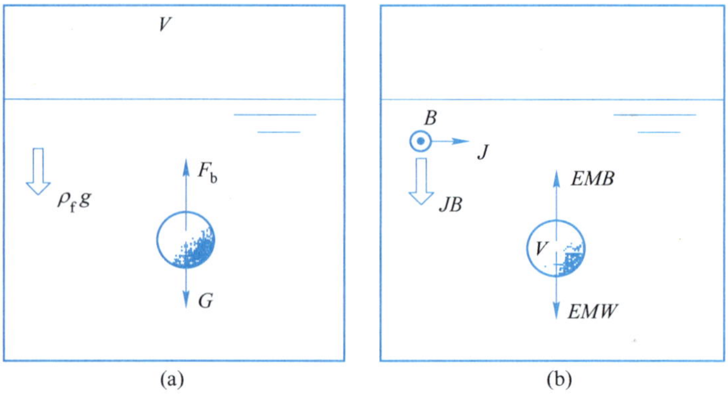

图 6.50 重力场（a）和电磁力场（b）作用下流体中颗粒的受力情况对比

6.4.2.4 电磁制动

由电磁理论可知，当金属流体流过磁场时，在金属内部产生感生电流，形成一个与流体速度相反的力（洛伦兹力），从而抑制流体的涡旋度和湍流度，并缓和流体速度。在铸件充型过程中使用电磁制动的方法，可以抑制紊流，从而减少液体卷气、减少对型壁的冲刷，减少充型缺陷等。浸入式水口流出的钢液在连铸结晶器中的流动情况及电磁力对液流的作用如图 6.51 所示。图中 F_1、F_2、F_y 为电磁力，B 为磁感应强度，J_x 为感应电流，v、v_1、v_2、v_y 为液流速度。电磁力作用在金属液的每个体积元上，此电磁力的方向恰好与金属液的运动方向相反，对金属液起制动作用，使金属液流动状态发生改变，从而实现电磁制动。当施加垂直于纸面向里的磁感应强度时，从浸入式水口射出的金属液撞击结晶器窄面形成向下和向上两股液流，当流速为 v_1，则受到电磁力为 F_1；当流速为 v_2 时，受到的电磁力为 F_2。

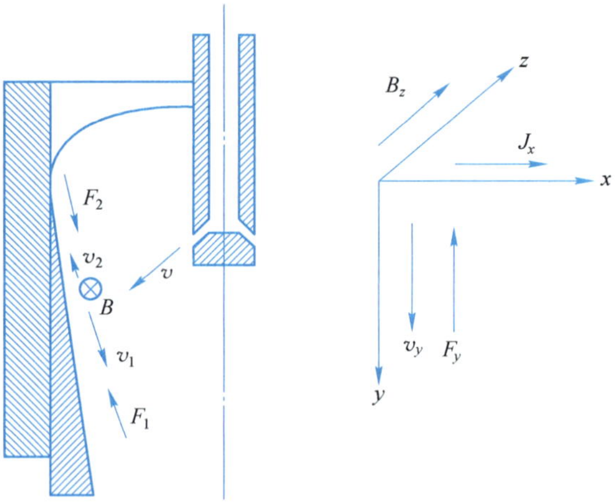

图 6.51 电磁制动原理图

实例 6.6：螺旋电磁搅拌对钢锭凝固组织的调控（校企合作案例）

本例以含碳量 0.3%±0.05%的某合金钢为研究对象，采用螺旋电磁搅拌调控铸锭凝固过程熔体流动，试验参数如表 6.3 所示。

在 Ansys 软件平台对电磁场进行模拟计算，搅拌器内径为 530 mm，铸锭直径为 280 mm，铸锭高为 0.9 m。图 6.52 为螺旋电磁搅拌条件下钢锭横截面和纵截面的流速场矢量分布，可见螺旋电磁搅拌在钢锭圆周方向和中心轴线方向产生了充分的搅拌作用。

实例 6.6

表 6.3　试验参数设计

试验编号	参　数		备　注
	频率/Hz	电流/A	（一次浇注完成，然后开启电磁搅拌）
1	0	0	无搅拌
2	9	90	螺旋电磁搅拌（正向+反向）

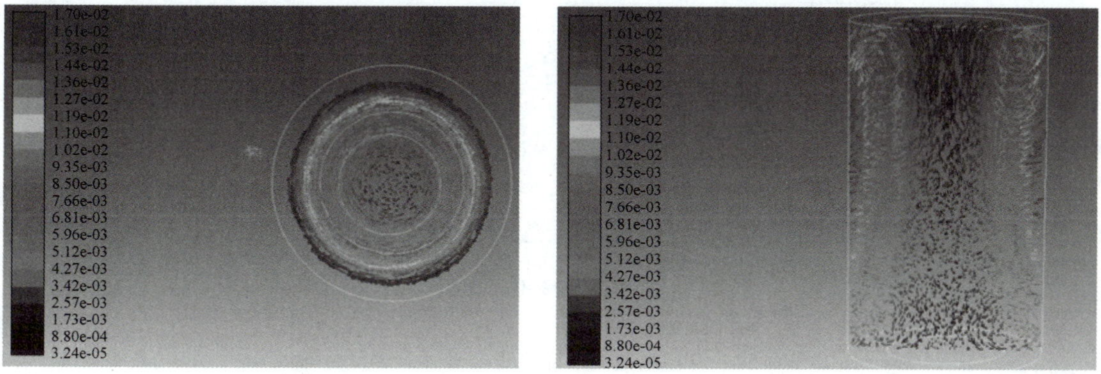

图 6.52　液芯横截面和纵抛面金属液流动矢量图

图 6.52

进行中试浇注试验，浇注钢锭为 280 kg，从铸锭中心纵抛面取样，取样位置如图 6.53 所示，在样品纵抛面上依次选取 18 个样品，检测样品中的 C 元素的含量。

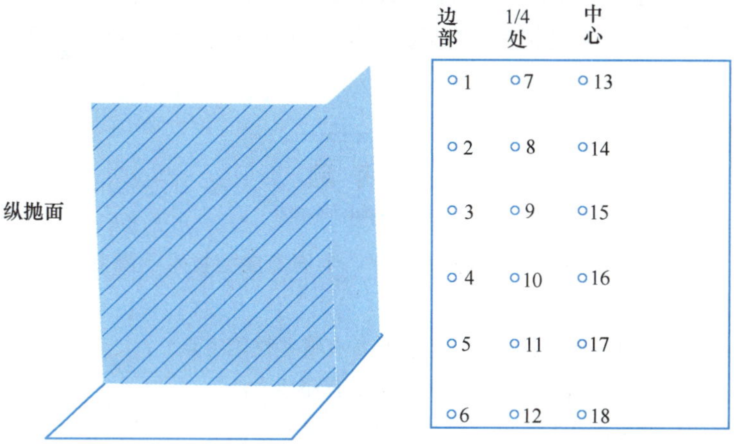

图 6.53　铸坯纵抛面取样位置示意图

铸锭不同位置的 C 元素成分含量如图 6.54 所示，可以看出，1 号锭的 $w(C)$ 最高为

0.33%，最低为0.28%，偏差值为0.05%。2号铸锭的最大 $w(C)$ 为0.33%，最低为0.30%，偏差值为0.03%，该值比1号锭低了40%。

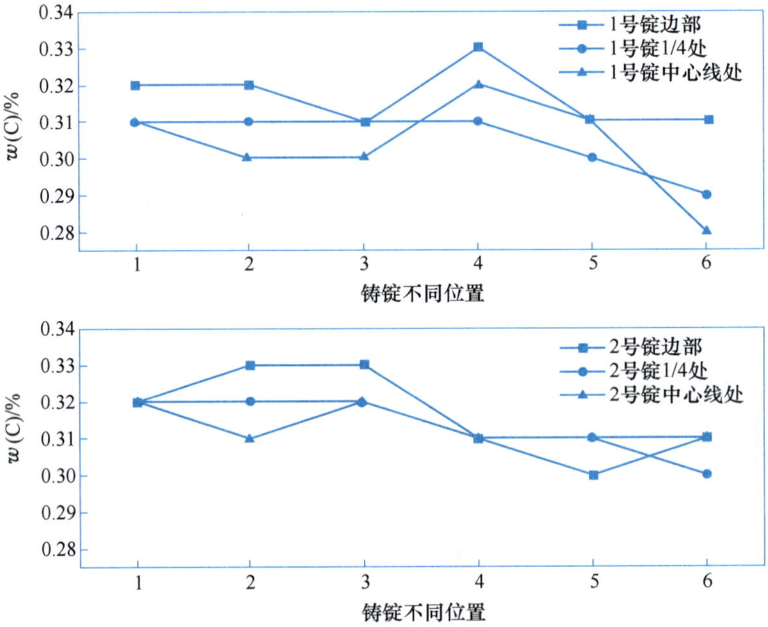

图6.54 铸坯纵抛面取样位置处C元素含量分布

从上述试验结果可以看出，施加螺旋电磁搅拌后，铸锭中的C的偏析得到改善。与无电磁搅拌铸锭相比，在搅拌频率为9 Hz，电流为180 A时，螺旋电磁力均斜向下，纵抛面C的元素分布更加均匀。

对试验锭沿纵抛面取样进行机械加工，然后酸浸，检查铸锭的宏观组织，结果表明经螺旋电磁搅拌的锭子组织较无搅拌的组织明显细化，细小等轴晶比例可以达到50%以上。这说明螺旋电磁搅拌可以促进铸锭的温度均匀，促进液态熔体同时凝固，有效细化铸锭组织。

思考题

6.1 简述以下概念：定向凝固技术；快速凝固技术；半固态成型技术；流变成型；触变成型；孕育处理；电磁搅拌。

6.2 铸件凝固的典型组织有哪些，柱状晶和等轴晶各有哪些性能特点？

6.3 定向凝固的关键条件是什么？举例说明定向凝固有哪些方法。

6.4 判断快速凝固的标准是什么？举例说明快速凝固有哪些方法。

6.5 简述细化晶粒有什么作用？

6.6 实现快速凝固的途径有哪两种？

6.7 快速凝固组织有哪些特征？

6.8 解析通过深过冷实现快速凝固的理论意义，并列举应用实例。

6.9 要获得细小的等轴晶组织，在铸件生产过程中应采用哪些工艺手段？

6.10 半固态加工技术的关键是什么？

6.11 半固态成型凝固组织有什么特点，半固态金属的力学性能有什么特点？

6.12 传统凝固组织的形成与半固态凝固组织形成有什么不同，半固态成型的凝固组织形成机制有哪几种？

6.13 半固态浆料制备技术有哪些？比较说明，机械搅拌法与电磁搅拌法制备半固态浆料的优缺点。

6.14 举例说明半固态成型技术在铝合金加工中的应用。

6.15 高熔点金属的半固态成型研究现状及存在的问题有哪些？

6.16 简述电磁场对凝固过程控制有哪些作用。

6.17 简述真空条件对铸件凝固及质量控制的影响。

6.18 根据所学知识，综合分析凝固组织控制的核心内容及其意义。

7 凝固缺陷及其控制

液态金属凝固成铸件（或铸坯）的过程中会出现很多的凝固缺陷，凝固缺陷对凝固组织及其性能有重要影响，因此掌握缺陷的类型、形成原因、影响因素等，有利于消除缺陷，获得高品质铸件。液态金属凝固过程中气孔、夹杂物、偏析、裂纹、缩孔等缺陷形成过程如图 7.1 所示。

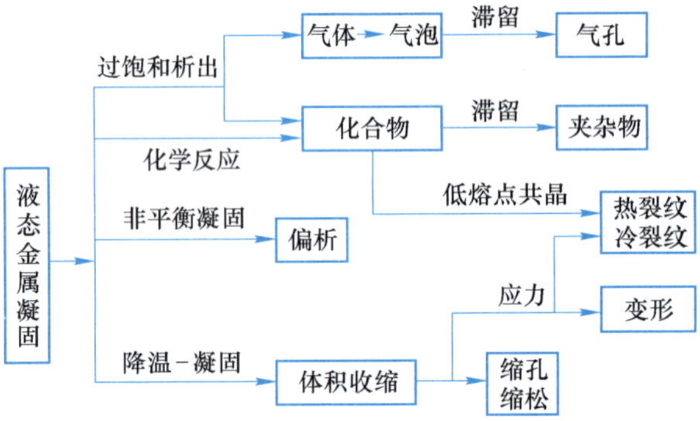

图 7.1　液态金属凝固缺陷形成流程图

7.1 缩孔和缩松

7.1.1 凝固过程中的收缩

7.1.1.1　液态金属凝固过程中的收缩

液态金属浇入铸型后，由于铸型的吸热，金属温度下降，空穴数量减少，原子集团中原子间距离缩短，液态金属凝固发生由液态到固态的状态变化。铸件在液态、凝固和固态冷却过程中所产生的体积减小现象称为收缩。

收缩是液态金属自身的物理性质，也是铸件的许多缺陷产生的原因，如缩孔、缩松、热裂、变形和冷裂等。

金属从高温 T_0 冷却到 T_1 时，其体（线）收缩率以单位体积（长度）的相对变化量来表示。

体收缩率：
$$\varepsilon_V = \frac{V_0 - V_1}{V_0} \times 100\% = a_V(T_0 - T_1) \times 100\% \tag{7.1}$$

线收缩率：
$$\varepsilon_L = \frac{L_0 - L_1}{L_0} \times 100\% = a_L(T_0 - T_1) \times 100\% \tag{7.2}$$

液态金属浇入铸型后，从浇注温度冷却到室温都经历三个相互关联的收缩阶段：

（1）液态收缩阶段（$T_{浇}-T_{液}$）；

（2）凝固收缩阶段（$T_{液}-T_{固}$）；

（3）固态收缩阶段（$T_{固}-T_{室温}$）。

金属的总体收缩为上述三个阶段收缩之和。它和金属自身的成分、温度和相变有关。例如：灰铸铁，灰铸铁的收缩率较小，是由于灰铸铁结晶时所含碳大多以石墨形式析出，石墨比容（单位质量物质的体积）大，使铸铁体积膨胀（每析出1%的石墨，铸铁体积约增加2%），因而抵消了一部分收缩。

7.1.1.2 铸件的实际收缩

铸件的收缩除了金属自身性质外还与外界阻力有关：

（1）铸型表面的摩擦阻力；

（2）热阻力（由各处温度不同，造成收缩量差异引起的）；

（3）机械阻力（铸件收缩时，受到铸型和型芯的阻力）。

7.1.2 铸件的缩孔和缩松

7.1.2.1 缩孔和缩松

缩孔：液态金属在凝固过程中，由于液态收缩和凝固收缩，往往在铸件最后凝固部位出现大而集中的孔洞，称缩孔。实验室浇注普碳钢 30 kg 钢锭中心纵截面低倍酸浸照片如图 7.2 所示。

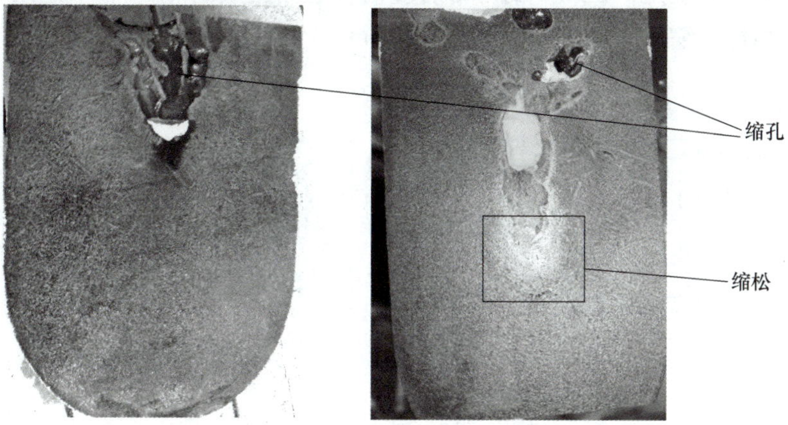

图 7.2 钢锭中的缩孔和缩松

缩松：液态金属在凝固过程中，形成的细小而分散的孔洞，称为分散性缩孔，简称缩松，如图 7.2 所示。

缩孔的形状不规则，表面不光滑，可以看到发达的树枝晶末梢，故可以和气孔区别开来。在铸件中存在任何形态的缩孔，都会由于它们减小受力的有效面积，以及在缩孔处产生应力集中现象，而使铸件的力学性能显著降低。由于缩孔的存在，还降低铸件的气密性和物理化学性能。因此，缩孔是铸件的重要缺陷之一，必须设法防止。

如图 7.3 所示，在铸件中产生集中缩孔的根本原因，是合金的液态收缩和凝固收缩值大于固态收缩值。产生集中缩孔的条件，是铸件由表及里地逐层凝固（而不是整个体积同时凝固），使缩孔集中在最后凝固的部位。

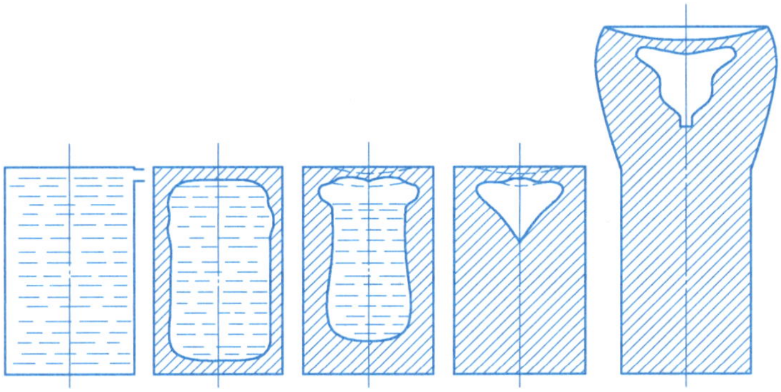

图 7.3 铸件中缩孔形成过程示意图

缩松常分布在铸件壁的轴线区域、厚大部位、冒口根部和内浇口附近。铸件切开后可直接观察到密集的孔洞。缩松对铸件力学性能影响很大，且由于它分布面广，难于补缩，是铸件中最危险的缺陷之一。形成缩松的基本原因和形成缩孔一样，是由于合金的液态收缩和凝固收缩大于固态收缩。但是，形成缩松的基本条件是合金的结晶温度范围较宽，倾向于糊状凝固方式，缩孔分散；或者是在缩松区域内铸件断面的温度梯度小，凝固区域较宽，合金液几乎同时凝固，因得不到外部合金的补充而造成的。铸件的凝固区域越宽，就越倾向于产生缩松。缩松的形成过程如图 7.4 所示。

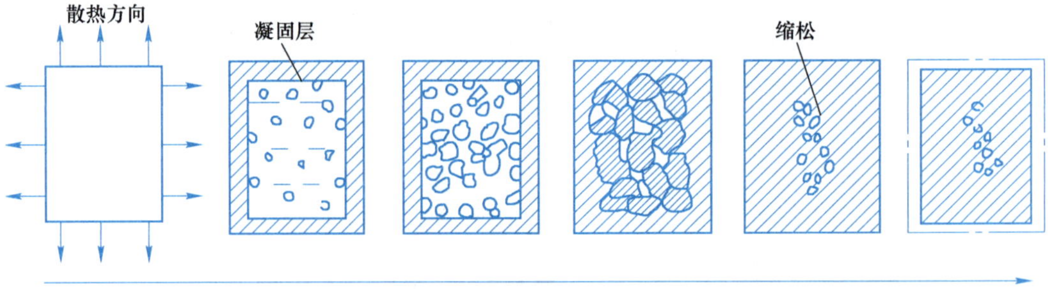

图 7.4 缩松形成过程示意图

断面厚度均匀的铸件，如板状或棒状铸件，在凝固后期不易得到外部合金液的补充，往往轴线区域产生缩松，称为轴线缩松。显微缩松产生在晶间和分枝之间，与宏观气孔很难区分，且经常是同时发生的，在显微镜下才能观察到。显微缩松在各种合金铸件中或多或少都存在，它能降低铸件的力学性能，对铸件的冲击韧性和延伸率影响更大，也降低铸件的气密性和物理化学性能。对于一般铸件，显微缩松往往不视为缺陷，但在特殊情况下，要求铸件有较高的气密性、良好的力学性能和物理化学性能时，则必须设法减少或防止产生显微缩松。

从图7.5可以看出，结晶温度范围越窄的金属，产生缩孔的倾向越大；结晶温度范围越宽的金属，产生缩松的倾向越大。提高浇注温度时，金属的总体积收缩和缩孔倾向增大，如图7.5（a）中虚线所示。浇注速度适当放慢或向明冒口中不断补浇高温金属液，使铸件液态或凝固收缩及时得到补偿，铸件总体积收缩减小，缩孔容积减小，如图7.5（d）所示。铸型材料对铸件冷却速度影响很大，湿型比干型冷却能力强，使凝固区域变窄，缩松减少；金属型冷却能力更强，故缩松显著减少，如图7.5（a）~（c）所示。降低铸型冷却速度，凝固区域变宽，缩松体积减小，如图7.5（e）所示。凝固过程中增加补缩压力，可减少缩松而增加缩孔的容积，如图7.5（f）所示。若金属在很高的压力下浇注和凝固，则可以得到无缩孔和缩松的致密铸件，如图7.5（g）所示。

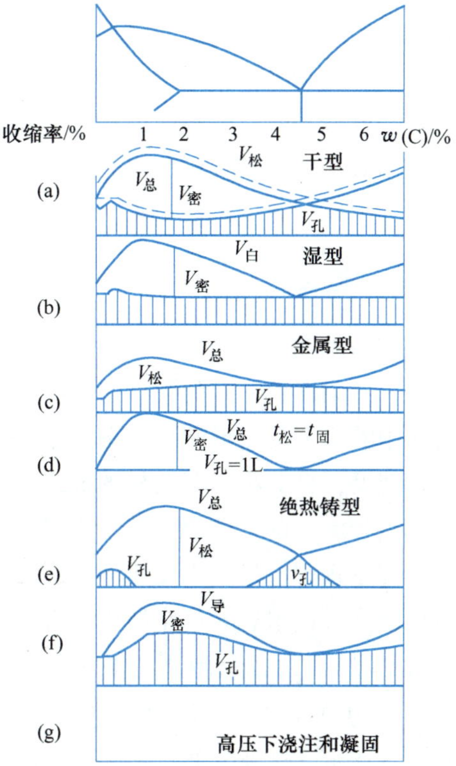

图7.5 Fe-C合金铸件缩孔和缩松示意图

7.1.2.2 缩孔的防治方法

（1）控制铸件的凝固方向使之符合顺序凝固方式。

（2）合理确定内浇口位置及浇注方法，按顺序凝固方式，内浇口应从铸件厚大处引入，尽可能靠近冒口或由冒口引入。

另外还可以用加压补缩、机械振动、电磁搅拌、离心等措施消除一般技术措施难于消除的缩孔。

7.1.2.3 缩松的防止方法

（1）控制铸件的凝固进程使之符合同时凝固方式；

（2）合理利用冒口、冷铁和补贴等技术措施。

另外还可以用加压补缩、悬浮浇注、机械振动、施加电磁场等措施消除一般技术难于消除的缩松。

7.2 应力、变形和裂纹

铸件在冷却过程中的温度分布不均匀，但最终要冷却到同一温度，因此铸造过程不可避免地产生内应力和变形。材料成型应力和变形不但可能引起工艺缺陷，而且在一定条件下将影响结构的承载能力，例如强度、刚度和受压稳定性。除此之外还将影响到结构的加工精度和尺寸稳定性。如果工件发生变形，往往需要增加工序以矫正变形，比较复杂的变形，矫正的工作量可能比成型工作量还要大。有时变形太大，甚至无法矫正，造成废品。因此，在设计和施工时充分考虑成型应力和变形这一特点是十分重要的。

材料成型裂纹是材料成型加工中的主要缺陷，给生产带来许多困难。更重要的是，裂纹有时出现在成型过程中，也有时出现在放置或运行过程中（延迟裂纹），由于生产中无法检测，因此后者危害性更大。

7.2.1 铸造应力

内应力是在没有外力的条件下平衡于物体内部的应力。图 7.6（a）所示是一个应力框铸件，应力框由中间的粗杆Ⅰ、两边的细杆Ⅱ和两端的横梁组成。分析杆Ⅰ和杆Ⅱ在铸造过程中的应力和变形情况如图 7.6（b）~（d）所示。由于杆Ⅰ厚度大，完全凝固前，杆Ⅰ冷却速度比杆Ⅱ小，但两杆的最终温度相同，所以凝固后杆Ⅰ冷却速度比杆Ⅱ大。在整个冷却过程中，两杆的温度变化伴随着应力变化。由于横梁的作用，两杆的长度始终相同。冷却过程中，杆Ⅰ先受压应力后受拉应力；杆Ⅱ先受拉应力后受压应力。

内应力可以根据其产生原因、形成机理、作用时间和作用范围加以分类。

7.2.1.1 内应力按产生原因分类

（1）温度应力（热应力）。温度应力是构件受热不均、构件变形不一致引起的，如图 7.6（b）所示。这种由于温度不均匀造成的内应力，称为温度应力或热应力。如果温度应力不高，低于材料屈服极限，在框架内不产生塑性变形，在框架的温度均匀后，应力也随之消失。

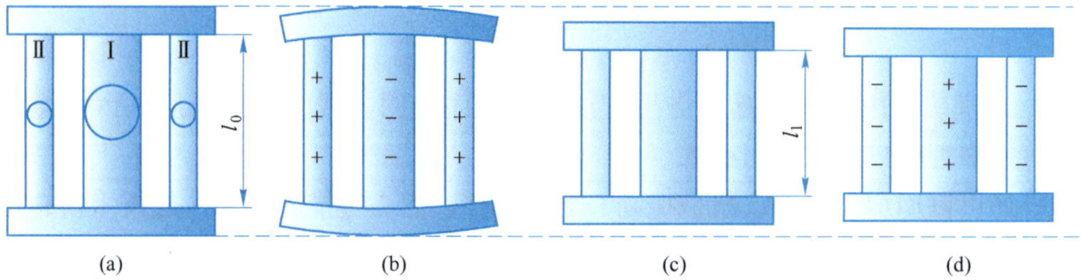

图 7.6 变截面应力框在凝固过程中的应力和变形情况

（2）组织应力（相变应力）。在金属结构的加热或冷却过程中，当温度达到一定界限时，便发生组织转变（即相变），在相变时金属体积发生变化，当相变在较低的温度下进行时，此时金属已处于弹性状态，能够形成应力，这种因相变产生的内应力称为组织应力。如奥氏体向马氏体的转变，相变区域产生组织应力。

（3）机械阻碍应力。铸件在液态冷凝成固态时，其收缩受到诸如铸型、型芯、箱档和芯骨等机械阻碍而产生机械阻碍应力。

7.2.1.2 内应力按作用的时间分类

（1）残余应力。如果不均匀温度场所造成的内应力达到材料的屈服极限，局部区域便产生塑性变形，当温度恢复原始的均匀状态后，就会产生新的内应力，这种内应力是温度均匀后残存在物体中的，称为残余应力。如图7.6所示，当中心杆Ⅰ温度应力超过材料屈服极限时，中心杆Ⅰ由于压缩塑性变形不可逆而缩短，两边杆件阻止它缩短，因此中心杆Ⅰ内产生拉伸内应力，而两边杆Ⅱ产生压缩内应力，拉应力与压应力也是平衡的，保留在框架内，形成了残余应力。

（2）瞬时应力。瞬时应力是在某一温度场作用下，在某一时间段所存在的内应力。即随着引起内应力的原因存在而存在，随着引起内应力的原因消失而消失。应力若在材料弹性范围内，当温度分布不均时，由于受热不均的弹性变形消失了，应力也就消失了。若应力超出材料弹性范围，则最后产生残余应力，也可以说物体在某一瞬时存在内应力，称为这一瞬时的瞬时应力。

7.2.1.3 内应力按作用范围大小分类

（1）第一类内应力。应力在结构中较大范围内起作用，存在的区域可以大到一个金属结构的大部分，其平衡范围大小可与结构尺寸相比较，也称之为宏观内应力，因材料各部分变形不均匀而造成，这类内应力与材料成型工艺有关，相关研究比较多。

（2）第二类内应力。该应力由物体的各晶粒或亚晶粒之间的变形不均匀而引起的晶粒间的内应力，如金属的组织变化引起的内应力。其大小可以与晶粒尺寸来比较，也称之为微观内应力。

（3）第三类内应力。由于晶格畸变使晶体中一部分原子偏离其平衡位置而形成的内应力，也称为晶格畸变应力，该应力为材料变形过程中最主要的内应力。

7.2.2 铸件变形

7.2.2.1 铸件变形的形成

当铸造残余应力是以热应力为主时，铸件中冷却较慢的部分有残余拉应力，冷却较快的部分有残余压应力。处于应力状态（不稳定状态）的铸件，能自发地进行变形以减少内应力，使铸件趋于稳定状态。显然，只有原来受弹性拉伸部分产生压缩变形，而原来受弹性压缩部分产生拉伸变形时，才能使铸件中的残余应力减小或消失，如图7.6（c）所示。

对于具有一定塑性的材料（如钢、有色合金）变形可以较小，而对于灰铸铁这样的脆性材料铸件则不易矫正。对于截面形状复杂或壁厚不均匀的铸件，在铸件凝固和后续冷却过程中，由于应力分布不均匀性，常引起变形，如图7.6（d）所示。产生挠曲变形的铸件可能因加工余量不够而报废，为此需加大加工余量而造成浪费。铸件产生挠曲变形以后，往往只能减小应力而不能完全消除应力。机械加工后，由于失去平衡的残余应力存在于零件内部，经过一段时间后，又会产生二次挠曲变形，致使机器的零部件失去应有的精度。因此，为了保证零件的精度采取消除应力的办法很有必要。

7.2.2.2 铸件变形的防止措施

铸件在凝固和以后的冷却过程中，发生线收缩。有些合金还发生固态相变，也会引起体积的膨胀或收缩。这种变化往往受到外界的约束或铸件各部分之间的相互制约而不能自由地进行，于是在产生变形的同时还产生铸造应力。防止产生铸造应力的方法都可用于防止铸件产生变形，而减小铸造应力的主要途径，是针对铸件的结构特点在制定铸造工艺时，尽可能地减小铸件在冷却过程中各部分的温差；提高铸型和型芯的退让性，减小机械阻碍；也可采用时效的方式来消除铸件中的残余应力。此外，从工艺上防止变形应采取以下措施。

（1）提高铸型刚度：加大压铁重量可以减小铸件的挠曲变形量。

（2）控制铸件打箱时间：过早打箱，铸件温度高，在空气中冷却会加大内外温差，以致引起变形和开裂，适当延长打箱时间，可避免开裂和减小变形。但对于某些结构复杂的铸件，因铸型或型芯溃散性差，会引起冷裂，可采用早打箱，并立即放入炉内保温缓冷的工艺。

（3）采取反变形措施：在模样上做可与铸件残余变形量相等、方向相反的预变形量，按该模样生产铸件，铸件经冷却变形后，尺寸和形状则刚好符合要求。

（4）设置防变形筋：防变形筋能承受一部分应力，可防止变形，待铸件热处理后再将防变形筋去除。

（5）改变铸件的结构：采用弯形轮辐代替直轮辐，减小阻力，防止变形。

实例 7.1：T 形奥氏体钢铸件的冷却变形

T 形奥氏体钢铸件在冷却时挠曲变形的发展过程如图 7.7 所示。

（1）$t_0 \sim t_1$：铸件厚大部分（杆Ⅰ）的冷却速度比薄部分（杆Ⅱ）慢。在同一时刻，杆Ⅰ的自由线收缩量比杆Ⅱ小，彼此相互作用的结果，使杆Ⅰ产生外凸的挠曲变形。

（2）$t_1 \sim t_2$：随时间延续，挠曲变形量增加。当两杆温差达到最大值时，杆Ⅰ的外凸挠曲变形达到最大值。以后，杆Ⅰ的冷却速度比杆Ⅱ快，即自由线收缩速度大于杆Ⅱ，因此，挠曲值逐渐减小，直到某一时刻，铸件复原（挠度为零）。

（3）$t_2 \sim t_3$：铸件截面上依然存在温差。以后，杆Ⅰ的冷却速度仍然比杆Ⅱ快，杆Ⅰ发生内凹变形，冷却到室温，铸件的变形方向是杆Ⅰ（厚大部分）向内凹，杆Ⅱ向外凸。

通过上述分析可知，铸件的不均匀冷却和铸件截面上温度的不对称分布是铸件产生挠曲变形的主要原因。具有固态相变的合金铸件，由于铸件各部位冷却条件不同，到达相变温度的时刻和相变的程度也不同，因此，这类合金铸件的变形过程还与合金的相变有关。

此外，处于应力状态的铸件是不稳定的，能自发地进行变形和应力松弛以减小内应力，趋于稳定状态。显然，有残余压应力的部分自发伸长，而有残余拉应力的部分自动缩短，才能使铸件残余应力减小，结果导致铸件发生挠曲变形，例如：图 7.8（a）是不等壁厚 T 型梁的弯曲变形，厚壁处冷却慢，变形结果是向厚壁侧凹曲。图 7.8（b）是机床床身导轨的变形，导轨面较厚，侧面较薄，在冷却过程中存在温差，致使导轨面存在残余拉应力，侧面存在压应力。存放时发生挠曲变形，导轨面下凹，薄壁侧面向上凸。图 7.8（c）是平板铸件的变形，平板铸件上表面冷却快，下表面冷却慢，平板向下凹曲。

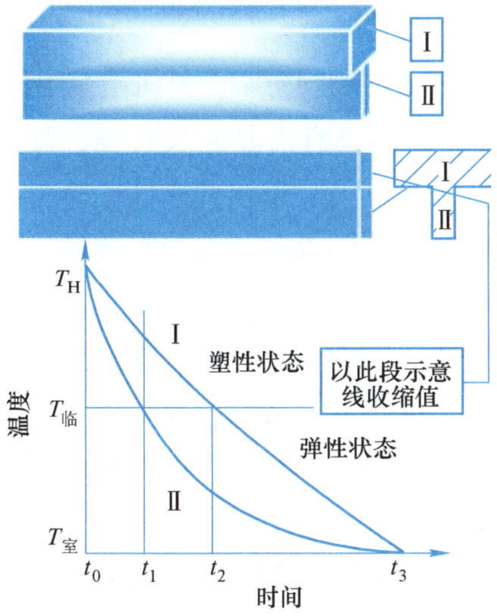

图 7.7 T 形奥氏体钢的变形

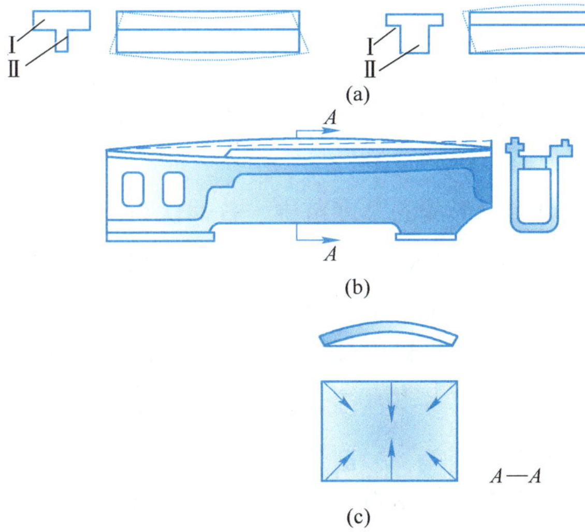

图 7.8 不等截面铸件和大平板的变形

7.2.3 铸件的裂纹

铸件裂纹的形成条件可归纳为局部位置的延性不足以承受所发生的应变的作用。依据形成温度的不同，铸件裂纹可分为热裂纹和冷裂纹。大型主气阀阀壳在压力下爆裂后，在裂纹源处取样，如图 7.9 所示。

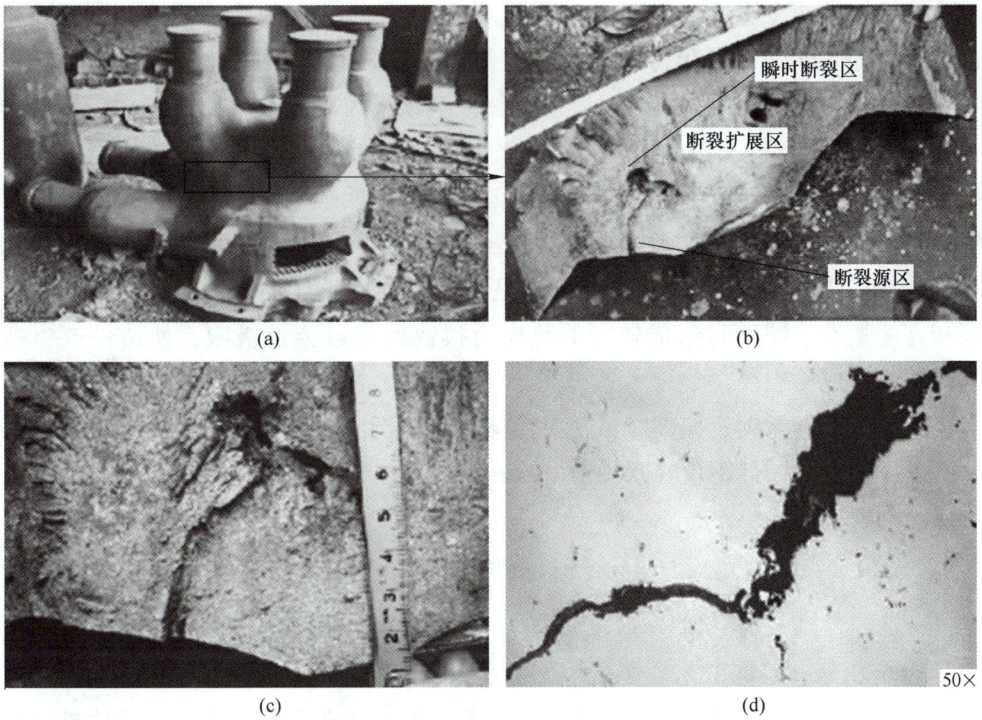

图 7.9 气阀爆裂后裂纹源图片

7.2.3.1 铸件裂纹的分类

(1) 热裂纹。热裂纹是铸件生产中最常见的铸造缺陷之一，热裂纹表面呈氧化色（铸钢件裂纹表面近似黑色，铝合金呈暗灰色），不光滑，断口具有沿晶断裂特征，外形曲折。

关于热裂纹形成的温度范围，普遍认为是在凝固温度范围内邻近固相线时形成的，处在固-液两相区（糊状区），故又称为结晶裂纹。

但是，在实际生产中，由于铸件结构特点及其他因素造成铸件各部分的冷却速度不一致，使铸件在凝固过程中各部分的温度不同，抗变形能力也就不同。铸件收缩受阻时，高温区（热节）将产生集中变形。铸件的温度分布越不均匀，集中变形越严重，产生热裂纹的可能性就越大。

(2) 冷裂纹。冷裂纹是铸件处于弹性状态时，铸造应力超出合金的强度极限而产生的。冷裂纹往往出现在铸件受拉伸的部位，特别是有应力集中的地方。

冷裂纹的特征与热裂纹不同，外形呈连续直线状或圆滑曲线状，常穿过晶粒，冷裂纹断口干净，具有金属光泽或呈轻微氧化色。这说明冷裂纹是在较低的温度下形成的。形状复杂的大型铸件容易产生冷裂纹。有些冷裂纹在打箱清理后即能发现，有些在水爆清砂后发现，有些则是因铸件内部有很大的残余应力，在清理和搬运时受到震击后形成的。

合金的成分和熔炼质量对冷裂的影响很大，例如钢中的碳、铬、镍等元素，虽然提高了钢的强度，但降低了钢的导热性，因而这些元素的含量相对较高时，能够增大钢的冷裂倾向。磷能增加钢的冷脆性，当钢中含磷量大于0.1%时，它的冲击韧性急剧下降，冷裂倾向也明显增加。同理，当灰铸铁中磷含量越过0.5%时，往往有大量网状磷共晶出现，冷裂倾向明显增大。当钢脱氧不足时，氧化物夹杂聚集在晶界上，使钢的冲击韧性和强度下降，促使冷裂纹形成。钢中其他非金属夹杂物增多时也有类似的情况。

钢的组织和可塑性对于形成冷裂纹影响很大。例如低碳奥氏体钢（铬镍耐酸钢）能承受高温（1050~1150 ℃）浸入冷水中淬火，虽然这种钢的导热性很差并能产生很大的热应力（没有相变应力），但很少形成冷裂。这是因为低碳奥氏体钢的力学性能特征为低的弹性极限和高的塑性，淬火时形成较大的热应力很快就超过弹性极限，使铸件产生塑性变形，因此不会形成冷裂纹。

但奥氏体高锰钢含碳量偏高时，在奥氏体晶界上析出的碳化物较多，这就增加了钢的脆性。所以，这种钢铸件不仅在水中急剧冷却时，甚至当提前打箱放在空气中冷却时，也容易形成冷裂纹。

7.2.3.2 防止铸造裂纹产生的措施

A 防止铸件产生热裂纹的措施

(1) 合金成分、熔炼工艺。

1) 在不影响铸件使用性能的前提下，可适当调整合金的化学成分，或选择热裂倾向小的合金，例如，选用接近共晶成分的合金。

2）减少合金有害杂质。应尽可能降低钢中硫、磷含量。硫对热裂的影响尤为敏感，因此应严格控制炉料中硫的含量，并在熔化过程中加强脱硫脱磷。

3）改善合金的脱氧工艺，提高脱氧效果。例如，采用综合脱氧剂可以减少夹杂物，改善夹杂物在铸件中的形态和分布，从而提高抗裂能力。

4）细化初晶组织，对合金进行孕育处理细化晶粒，消除柱状晶。

（2）铸型方面。

1）改善砂型和砂芯的溃散性。

2）采用涂料使型腔表面光滑以减小铸件与铸型之间的摩擦阻力。

（3）浇注条件方面。

1）减小浇冒口系统对铸件收缩的机械阻碍。

2）减少铸件各部分温差。

3）用冷铁消除热节的有害作用。

（4）铸件结构方面。

1）两壁相交处应做成圆角。

2）避免两壁十字交叉，将交叉的壁错开。

3）必须在铸件上采用不等厚度截面时，应尽可能使铸件各部分收缩时彼此不发生阻碍。

4）在铸件易产生热裂处设置防裂筋。

B 防止铸件产生冷裂的措施

铸件产生冷裂的原因是冷却过程中，铸件各部分冷却速度不一致，防止铸件产生铸造应力的方法都可用于防止铸件产生冷裂，而凡是能够减小热裂倾向的因素均可据此制定防止铸件产生冷裂的措施。

（1）合金方面（略）。

（2）铸型方面（略）。

（3）浇注条件（略）。

（4）改进铸件结构（略）。

（5）消除铸件中的残余应力，可采用时效的方法消除铸件中的残余应力。

由于凝固过程冷却不均在连铸坯中出现的纵向裂纹、角裂纹和内部裂纹如图 7.10（a）（b）所示。

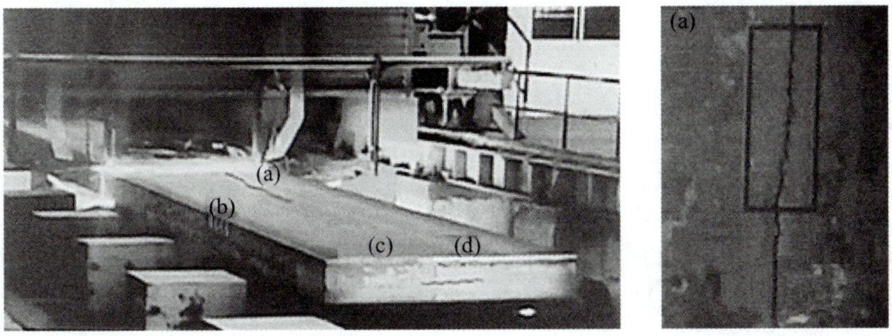

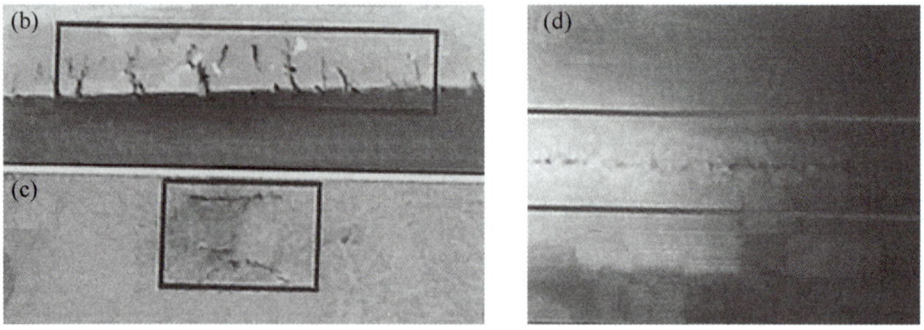

图 7.10 连铸坯中出现的裂纹和中心偏析

(a) 纵向裂纹；(b) 角裂纹；(c) 内部裂纹；(d) 中心偏析

实例 7.2：航天事故引发的思考

实例 7.2

本实例以哥伦比亚号航天飞机事件为背景介绍材料缺陷及材料失效所带来的严重后果。材料中或材料表面涂层中的一条小裂纹能引发航天器、建筑、桥梁等的破坏甚至严重灾难。尤其是在极端条件下，例如高空、深海等。材料处于极高温、极高压条件，可检测的缺陷对材料安全性均可能造成毁灭性破坏。

裂纹的形成受合金元素、杂质含量、冷却速度、结晶应力及拘束应力的影响。

裂纹的预防措施包括：提高金属液纯净度、减少铸件收缩应力、设计合理的铸件结构和浇注工艺等。

7.3 铸件化学成分的不均匀性

铸件（铸锭或铸坯）中化学成分分布不均匀的现象称为偏析，铸件偏析分为微观偏析和宏观偏析。微观偏析是微小范围内化学成分不均匀现象，一般在一个晶粒尺寸范围左右。微观偏析按其位置分为胞状偏析、晶内偏析和晶界偏析。宏观偏析指较大尺寸范围内的化学成分不均匀现象，又称区域偏析。按性质不同分为正偏析、逆偏析、V 形偏析、逆 V 型偏析、带状偏析和密度偏析（比重偏析）等。连铸坯凝固过程中形成的中心偏析如图 7.10（d）所示。

7.3.1 微观偏析

微观偏析起因于合金结晶过程中溶质再分配，微观偏析包括晶内偏析、晶界偏析和胞状偏析等。

7.3.1.1 晶内偏析（枝晶偏析）

由于固溶体合金多按枝晶方式生长，分枝本身（内外层）、分枝与分枝之间的成分是不均匀的，故称枝晶偏析。在枝晶偏析区，各组元的分布规律是：使合金熔点升高的组元富集在分枝中心和枝干上；使合金熔点降低的组元富集在分枝的外层或分枝间，甚至在分枝间出现不平衡的第二相，其他部位的成分介于两者之间。

7.3.1.2 晶界偏析

在不少情况下，晶粒中心只有不甚明显的负偏析（或正偏析），而晶界区域却显示出明显的正偏析（或负偏析），这种偏析称为晶界偏析，如图 7.11 所示。

铸件凝固过程中，在以下几种情况下将产生晶界偏析，如果晶界平行生长方向，由于表面张力平衡条件的要求，在液体与晶界交界处出现凹槽。此处有利于溶质原子的富集，形成晶界偏析，如图 7.11（a）所示。试验证明，这种情况多产生于以胞状界面生长的情况，当晶体以枝晶方式生长时，情况较为复杂。如果两个晶粒相对生长，彼此相遇，在固-液界面上溶质被排出（$K_0<1$）。这样在最近凝固的晶界处将堆积较多的溶质和其他低熔点物质如图 7.11（b）所示。

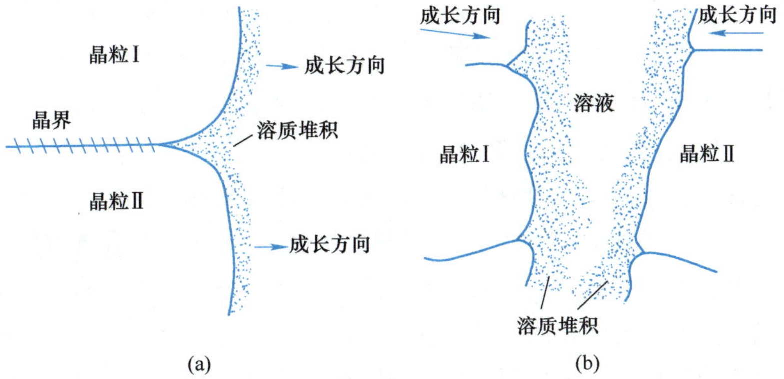

图 7.11 晶界偏析

（a）晶粒平行于生长方向；（b）晶粒相碰

7.3.1.3 胞状偏析

合金凝固过程中会出现成分过冷，当成分过冷较小时，晶体以胞状方式生长，胞状结构以一系列平行的棒状晶体组成，由于凝固过程中溶质再分配，当合金的分配系数小于 1 时，在胞壁处富集溶质，如果分配系数大于 1，则胞壁处的溶质贫化。这种化学成分不均匀的现象称为胞状偏析，如图 7.12 所示。

微观偏析导致晶粒范围的化学成分偏差，将引起物理及化学性能的不同，从而影响铸件的力学性能。而晶界偏析使低熔点共晶集中在晶粒边界，会增加热裂倾向，降低铸件的塑性。

7.3.2 宏观偏析

宏观偏析按其表现形式可分为正偏析、负偏析、比重偏析以及 V 型和逆 V 型偏析等类型。铸件产生宏观偏析有以下原因：一是在铸件的凝固初期，由固相或液相的沉浮而引起区域性化学成分分布不均；二是固-液两相区内液体沿枝晶的流动和扩散过程而引起区域性化学成分分布不均。一般情况下，熔体在结晶前的初始温度是不均匀的，铸件冷端的

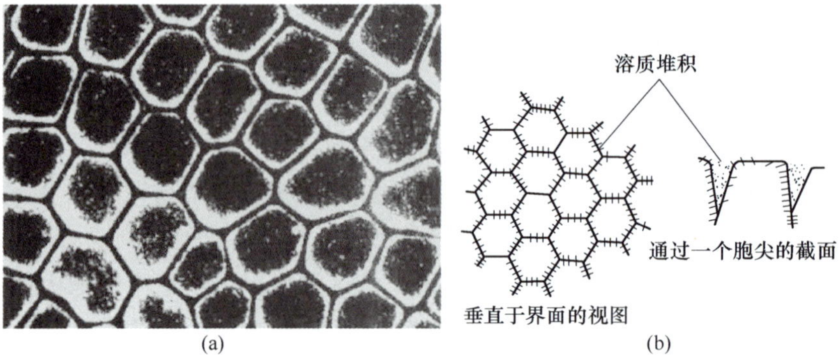

图 7.12 胞状组织的界面结构（a）及胞状凝固期间溶质分布的示意图（b）

熔体结晶速率较大，而热端的熔体结晶速率较小。铸锭冷端未结晶液相中的溶质平均浓度高于热端（$K_0<1$）。当枝晶之间的液相流动时，若从热端流向冷端，即从溶质含量较低的区域流向溶质含量较高的区域，使冷端的固相平均成分降低，产生负偏析；反之，若液流由冷端流向热端，使 C_0 升高，则热端形成正偏析。

凝固收缩通常是造成两相区内液体流动的主要原因，对于 $K_0<1$ 的组元，越靠近固相区，获得的补缩液相溶质质量分数就越高。同时，液相中还存在着溶质质量分数梯度引起的扩散，因此，溶质的再分配是由液相流动和扩散两个过程同时决定的。这就是说，凝固组织中的偏析的分布不仅与液相流动过程有关，也受扩散过程控制。在无液相流动的条件下，随着凝固速率的加快，凝固界面前液相溶质富集区内，溶质分布向稳态的逼近速度加快，因而，快速凝固有利于缩小偏析区。溶质分配系数 $K_0<1$ 的组元，总是在始端发生负偏析，末端发生正偏析，而 $K_0>1$ 的组元偏析情况正好相反。

综上所述，铸件产生宏观偏析的途径有：

（1）在铸件凝固早期，固相或液相的沉浮；

（2）在固液两相区内液体沿枝晶间的流动。

近期的研究发现，液态金属沿枝晶间的流动对铸件产生宏观偏析起着重要的作用。液态金属沿枝晶间流动的原因主要是：

1）熔体本身的流动驱使固液两相区内的液体流动；

2）由于凝固收缩的抽吸作用促使液体流动；

3）由于密度差而发生的对流。

7.3.2.1 正偏析

当铸件凝固区域很窄时（逐层凝固），固溶体初生晶生长成紧密排列的枝状晶，凝固前沿是平滑的或为短锯齿形，枝晶间液体的流动对宏观偏析的影响则降为次要地位，宏观偏析的产生主要与结晶过程中的溶质再分配有关。图 7.13 中曲线对应的都是正偏析。

7.3.2.2 逆偏析

逆偏析是指在 $K_0<1$ 的合金中，虽然结晶是由外向内循序进行，但在表面层的一定范

围内溶质的浓度分布却由外向内逐渐降低，恰好与正常偏析相反，故又称反常偏析，Cu-Sn 和 Al-Cu 合金是易于产生逆偏析的两种典型合金，如图 7.14 所示。Cu-Sn10%合金铸件表面含锡量有时高达 20%~25%。冷硬铸铁轧辊有时也会在表面上出现磷共晶的“汗珠”。

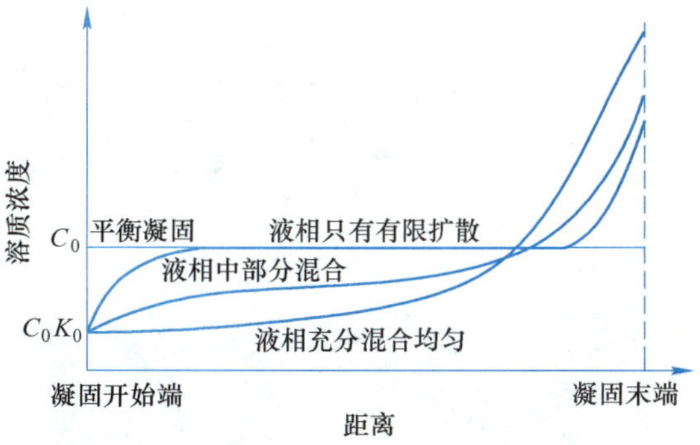

图 7.13 原始成分为 C_0 合金单向凝固后的溶质分布

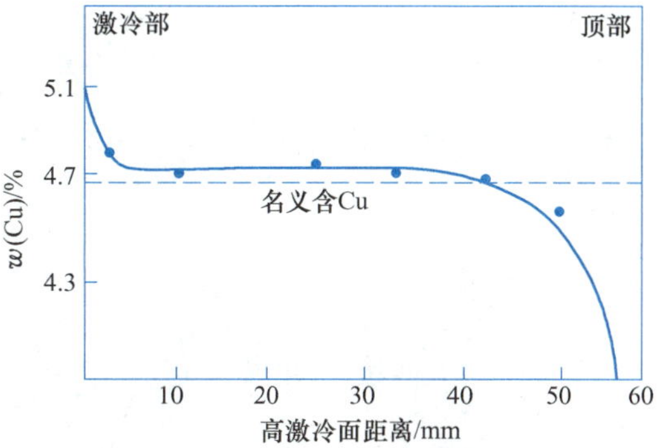

图 7.14 Al-4.7%Cu 合金铸件的负偏析

7.3.2.3 V 型和逆 V 型偏析

在大型镇静钢锭中常常出现 V 型和逆 V 型偏析带，其中富集碳、硫和磷。图 7.15 (a) 为钢锭纵剖面上的 V 型和逆 V 型偏析。有关 V 型和逆 V 型偏析的形成机理说法不一。大野笃美认为，凝固初期晶粒从型壁或固-液界面脱落沉积，堆积在下部，凝固后期堆积层的收缩下沉，铸锭上部不能同时下沉，在堆积层上方产生 V 型裂缝，裂缝被低熔点溶质充填，形成 V 型偏析。

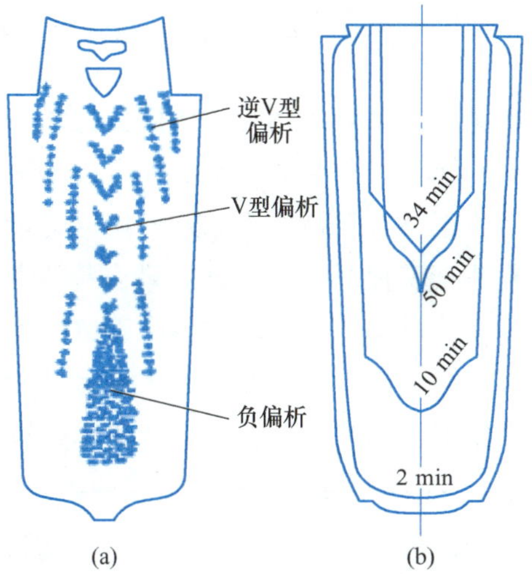

图 7.15 钢锭的宏观偏析及凝固界面标定

(a) 钢锭的偏析；(b) 6.5 t 钢锭凝固界面的同位素标定

在钢锭凝固的各个阶段向液面添加同位素，由于钢锭凝固过程中有晶体沉积，则可借助同位素判断不同时刻的位置，如图 7.15 (b) 所示。可以清楚地看到，凝固后期堆积层中央的下部发生下沉。用有机物做凝固模拟试验也可观察到随着晶体堆积层中央部位的下沉，侧向发生逆 V 型龟裂的现象。

宏观偏析使铸件各部分力学性能和物理性能产生很大差异，从而降低铸件的使用寿命，降低耐磨性。此外，宏观偏析使铸件的抗腐蚀性能降低。

宏观偏析常与夹杂物等缺陷同时出现，夹杂物的数量与尺寸大小是影响偏析严重程度的重要参数。中国科学院金属研究所的李殿中及其研究团队提出了新的宏观偏析理论，即夹杂物与通道偏析的作用理论。该团队通过对百吨级大钢锭的实物解剖和多尺度计算模拟研究发现：夹杂物是引起通道偏析的主要机制，研究结果表明，通过控制氧和氧化物含量，可以显著减少直至消除通道偏析，在大断面铸坯无法实现快速冷却的条件下，通过纯净化冶炼、合理浇注及稀土元素的添加等，可以有效控制偏析。钢锭中的通道偏析及偏析处的夹杂物如图 7.16 所示。

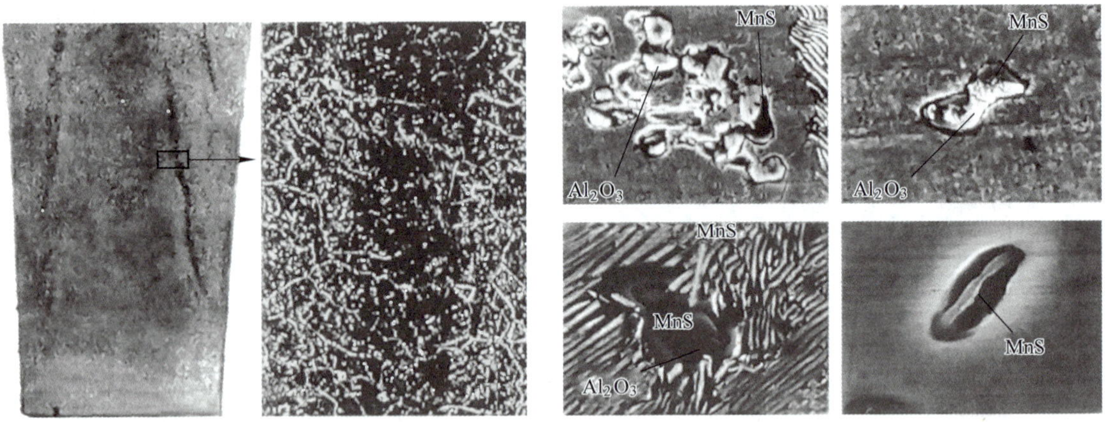

图 7.16 钢锭中的逆 V 型偏析（通道偏析）及偏析处的夹杂物

实例 7.3：高碳钢大方坯凝固过程溶质迁移数值模拟（科研案例）

本例以某高碳大方坯为研究对象，铸坯断面尺寸为 280 mm×380 mm。基于 Ansys-Fluent 平台建立连铸大方坯凝固过程有限元模型，研究铸坯凝固过程中的温度分布、相分布和溶质迁移等问题。考虑连铸坯计算量的问题，采用分段建模方式，建模过程略。

连铸全流程下的多相凝固耦合模型可以模拟三维空间内的铸坯温度分布，如图 7.17 所示。连铸过程中，铸坯中心由于熔融液相的存在，温度较高；而在冷却作用下，沿拉坯速度方向铸坯中心的高温液相区域宽度逐渐缩小，直至消失（凝固终点）。为了最大程度地追求模拟计算时效性，连铸全流程计算区域被拆分为几个子区域。

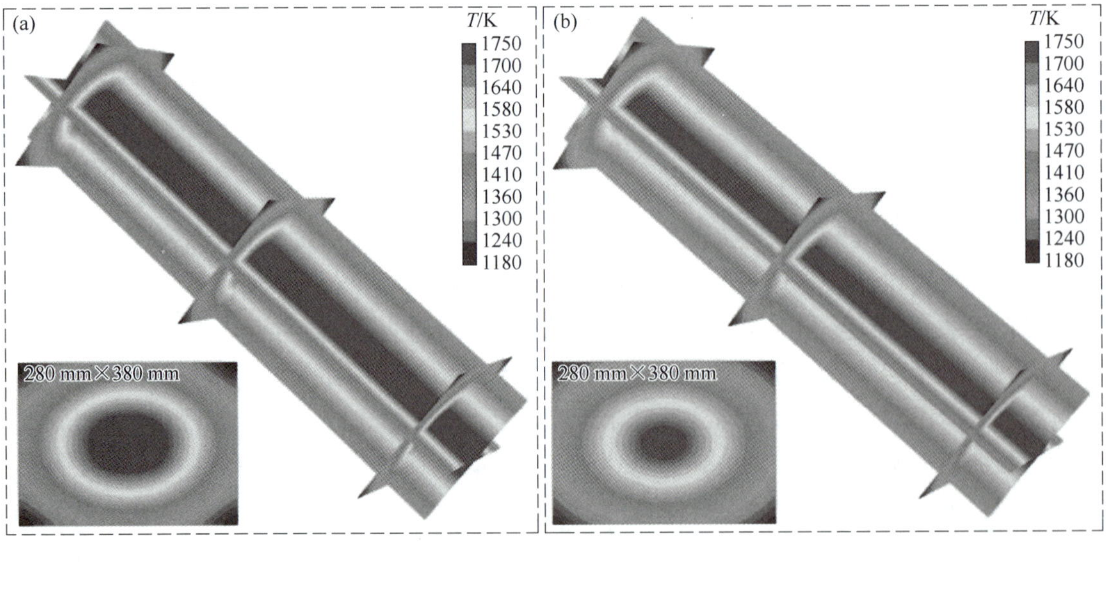

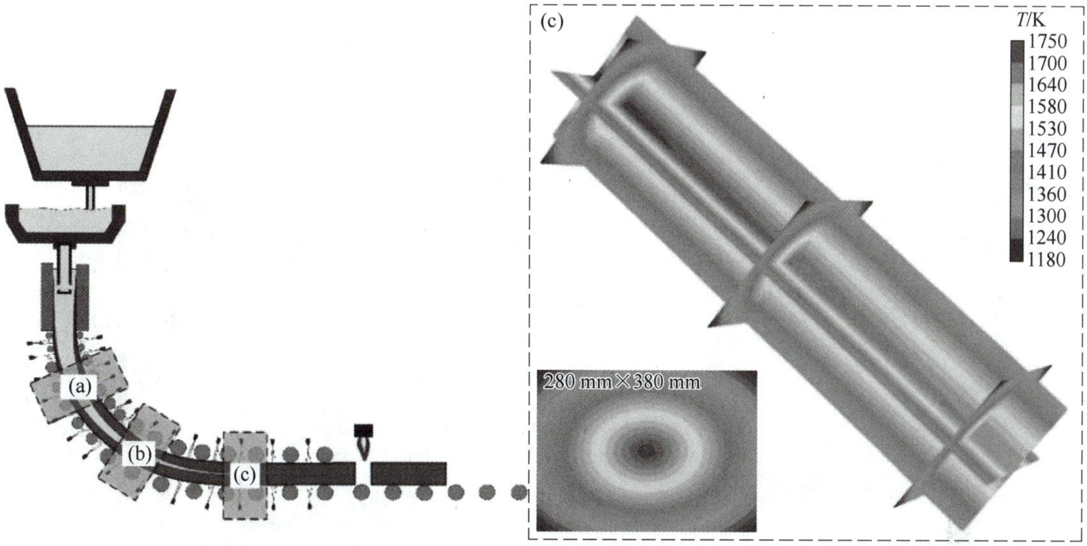

图 7.17　连铸全流程多相凝固耦合模型下的三维温度分布结果

图 7.17

建立了三维连铸多相凝固模型，用于观察铸流不同区域内连铸坯横断面与纵断面内的溶质分布规律，如图 7.18 所示。

模拟中所用拉坯速度为 0.68 m/min，初始碳含量为 0.95%，铸坯断面尺寸为280 mm×380 mm。由图 7.18 所示的连铸全流程三维溶质分布计算结果可以看出，铸坯纵断面中心区域溶质偏析最为严重，且铸坯纵断面中心溶质偏析沿铸流方向加剧。而对于铸流不同位置处的铸坯横断面内溶质分布而言，除铸坯中心溶质含量逐渐增高，铸坯横断面内其余位置溶质分布变化并不明显。因为铸坯中心为计算区域内最后凝固位置，凝固界面向铸坯中心不断推移，溶质元素含量也随着固相率的增大而增大，在铸坯凝固末端中心形成富溶质区，最终形成中心偏析缺陷，如图 7.18（c）所示。

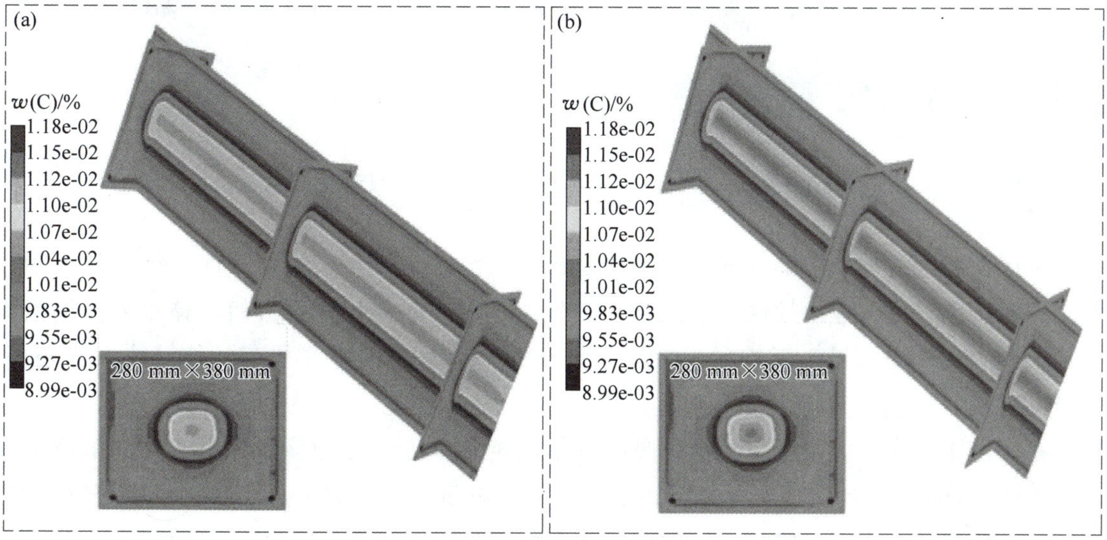

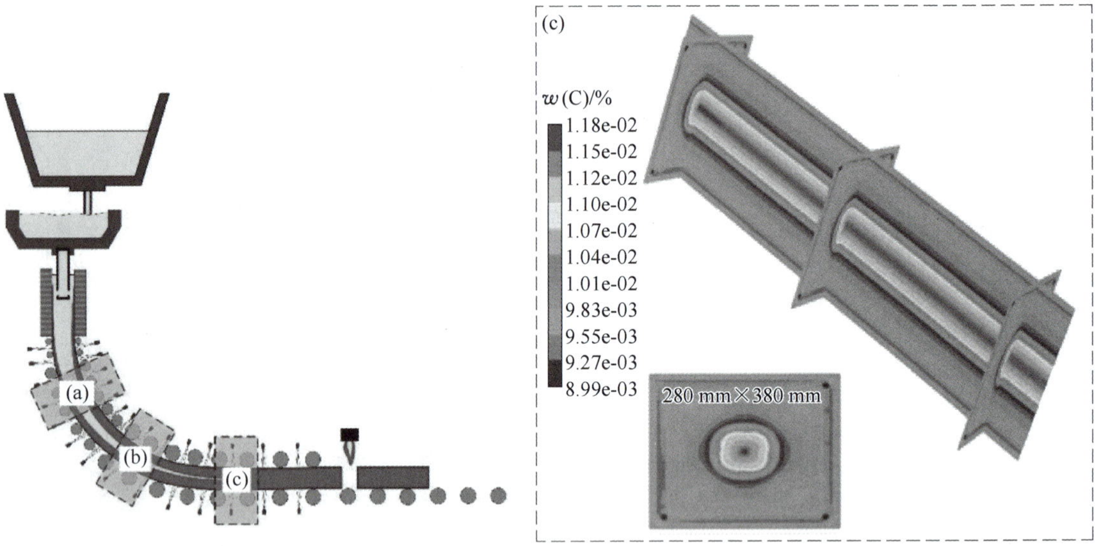

图 7.18　连铸全流程多相凝固耦合模型下的三维溶质分布结果

图 7.18

7.3.2.4　消除或减轻偏析的措施

偏析会导致铸件性能降低，引起探伤不合格，而且偏析的形成是不可避免的，因此应提高成分均匀性，尽量减轻偏析，减轻偏析的方法如下：

(1) 均匀化退火可以消除微观偏析；

(2) 搅拌，机械搅拌或电磁搅拌细化宏观组织，减轻偏析；

(3) 带液芯压下，轻压下、重压下，破碎柱状晶，促进熔体流动，减轻偏析；

(4) 快速凝固，细化晶粒，减轻偏析；

(5) 对于 V 型偏析，利用氧化物冶金技术形成一定的枝晶网阻止晶体的下沉或上浮；

(6) 提高冶炼纯净度，降低夹杂物含量和减小夹杂物尺寸，也可以减轻偏析。

7.4　气孔和非金属夹杂物

7.4.1　气孔及其分类

金属在熔炼过程中溶解气体；在浇注过程中因浇包未烘干、铸型浇注系统设计不当、铸型透气性差、浇注速度控制不当或型腔内气体不能及时排出，都会使气体进入金属液，增加金属中气体的含量，就构成了金属的吸气性。于是铸件中往往有各种气体，首先是氢，其次是氮和氧。

在一定温度和压力条件下，金属吸收气体的饱和浓度，称为该条件下气体的溶解度。常用 100 g 金属含有的气体在标准状态下的体积来表示（cm^3/100 g），有时也用溶解气体对金属的质量分数表示。影响气体在金属液中溶解度的因素是：温度、金属的化学成分和气体在金属液面上的平衡分压。随着温度降低，溶解于金属液中的气体不断析出的方式有3种：

（1）气体以原子态扩散到金属表面，然后脱离吸附（蒸发，以扩散方式析出）；

（2）与金属内某元素形成化合物，以非金属夹杂物形式排出；

（3）以气泡形式从金属液中逸出（气体析出并依附在非金属夹杂物等表面上非自发形成气核）。

7.4.1.1 析出性气孔

由于金属凝固时存在溶质再分配，在某时刻，凝固过程中固-液界面处液相中所富集的气体溶质浓度将大于过饱和浓度而析出气体，析出的气体不能及时逸出，以气泡的形式滞留在金属中，形成析出性气孔，如图7.19所示。

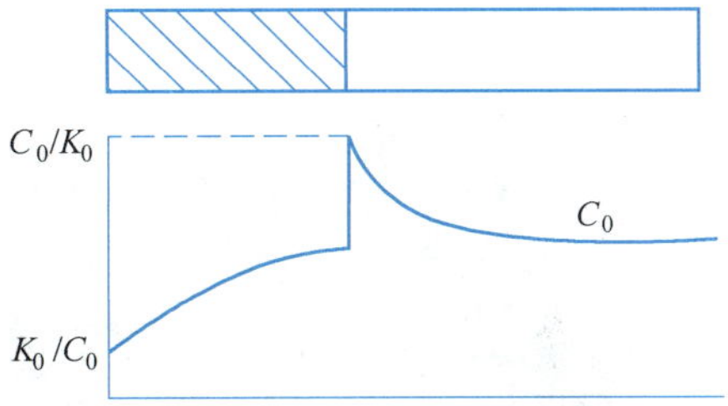

图7.19 稳定生长阶段界面气体溶质分布

析出性气孔在铸件断面上呈大面积分布；在铸件最后凝固部位（如冒口附近、热节中心）最为密集；形状为圆形、多角形和断续裂纹状；常发生在同一炉或同一包浇注的全部或大部分铸件中。金属液原始含气量越高，合金在固态和液态时的气体溶解度差值越大，则越易产生析出性气孔。

影响析出性气孔产生的主要因素为：

（1）合金液原始含气量 C_0。原始含气量越高，随着温度降低，析出气体量越大。

（2）合金成分。液固两相区越宽，凝固过程中气体不易排出，气孔形成倾向大。

（3）气体的性质。气体在金属液中的溶解度随温度变化越大，越容易形成气孔。

（4）外界压力 P_0。外界压力越大，气体不易析出，气孔形成倾向小。

（5）铸件的凝固方式。逐层凝固方式比体积凝固方式气孔形成倾向小。

防止产生析出性气孔主要是减少金属液的原始含气量 C_0，其主要措施如下：

（1）减少各种气体的来源。采取措施尽量减少或防止气体进入金属内；炉料应烘干，避免有机物污染；炉前附加物、孕育剂使用前应预热，去除水分；炉衬和浇包应充分烘干；限制有机黏结剂用量。

（2）控制熔炼温度。勿使金属液温度过高，以防止金属液大量吸收气体；熔炼时金属液表面加覆盖剂。

（3）采用真空熔炼。

7.4.1.2 反应性气孔和侵入性气孔

金属液与铸型、熔渣相互作用或金属液内部某些组元发生化学反应产生的气体所形成的气孔，被称为反应性气孔。

如果铸型为砂型，其发气性差而透气率低或排气通道不畅，砂型中受热的发气性物质就会产生气体，当气体压力在界面上超过一定临界值时，气体就会侵入金属液而未上浮逸出，则产生侵入性气孔。

7.4.1.3 气体对铸件品质的影响

各类铸件，如果精炼效果差、浇注工艺不当、铸型排气性能差等，都会造成不同程度的气孔，如图 7.20 所示。气孔对铸件质量的影响主要有如下几方面：

（1）气孔不仅会减少铸件有效截面积，而且能使局部造成应力集中，成为零件断裂的裂纹源，对要求承受液压的铸件，若含有气孔，会明显降低气密性。

（2）以固体形式存在的气体，虽然危害较小，但会降低铸件的韧性。

（3）金属液含有气体会影响铸造性能，如析出气体的反压力会降低流动性、形成缩气孔。

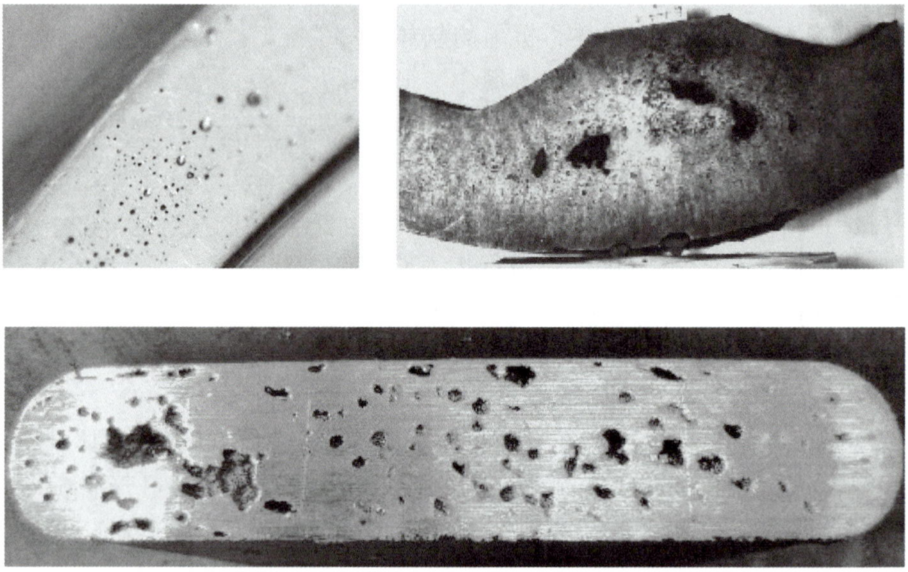

图 7.20 铸件中的气孔和缩气孔

7.4.1.4 消除气孔的措施

（1）金属液除气处理。

1）浮游去气。即向金属液吹入不溶气体，产生大量气泡，溶解的气体扩散进入气泡而退出。例如，吹入惰性气体、氮气、加入氯盐，使铝液中形成 $AlCl_3$ 气泡。

2）真空去气。

3）氧化去气。对不易氧化的金属液如铜合金，根据氧和氢在铜液中溶解度的相互制约关系，采用“氧化熔炼法”，先吹氧去氢，然后再脱氧。

4）冷凝除气。金属液首先缓慢冷却到凝固温度浇注。

（2）阻止气体析出。

1）提高铸件冷却速度。对易形成析出性气孔的铝合金铸件尽量采用金属型铸造。

2）提高金属凝固时的外压。将浇注铝合金的铸型放进 404~606 kPa 的压缩空气室中凝固，可有效地减少或消除铸件中的气孔。

7.4.2 非金属夹杂物

在铸件内部或表面存在着化学成分、物理性能不同于基体金属的组成物，这种组成物称为夹杂。例如铸铁基体金属的组织中，除石墨、珠光体、铁素体、渗碳体和磷共晶以外的组成物，都可称为夹杂。铸件中的气孔，从夹杂角度说，则是一种气体夹杂物。

7.4.2.1 液态金属中非金属夹杂物的来源与类型

金属在熔炼与铸造过程中，原材料本身所含有的夹杂物，例如：炉料表面粘砂、氧化锈蚀、焦炭中的灰分等，熔化后形成熔渣。金属熔炼、精炼时，在脱氧、脱硫、孕育、球化处理过程中，将产生大量的夹杂物。常见的非金属夹杂物有：（1）氧化物，如 FeO、MnO、Al_2O_3 等；（2）硫化物，如 FeS、MnS、Cu_2S 等；（3）硅酸盐，如 $FeO \cdot SiO_2$、Fe_2SiO_4、Mn_2SiO_4、$FeO \cdot Al_2O_3 \cdot SiO_2$ 等。几种典型夹杂物形态如图 7.21 所示。

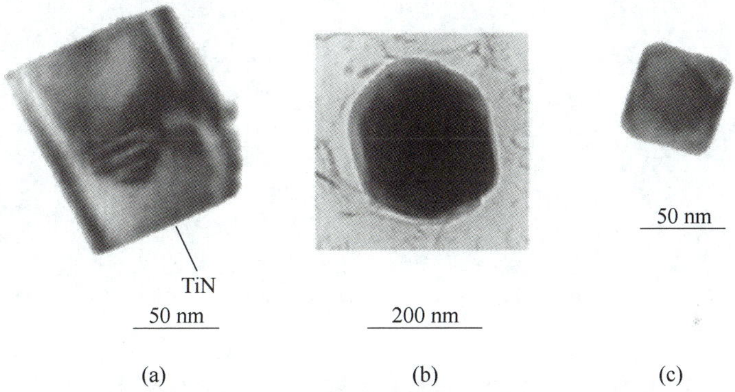

图 7.21 钢中几种典型夹杂物的形貌

（a）含 Mg 氧化物；（b）含 Ca 氧化物；（c）含 Mg 硫化物

夹杂物的形状可以分为球形、多面体、多角形、条状、板形等。按形成时间分，夹杂物可以分为初生夹杂物、次生夹杂物，以及二次氧化夹杂物。初生夹杂物是在金属熔炼及精炼过程中产生的，次生夹杂物是金属凝固过程中产生的，二次氧化物是浇注过程中因氧化而产生的夹杂物。

铸件中除宏观夹杂物外，通常含有 $10^7 \sim 10^8$ 个/cm^3 微观夹杂物。夹杂物会降低铸件的塑性、韧性和疲劳性能。非金属夹杂物通常是疲劳裂纹的源头；夹杂物尖角处易形成应力集中，导致裂纹；难熔夹杂物会降低液态金属的流动性；收缩大、熔点低的夹杂物会促进显微缩孔的形成。但是夹杂物有时可以作为形核剂，在孕育处理、变质处理时，夹杂物作为形核质点或先析出相，起到加速形核，细化晶粒的作用。波兰学者 CWUDZIŃSKI Adam 研究了钢包处理过程中钢液中夹杂物的形貌，如图 7.22 所示。在吹氩前后分别取了两个样品，检测到了普碳钢中 MnS 与 Ca 形成的多边形夹杂物，如图 7.22（a）所示。Al-O 与 Ti、Si、Mn 等元素形成的球形夹杂物，如图 7.22（b）所示。Al-Mg-O 和 MnS 等形成的复合夹杂物，如图 7.22（c）（d）所示。

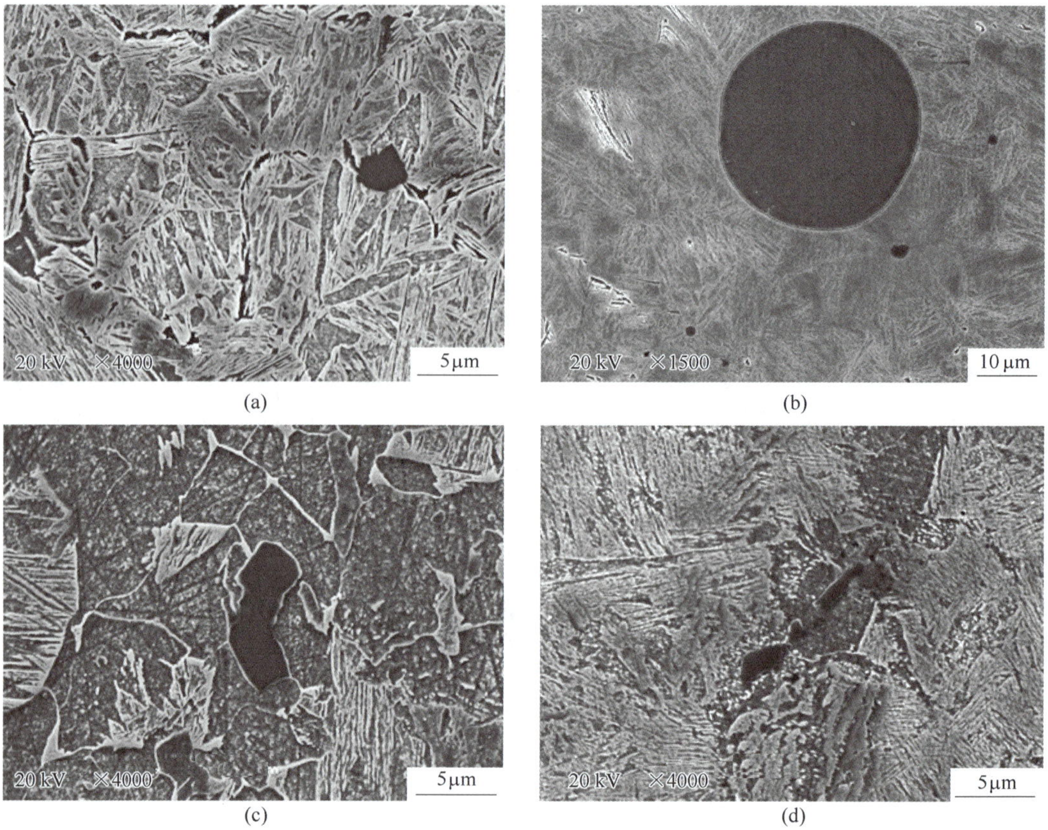

图 7.22 钢包处理后取样检测钢中非金属夹杂物的形貌

（a）热 1 号样吹氩前；（b）热 1 号样吹氩后；（c）热 2 号样吹氩前；（d）热 2 号样吹氩后

7.4.2.2 夹杂物的防止措施

（1）正确选择合金成分，减少液态金属中夹杂物的含量。采用加溶剂法、过滤法、静置法、浮游法等手段，减少液态金属中非金属夹杂物和气体的含量。

（2）控制铸型强度、水分含量，减少由铸型带入的夹杂物和气体。

（3）采取合理的浇注工艺及浇冒口系统，保证充型、流动平稳，质量要求高的铸件可以采用真空浇注。

实例 7.4：普碳钢圆锭浇注气缩孔缺陷实例（科研案例）

试验钢种：普碳钢，掺杂二氧化锆颗粒，铸锭尺寸。

熔炼条件：感应炉熔炼，熔炼功率为 30~50 kW。

熔炼温度：1560~1600 ℃。

铸模需提前进行酸洗除锈，之后用水清洗，烘干，在浇注前，需将铸模预热到 350~380 ℃。操作流程如下：

(1) 打炉衬，筛选镁砂，放坩埚，在坩埚四周夯实镁砂，加玻璃胶混合镁砂涂抹炉口，方便出钢。

（2）打开电源总开关，查看水箱，加满水，确保水量充足。

（3）加钢锭烘炉，控制在 10 kW 之内，烘干炉衬；加入的钢锭原料及出钢模具需提前在烘炉中烘干，保证表面干燥，出钢模具保证在 350～400 ℃。

（4）分别打开冷却水与制冷器，打开配电柜，开启功率 10 kW 之内，20 min，20 kW、30 kW、40 kW 慢慢升温，熔化后，调整至 10 kW 后加铝片。

（5）静置 3～5 min，功率维持在 20～30 kW，几分钟后出钢，出到一半关配电柜。

（6）调节出钢模具及出钢小车位置，使其与感应炉出钢口对中。摇炉出钢时，根据出钢口位置的变化，及时前后调整小车位置，准确出钢。

图 7.23 为铸锭及其各截面的缺陷分布情况。分析缺陷产生的原因如下：

（1）铸模排气效果差。

（2）ZrO 未烘干或烘干不彻底、钢液与模壁或加入钢中的原料发生了化学反应。

（3）由于钢锭浇注时，未对钢液进行测温，浇钢温度可能偏高或过低。

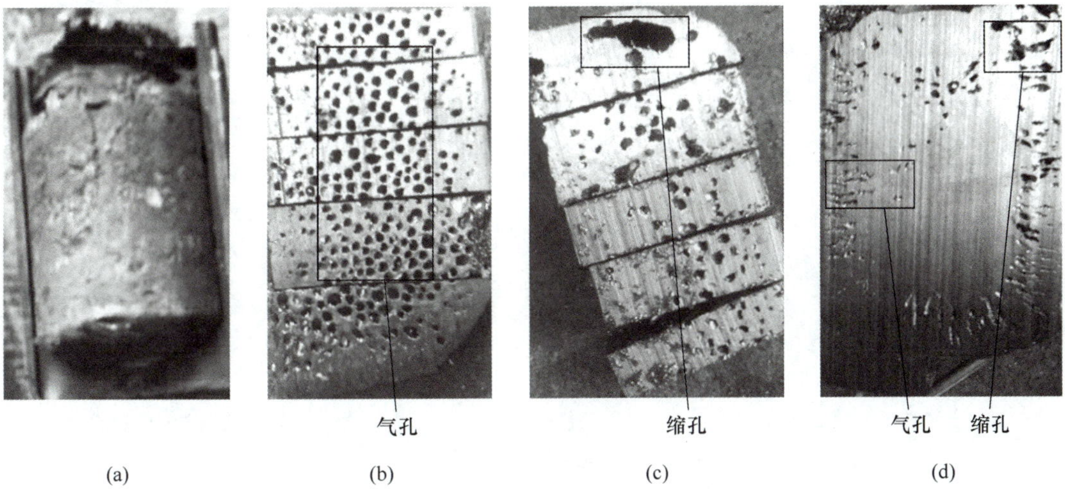

图 7.23 铸锭及纵截面气孔和缩孔缺陷

（a）钢锭；（b） Ⅰ号锭中心纵截面；（c） Ⅱ号锭距表面 1/3*R* 截面；（d） Ⅱ号锭中心纵截面

思 考 题

7.1 简述概念：缩孔、缩松、热裂纹、冷裂纹、宏观偏析、微观偏析、晶界偏析、析出性气孔。

7.2 液态金属凝固过程中收缩分为哪几个阶段，收缩能导致哪些缺陷？

7.3 简述缩孔的形成条件及形成原因，如何消除缩孔缺陷？

7.4 简述缩松的形成条件及形成原因，如何消除缩松？

7.5 铸造应力分为哪几种，热应力是怎样产生的？

7.6 偏析是如何形成的，影响偏析的因素有哪些，生产中怎样防止或减轻偏析？

7.7 根据偏析的特点，分析偏析对铸件的力学性能有哪些影响。

7.8 热裂纹和冷裂纹的外观特征和形成原因各有什么不同？

7.9 根据热裂纹形成原因，简要分析消除热裂纹的措施。

7.10 铸件变形产生的原因是什么，如何预防铸件变形？

7.11 铸钢件中典型非金属夹杂物分为哪些种类，非金属夹杂物的形态对铸件性能有什么影响？

7.12 铸件中的微米级夹杂物对性能影响很大，试分析如何去除微米级夹杂物。

7.13 如何区分气孔和缩孔？

7.14 在雨季铸造生产通常容易产生气孔，尤其是有色金属，例如铝及其合金。试分析前述是什么气孔，应采取什么措施来避免此类气孔的形成。

7.15 根据铁碳相图，分析含碳 2.5% 和含碳 4.0% 的亚共晶铸铁的缩孔、缩松、热裂纹和偏析的形成倾向。

8 大型铸件的凝固

大型铸锻件是国家经济建设、国民经济发展的关键行业，是我国重大装备制造业的基础，是关系国家安全和经济命脉不可或缺的战略性行业，大型铸锻件行业的发展水平是衡量一个国家综合国力的重要标志。大型铸锻件产品是电力、冶金、石化、造船、铁路、矿山、航空航天、军工、海洋工程等领域的基础部件，是产业链上不可缺少的重要一环。大型铸锻件广泛应用于重型机械设备，冶金工业中的轧钢设备，电力工业中的发电设备，兵器与航空航天工业，石油、化工、舰船制造、机车车辆等装备中广泛应用。

8.1 大型铸件及其应用

大型铸件是重大装备典型的关键零部件或用作大型锻件的坯料，既可独立作为各行业大型设备的备品备件，如轧钢机用热轧支承辊，冷轧工作辊，火力发电机组用无磁性护环等，又可以作为各行各业重大装备的重要受力部件，如火力发电机组中汽轮机高、中、低压转子，汽轮机缸体，核反应堆压力容器关键组件，飞机用镍基合金涡轮盘等，如图 8.1 所示。

大型铸件是基础中的基础，铸件的质量成为大型铸锻件及重型装备制造质量的重要影响因素，凝固过程控制是提高铸件品质的关键。目前用量大、具有代表性的是特厚板，国民经济及国防建设中对于高性能特厚板的需求很大，如海洋石油钻井平台、航空母舰、建筑、电站等，如图 8.2 所示。

在大型铸锻件制造领域，中国一重在“十二五”期间曾提出达到“7654”世界极端制造能力等级，即一次性提供 700 t 以上钢水、最大钢锭 600 t、最大铸件 500 t、最大锻件 400 t。欲实现这一制造能力的飞跃必先制造出优质节能 500 t 级超大型铸锭。若能在已有的工艺基础上设计出一种新型的节能工艺，制造出优质的 500 t 级超大型铸锭，其意义重大。

通常大型模铸件结构复杂、单重大，凝固时间长、速度慢，铸件组织粗大，缩孔、宏观偏析、裂纹等缺陷控制难度较大，其中宏观偏析是大型模铸件凝固控制的难题。钢锭是特殊钢领域轧制、锻造工段的主要坯料。合理的锭型结构和浇注工艺分别是确保高质量、高成材率钢锭的重要结构和工艺条件。本章以钢锭为例，进行大型铸件铸造工艺和凝固过程解析，主要内容包括钢锭与锭模结构设计、浇注与凝固过程控制，以及钢锭内部质量调控。

图 8.1 3 MW 海上风力发电机偏航轴承（a）、火电机组用大型镍基合金铸锭（b）、水电用水轮机组（c）、核电压水堆蒸汽发生器及用材（d）

图 8.2 厚板应用

（a）压力容器机组；（b）海洋石油平台；（c）航空母舰；（d）镍基合金压力容器；（e）高速列车；（f）大型盾构机

8.2 铸锭

8.2.1 钢锭的发展现状

将精炼后的金属液浇注到砂型（或金属型等）铸型内，凝固后形成的锭子称为铸锭。铸锭根据所浇注金属液材料的不同，分为钢锭、铝锭、镁锭、锌锭等。铸锭根据生产工艺不同，目前主要分为模铸锭、电渣重熔锭和定向凝固铸锭。大型装备中需要的铸锭主要是钢锭，如图 8.3 所示。

(a) (b) (c)

图 8.3 ϕ1500 大型轧辊辊套（a）、ϕ914 mmIN718 圆锭（b）、大型多角锭（c）

目前国内外主要采用自然空冷模铸、定向凝固和电渣重熔工艺生产大钢锭。德、日等发达国家通常采用定向凝固工艺生产大型坯料。该工艺通过绝热或发热材料来抑制从侧壁和顶部散热，在底部强制冷却保证凝固前沿从底部向上单向推进，使钢液从底面向上结晶，使最终凝固区移至上部。彻底克服了传统模铸工艺中的“内部缺陷和偏析”问题。但是成坯后坯料表面清理量大，上表面尤甚，由于最终凝固形成的碟形和偏析区造成该面清理量巨大，而且清理工作也十分困难，能源及金属消耗很大，原料加工成本非常高，成材率低。20 世纪末，国内最大的模铸扁钢锭是舞阳钢厂生产的单重达到了 40 t，而且这种锭型对于成材有探伤要求的特厚规格（大于 200 mm）很难满足。国内舞阳钢铁公司也在不断开发优质大钢锭。20 世纪 90 年代，钢铁研究总院和舞阳钢厂合作，试验了 20 t 和 40 t 的定向凝固宽厚板钢锭。国内在该技术领域投入很大的资金，花费了二十多年进行了大量的试验，但是由于试验难度大，未达到产业化目标，与日本等国外厂家比有较大差距。目前我国尚没有将定向凝固技术用于工业化批量生产。

百吨级特大模铸钢锭的研发和生产是特钢领域科技前沿，特大钢锭研制的关键技术包括锭型结构、浇注工艺、凝固补缩等。其常见缺陷为缩孔、疏松、裂纹、变形、偏析等，凝固过程控制的难题是宏观偏析问题。因此铸件凝固过程数值模拟技术也围绕着这些缺陷的预测在传热、流动、应力、传质等方面开展研究。限制大吨位钢锭制造的主要因素有如下 4 点：（1）凝固过程中内外层组织成分偏析；（2）凝固过程中热应力分布不均；（3）钢水熔炼、保温、铸造过程中的能量消耗；（4）铸造过程中钢水的利用率。

结合目前实际应用中的几种常用大型铸锭制造方法的优缺点，学者提出一种超大型铸锭铸造新方法，即离心逐层凝固-电渣熔铸联合法。离心逐层凝固-电渣熔铸联合法即将铸锭铸造过程分两步进行，首先利用离心铸造法在离心铸造设备的工作范围内铸造出铸锭外侧筒形部分。然后利用电渣熔铸法填补中空部分，最终完成整个铸锭的制造过程，这一课题正处于研究阶段。

8.2.2 钢锭及其分类

将炼成的钢水浇注到金属（铸铁等）制成的锭模内，凝固后形成的锭子称为钢锭，这是传统的模铸钢锭。本章以模铸钢锭为例对铸锭的凝固过程进行介绍。

钢锭经轧制或锻压成为钢材后方能使用，所以钢锭是半成品。模铸锭与连铸坯相比，所占比例已在逐年减少，最终将减少到约10%，其中合金钢和不锈钢将减少到20%，工具钢和特殊钢将减少到40%。这是由于连铸坯可以多炉连浇、收得率高、不需初轧或开坯、能耗低，质量不亚于甚至优于模铸锭。在模铸锭中，沸腾钢和半镇静钢将完全被淘汰，镇静钢上注法（锻造用特大钢锭除外）也将被淘汰。但模铸镇静钢不可能完全被替代，因为锻造用钢、小批量生产的高级合金钢、VAR（真空电弧重熔）和ESR（电渣精炼）用的坯料仍需用模铸镇静钢来生产。对于小批量、军工、航天、大型水利工程用钢，以及特大型铸件、特大扁钢锭等，仍需要钢锭来生产。

实例 8.1：钢锭凝固及数值模拟（校企合作案例）

实例 8.1

钢锭是工模具钢、军工钢、电力用钢等特钢领域不可替代的重要坯料，随着计算机技术和人工智能的发展，传统的以经验为基础的钢锭设计逐渐转变为以计算机数值模拟为基础的钢锭智能化设计，实现了钢锭的参数化设计、质量预测、外场作用下的钢锭质量控制、信息反馈与参数优化的钢锭设计全流程智能化。数值模拟和人工智能在以钢锭为典型产品的冶金工程领域的应用，可以有效促进特钢技术创新，助力钢铁行业向绿色智能化方向发展，对于推动行业发展具有重要意义。

8.2.3 钢锭的结构

根据横截面形状不同，钢锭分为方锭、多角锭、圆锭、扁锭等，分别用作棒线材、型材及板材的轧制或锻造坯料。钢锭的结构参数包括截面形状、截面尺寸、细长比、帽容比、锥度、尾部圆弧、模锭比等，其中细长比、帽容比和锥度对钢锭凝固进程影响很大，是影响成材率和内部质量的重要参数。

轧制用整体模钢锭从结构上可以分为帽口、锭身和尾部（钢锭下部圆弧段高度）三部分。图 8.4 为 5 t 方锭结构示意图，图中 H 为钢锭本体高度，h 为帽部高度，d_1、d_2、d_3 分别为钢锭横截面上口边长、下口边长和帽口底部边长。

帽容比：帽口质量与钢锭质量之比，帽口置于钢锭本体上部，形成从钢锭尾部到头部的顺序凝固，为钢锭凝固收缩补充钢液，确保钢锭本体致密无缩孔。在保证锭身质量合格的前提下，低帽容比是提高成材率的第一要素。帽容比越小，全凝时间缩短，成材率升高，反之成材率降低。确保钢锭本体无缩孔，钢锭的帽容比通常为 9%~20%，大锭取大值小锭取小值。这里的大和小是相对的，通常 5 t 以下的钢锭为小锭，50 t 以上的钢锭为大锭。

高径比（细长比）：钢锭本体高度与本体中径之比，即 $2H/(d_1+d_2)$，高径比越大，钢锭越细长，凝固速度越快。有利于细化凝固组织，提高探伤合格率，提高成材率。以轧制用方锭为例高径比通常为2.5~3.5。

锥度：是钢锭上下口半径差（多角锭为内接圆半径差，方锭为边长差）与钢锭本体高度之比，即 $(d_1-d_2)/2H$，用于保证顺利脱模对凝固进程有影响。锥度增加，钢锭本体上下口尺寸差增大，利于形成顺序凝固，改善钢锭头部探伤合格率，但是会增大帽容比，降低成材率，上大下小的合金钢锭本体锥度通常为 2%~7%。

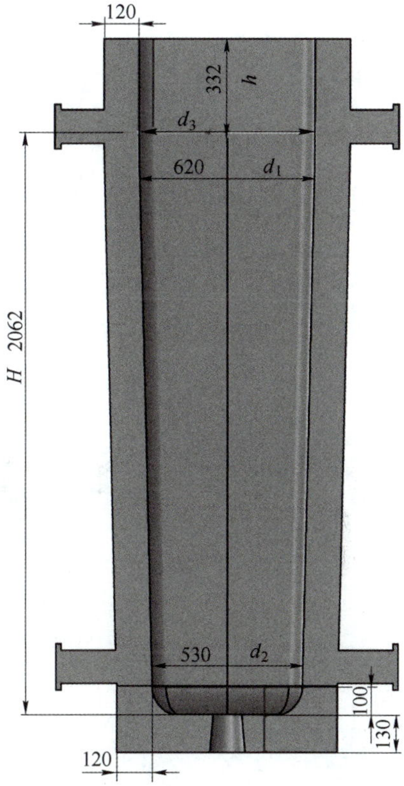

图 8.4 5 t 方锭锭模（纵截面）和钢锭结构示意图（mm）

8.2.4 钢锭模

钢锭模是用来盛装钢液并使其凝固成一定形状钢锭的成型模具，对钢锭起冷却作用，直接影响钢锭凝固质量。

锭模的主要参数包括锭模材质和锭模结构，常用钢锭模材质包括球墨铸铁、灰铸铁等，灰铸铁模成本低、寿命短，球墨铸铁模成本高、寿命长，为保证锭模稳定性通常选用球墨铸铁模。锭模壁厚是锭模结构的主要参数，模壁通常是钢锭截面厚度的 0.2~0.25 倍。工程上通常以模锭比来表征锭模消耗，模锭比是钢锭模重量与钢锭重量之比，模锭比影响锭模寿命、钢锭冷却强度，降低模锭比可以降低模耗，通常模锭比为 1.1~1.5。

8.2.5 其他辅件及辅料

模铸辅件包括中心注管、大底盘、凹形小底盘、保温帽壳等，这些辅件通常为铸铁件内衬耐火砖。四位底盘浇注方锭装配结构示意图如图 8.5 所示。

模铸辅料主要是耐火砖、保护渣、绝热板、帽口发热剂等。其中耐火砖包括钢包、开浇系统、中心注管和汤道系统用耐火砖。

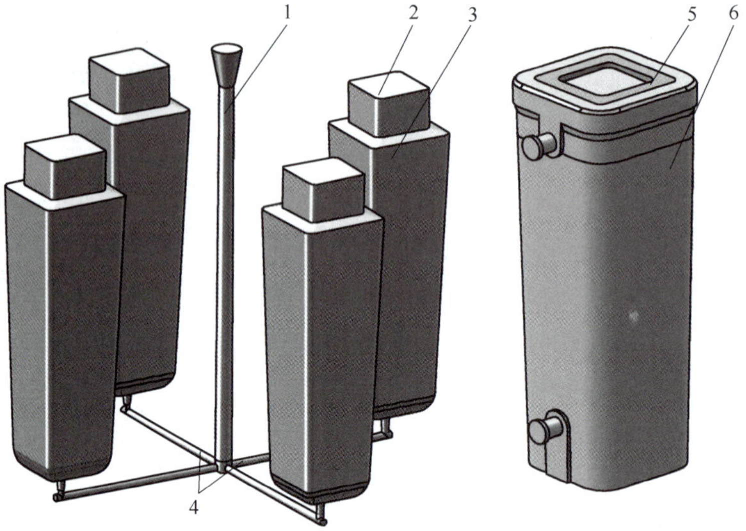

图 8.5 四位底盘浇注方锭装配结构示意图

1—中心注管；2—帽口；3—钢锭本体；4—底盘浇道；5—绝热板；6—钢锭模

8.3 钢锭的浇注

8.3.1 浇注方式

根据浇注方法的不同，有上注钢锭和下注钢锭之分。上注法一次浇注一根钢锭，下注法可以同时浇注多根钢锭。下注锭的表面质量优于上注锭，如图 8.6 所示。根据脱氧程度的不同又有沸腾钢钢锭、半镇静钢钢锭和镇静钢钢锭三种，此外还有外沸内镇钢锭。

沸腾钢是脱氧不完全的钢，镇静钢是脱氧完全的钢，半镇静钢的脱氧程度介于前两者之间，接近于镇静钢。

8.3.2 浇注工艺

钢锭浇注工艺的主要参数是浇注温度和浇注速度。合理的浇注温度设计原则是确保成型完整的条件下，降低浇注温度。当一罐钢水浇单只锭时，过热度为 30~40 ℃，一罐钢水浇多盘锭时，过热度为 50~60 ℃。

合理的浇注速度为本体注速：0.5~3.0 t/min 或 100~300 mm/min，帽口注速是本体的 1/2（近几年出现自动浇注技术，根据充型平稳要求，适时调速，提高了充型质量）。

此外，钢锭浇注过程中钢液保护措施有氩气保护浇注、液面加盖保护渣、添加帽口发热剂等。

浇注工艺是将炼好的钢水浇注成钢锭的方法及技术。按钢水进入钢锭模的方位不同，浇注方法可分为上注和下注；按钢锭模、底板整备作业流程特征可分为车铸和坑铸。一般

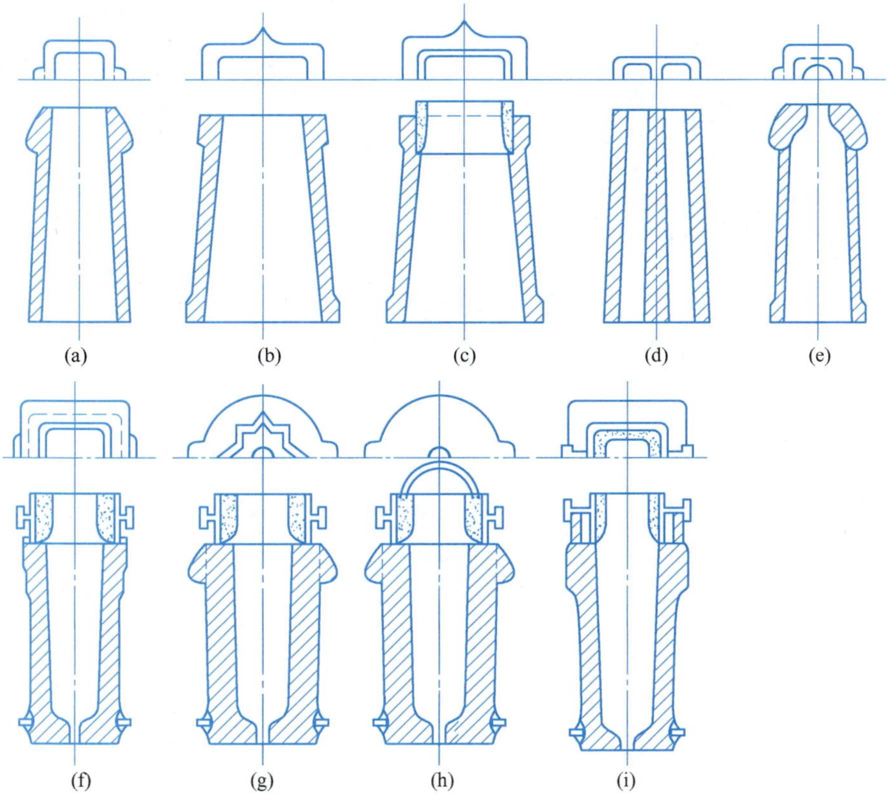

图 8.6 钢锭模的类型

(a) 上小下大方形；(b) 上小下大长方形；(c) 上小下大长方形（带保温帽）；(d) 连体模；(e) 瓶口式模；(f) 上大下小方形（带保温帽）；(g) 波纹形（带保温帽）；(h) 圆形（带保温帽）；(i) 方形（活动保温帽）

根据钢锭大小、钢种特点和车间生产条件等进行选择。表面质量要求严格的不锈钢、硅钢等钢种采用下注，内部质量要求较高的炮管等钢种多采用上注；沸腾钢较适于下注，压盖钢和半镇静钢较适于上注。中国钢厂采用下注比较普遍。车铸可上注，也可下注，适合于大型钢铁联合企业采用；坑铸适用于小型炼钢厂的小型钢锭浇注（多为下注）和重型机械厂锻造钢锭的浇注（多为上注）。

(1) 下注：由盛钢桶的水口流出的钢水经中注管及流钢砖从下部同时注入多支钢锭模的浇注方法，又称底注式。下注式钢锭模实物照片如图 8.7 所示。下注的优点是可以同时浇注若干支（最多可达近百支）钢锭，适合于小钢锭浇注；浇注时模内钢水上升平稳，飞溅少，不易产生结疤等缺陷，钢锭表面质量好。下注的缺点是准备工作较复杂，钢水收得率较低，耐火材料消耗大，钢锭成本较高；而且由于钢水流经中注管、流钢砖时对耐火材料的侵蚀作用，可能使钢中大型夹杂物增加。

(2) 上注：由盛钢桶水口流出的钢水直接（或经中间罐）从钢锭模上口注入模内的浇注方法。上注的优点是准备工作简单，耐火材料消耗少，钢水收得率高，成本较低，夹杂物含量一般也较低；由于模内钢水高温区始终位于钢锭上部，有利于减少翻皮、钢锭缩

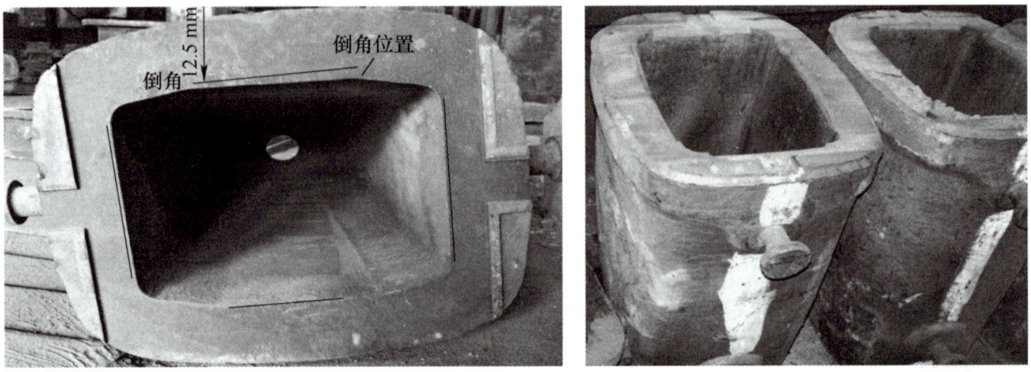

图 8.7 钢锭模实物照片

孔等缺陷。上注的缺点是一次只能浇注 1 支或 2~3 支（采用中间罐）钢锭。盛钢桶水口启闭次数较多；而且，开浇时容易引起钢水飞溅，造成钢锭结疤、皮下气泡等缺陷。浇注时处于不同位置钢锭的宏观组织及缺陷分布如图 8.8 所示。

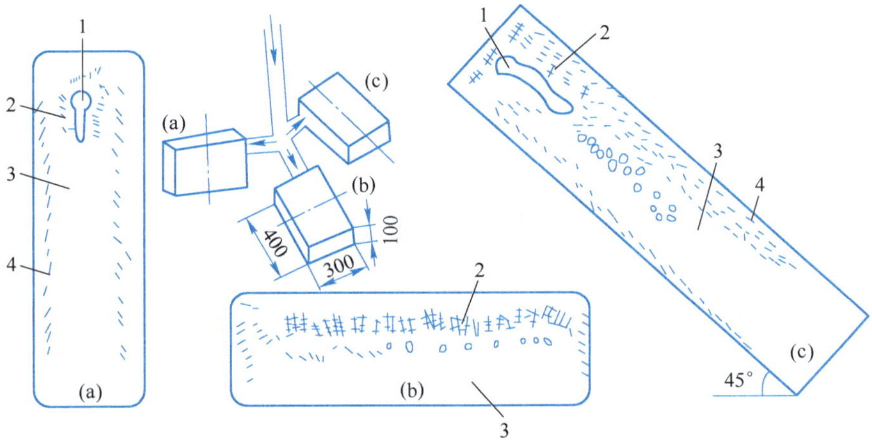

图 8.8 浇注时处于不同位置钢锭的宏观组织示意图（mm）

1—缩孔；2—柱状晶区；3—等轴晶区；4—偏析区

8.4 钢锭的凝固

大型钢锭是重型装备关键部件的主要坯料，如汽轮机转子，航母用特厚板、大型模具、发电机转子等。大钢锭在凝固过程中由于凝固收缩、溶质对流等现象会产生疏松、缩孔、偏析等缺陷，对凝固质量造成影响。因此钢锭结构设计及凝固过程控制非常重要。

8.4.1 钢锭凝固

钢水进入锭模，靠近模壁的钢水受到激冷，液态金属中出现较大的温度梯度，如图 8.9 中曲线（a）。同时，发生较强的自然对流，使内部液体比较迅速的冷却，内部金属液温度渐趋平缓，如图 8.9 中曲线（b）。

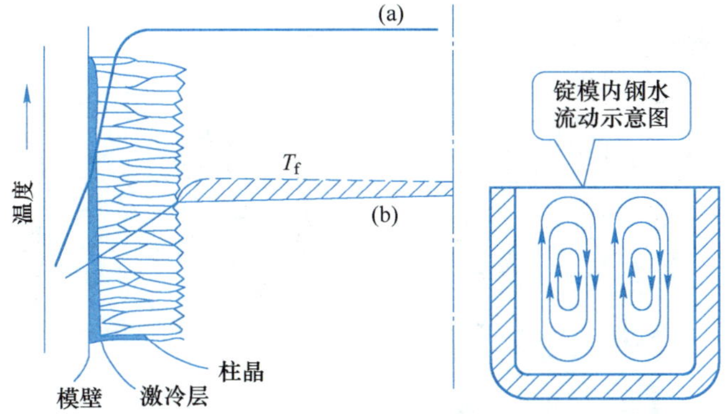

图 8.9 铸锭结晶过程中温度分布情况（固-液界面前方的阴影线表示过冷）

（a）浇注初期；（b）柱状晶成长过程中

8.4.1.1 钢锭的凝固速度

钢锭模内钢水的凝固速度可用平方根定律表示：

$$s = K\sqrt{t} \tag{8.1}$$

根据式（8.1）可以求出凝固速度：

$$v = \frac{\mathrm{d}s}{\mathrm{d}t} = \frac{1}{2}\frac{K}{\sqrt{t}} \tag{8.2}$$

式中 s——凝固层厚度，mm；

K——凝固系数，mm/min$^{\frac{1}{2}}$；

t——凝固时间，min；

v——凝固速度，mm/min。

8.4.1.2 钢锭的凝固组织

钢锭的凝固组织是铸态组织，并且通常包括典型宏观组织的表面细晶粒区、柱状晶区、内部等轴晶区，如图 8.10 所示。表面细晶区紧靠型壁的外壳层，由紊乱排列的细小等轴晶所组成，由几个晶粒厚到 1 mm 厚；柱状晶区由自外向内沿着热流方向彼此平行排列的柱状晶所组成；内部等轴晶区由紊乱排列的粗大等轴晶所组成。由于冷却强度不同，各晶区的宽度有所不同。在单向传热、无扰动的条件下，随着冷却强度增加，柱状晶区加宽。在多向传热、搅拌（强制对流）的条件下，随着冷却强度的增加，等轴晶区变宽，并且晶粒细化。由于表面细晶粒区很薄，对铸件的质量和性能影响不大。

铸锭的质量与性能主要取决于柱状晶区与等轴晶区的比例以及晶粒的大小。对塑性较好的有色金属或奥氏体不锈钢锭，希望得到较多的柱状晶，增加其致密度；对一般钢铁材料和塑性较差的有色金属铸锭，希望获得较多的甚至是全部细小的等轴晶组织；对于高温下工作的零件，通过单向结晶消除横向晶界，防止晶界降低蠕变抗力。

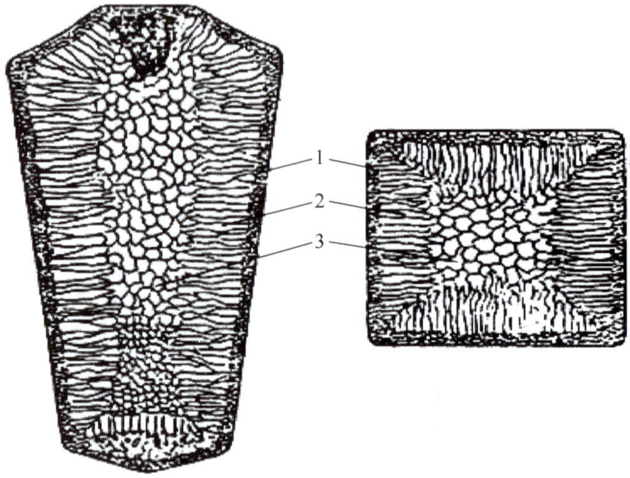

图 8.10 钢锭的内部组织示意图

1—细等轴晶；2—柱状晶；3—中心等轴晶

8.4.1.3 钢锭的凝固收缩

钢液在冷却和结晶过程中将发生体积收缩。钢锭的收缩包括液态收缩、结晶收缩和固态收缩三部分。

$$\varepsilon_V = \varepsilon_L + \varepsilon_C + \varepsilon_S \tag{8.3}$$

式中 ε_V——总的冷凝体积收缩率,%；

ε_L，ε_C，ε_S——液态、结晶和固态的体积收缩率,%。

以 35 号钢为例，由 1725 ℃至室温的全部体积收缩率为：

$$\varepsilon_V = \varepsilon_L + \varepsilon_C + \varepsilon_S = 4\% + 3\% + 7.2\% = 14.2\%$$

钢的凝固收缩量主要随含碳量的变化而变化。钢中含碳量提高，直到 0.5%时结晶收缩量逐渐增加，继续提高时反而减小，而钢的固态收缩则随含碳量的增加而减小。因此，含碳量在 0.20%~0.50%的钢冷凝的总收缩率最大。

钢锭冷凝过程中，由于散热条件的变化，凝固层的降温速度也随之变化，因此线收缩的速度在凝固的不同时期是很不相同的。在开始凝固的 5~7 min 内平均线收缩速度最大，而经过 10~15 min 之后急剧减小。此外，最大收缩系数和最大收缩速度都随含碳量的增加而减小。

8.4.2 铸件凝固过程数值模拟

铸件凝固过程是包含热量、动量和质量传输的三传过程，对于大型和特大型铸件凝固时间长、传输过程复杂、组织粗大、铸造缺陷严重（缩孔、偏析和裂纹等），而且大型铸件通过试验的方法研究周期长、成本高等。铸件凝固过程数值模拟结合计算机技术和数值计算方法来定量描述铸件的凝固传热过程，从而揭示金属凝固的真实行为和规律，为预测铸造应力、微观及宏观偏析、铸件性能等提供必要的依据和分析计算的基础数据并优化铸造工艺。

铸件凝固过程数值模拟的优点是：

（1）可以用模拟的方法完成试验无法检测的工作；

（2）对科学研究进行预测或者对工艺参数进行优化；

（3）缩短了研究周期，提高了工作效率；

（4）降低成本，减轻环境污染，是利于节能环保的绿色研究手段。

其缺点为数值模拟模型是基于一定的假设条件下建立的，模拟结果是近似的，需要试验验证。因此采用凝固过程数值模拟与试验测试相结合的方法对大型铸件凝固过程进行研究是合理的研究方案。

铸件凝固过程数值模拟可以在现有的商业软件平台上进行，例如 ANSYSFLUENT 软件、PROCAST 软件、COMSOL 软件、MATLAB 软件等，也可以利用 C 语言、VB 语言等计算机语言编写程序代码，实现凝固过程模拟。无论是自编软件还是商业软件，铸件凝固过程模拟首先要将试验或生产过程进行一定假设条件下的简化，然后将生产过程与数学模型建立一定的理论联系，才能进行模拟。模拟过程从整体上可以分为三个模块，即：前处理、计算体和后处理三大模块。前处理包括数学模型、几何模型建立、网格划分、初始条件设定、边界条件设定、材料参数设定等。在商业软件平台上计算体是预置的技术模块，只要前处理做好模型及参数设置就可以顺利进行。如果是自编软件，需要将计算模块的数学模型与几何模型及其联系用计算机语言进行编码。后处理部分是将计算结果如温度场、速度场、应力场等用云图、矢量图或者数据曲线的形式表示出来。

8.4.3 钢锭的凝固缺陷及控制

钢锭在凝固过程中伴随着降温、体积收缩及溶质再分配等。相对于小型铸件或连铸坯等，钢锭的体积较大，当量厚度较大，因此在凝固过程中铸锭的内外温差大，热应力大。如果锭模结构设计不合理或浇注、冷却工艺不合理，会导致应力过大，极易引起热裂纹。同时，钢液在冷却和结晶过程中发生的体积收缩，以及凝固过程中的溶质再分配，对钢锭的质量及物理、化学均匀性有重要影响。

8.4.3.1 缩孔与疏松

由于钢液的冷凝收缩，在浇注补缩不充分的条件下将会造成钢锭或铸件内部的缩孔和疏松缺陷，其容积最大可达浇钢容积的 5%。缩孔产生于钢锭最后凝固的部位。为了防止产生缩孔缺陷，最有效的措施是控制钢锭的传热条件，促使缩孔尽可能集中在钢锭的最上端，便于切除。图 8.11 是 1.9 t 矩形钢锭凝固过程温度场及缩孔缺陷预测数值模拟结果。温度云图结果显示，该钢锭的结构及帽口设计合理，预测缩孔缺陷位于帽口中。对于钢锭缩孔缺陷有效控制的措施包括：选择合理的钢锭形状和尺寸，采用绝热板保温帽、发热剂和防缩孔剂，控制合适的注温、注速和正确的补缩操作等。

镇静钢钢锭头部中心部位的漏斗状空腔。它是不可避免的钢液冷凝收缩的结果。缩孔应控制在钢锭帽口线以上，以便开坯或轧制后切除。有时因浇注工艺不当会使缩孔尖细的

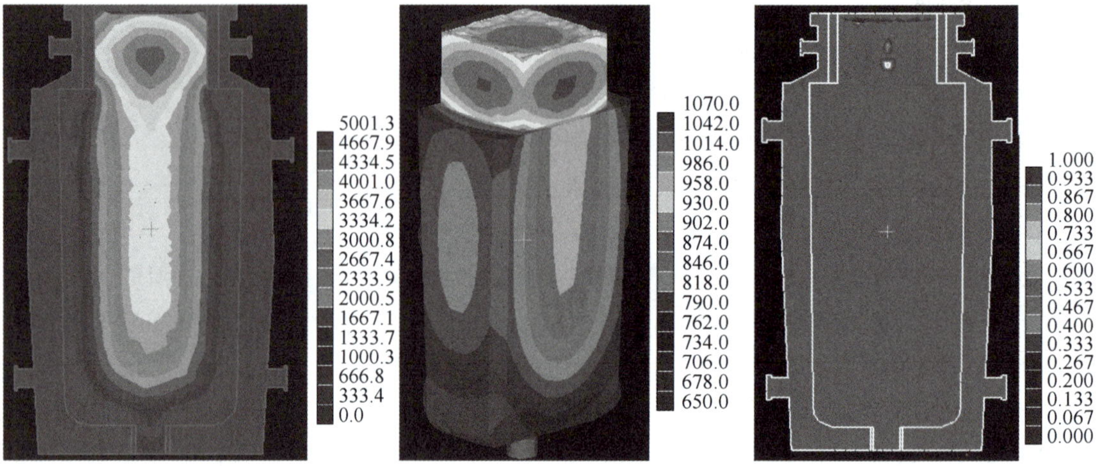

图 8.11　钢锭凝固过程温度分布及缩孔预测数值模拟（1.9 t 锭）

（a）钢锭纵剖面温度分布（凝固 2 h）；（b）钢锭表面温度（凝固 2 h）；（c）缩孔预测

图 8.11

底部伸入锭身，在加工成材后的该部位横向低倍试片上，呈现出形状不规则的中心小孔洞，称为缩孔残余。缩孔和缩孔残余都是钢材技术标准中所不允许存在的缺陷，生产中必须切除干净。缩孔，特别是伸入锭身的缩孔，必然降低钢锭的成材率。缩孔的形成倾向与钢种、锭型及注温、注速有关。高碳钢、硅锰钢（如 60Si2Mn）等缩孔较重，而低碳钢、含铬不锈钢（如 0Cr13）则缩孔较轻。小钢锭和高宽比大、锥度小的钢锭缩孔缺陷一般也较重；注温高或注速快，会助长缩孔发展。为消除缩孔影响，普通碳素钢的钢锭切头率一般为 6%~17%，合金钢钢锭切头率一般为 15%~20%。

为了减小钢锭中的缩孔深度，应尽量促使钢锭模内钢液自下而上、由表及里的顺次凝固，以利于保温帽内的钢液充分进行补缩。主要措施有：（1）选择合理的锭型。上大下小的钢锭缩孔较浅，细而长的钢锭缩孔较深。对于高碳钢和合金钢要求钢锭高宽比小于3.5，锥度大于 3%；（2）采用保温帽和发热剂，使钢锭帽口部位钢水较长时间保持为液态，以便对锭身部分不断补缩，减小缩孔深度；（3）采用上小下大敞口钢锭模挂绝热板、加保护渣和防缩孔剂“三位一体”热帽技术，能进一步改善帽口形状，使钢锭切头率降至 12%以下；（4）控制合适的注温、注速和正确进行补注操作。注温偏低，钢液流动性差，不利于补缩；而注温过高，液态收缩增加，还容易引起钢锭表面裂纹和焊模、焊底板等问题。注温一般应保证钢水过热度在 40~60 ℃。注速应与注温相配合，低温快注，高温慢注。补注时间一般不少于钢锭本体浇注时间的 2/3，对于收缩量比较大的中高碳钢、高硅钢等，补浇时间必须大于锭身的浇注时间。沸腾钢及半镇静钢钢锭，在冷凝过程中有大量 CO 气体析出，并在钢锭中形成一定数量的气泡，补偿了钢液的冷凝收缩，一般不出现缩孔缺陷。

8.4.3.2　裂纹

钢在冷凝过程中产生的收缩一旦受阻，便产生应力。当此应力超过钢在当时温度条件下的强度极限或塑性极限时，就会造成裂纹。钢在红热状态下产生的裂纹称热裂纹，常温状态下产生的裂纹称冷裂纹。热裂倾向主要取决于钢的收缩特性和高温塑性。收缩大而塑性差的钢，具有大的热裂倾向性。钢的冷凝收缩在不同温度的各凝固层间引起热应力、膨胀应力、悬挂应力和组织应力等多种应力，一旦在凝固层薄弱处造成应力集中，便会产生裂纹。实践表明，对钢锭热裂倾向起决定作用的不是钢锭在整个冷凝期间绝对收缩量的大小，而是它在某一时刻的最大收缩速度。在钢锭开始凝固的前 5~10 min 内（钢锭的相应表面温度为 1500~1200 ℃）是产生表面裂纹的最危险时期。钢锭表面及内部裂纹示意图，如图 8.12 所示。减少钢锭裂纹缺陷，要在钢锭开始凝固的 5~10 min 内，严格控制冷却速度，例如，采用锭模预热措施，适当减小凝固初期锭模的激冷作用。

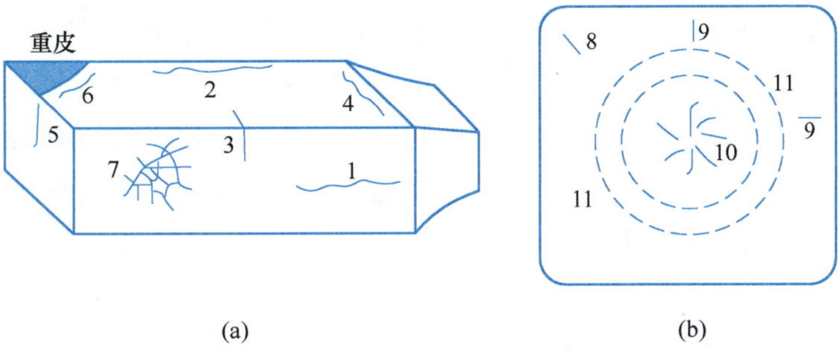

图 8.12　钢锭裂纹示意图

（a）表面裂纹；（b）内裂纹

1—面纵裂；2—角纵裂；3—横裂；4—头部纵裂；5—底面裂纹；6—重皮邻近裂纹；7—龟裂；8—柱状晶角交面裂纹；9—柱状晶晶间裂纹；10—轴心晶间裂纹；11—穿晶裂纹

几种裂纹的形成及其防止如下。

A　收缩阻碍裂纹

收缩阻力作用于钢锭表面，引起各类表面裂纹：

（1）飞翅旁的面纵裂和角纵裂。由于锭模内壁开裂，钢液渗入形成飞翅，阻碍局部凝壳冷凝收缩，致使其近旁产生的裂纹。因此应将锭模内壁的开裂修磨平，以防其引起钢锭裂纹。

（2）表面龟裂。由于钢锭模内壁龟裂，钢液渗入产生网状飞翅，从而局部阻碍冷凝收缩，致成网状裂纹。其防止措施是注意钢锭模内壁的修磨和钢锭模更新。

（3）头部横裂。由于保温帽内衬破损、安装不当，或者是钢水溢出钢锭模，造成钢锭悬挂，使其头部在锭重的拉力作用下而产生横裂。为防止这种横裂，正确安装和安放保温帽，需注意保温帽与钢锭模间的密封连接，以防钢水渗入缝隙后造成悬挂。同时浇注时不要溢钢造成悬挂。

（4）重皮邻近裂纹。由于重皮对坯壳局部收缩的阻碍，产生收缩阻碍应力。为防止这种裂纹产生浇注时应恰当控制注速，变化缓慢、开浇稳定，防止重皮形成。

（5）黏模阻碍裂纹。由于模温或注温过高，造成坯壳黏模，阻碍收缩，致成裂纹。其防止措施是合理控制模温和注温。

B 扁锭宽面纵裂

锭壳承受钢水静压力时，其横截面的每一个边均似一个两端固定而承受静压均布载荷的梁。其宽面上梁的两支点跨度最大，故宽面中心所受拉应力最大，极易引起纵裂。为减小该处的拉应力，就要设法减小钢锭宽面上受静压力支承点之间的距离。为此，对于一般扁锭，应控制宽厚比不大于3；对于大扁锭，可在宽面上设计几条纵向凸筋，以增加模壁对坯壳的支点，减小支点之间的跨度。

C 轴心晶间裂纹

在锭心凝固时，钢锭外层约束着芯部的凝固收缩，产生拉力，致使锭心产生放射状的裂纹。此时，若锭心钢液的流动性不好，不能补流已出现的裂纹，则裂纹将留存下来而成轴心晶间裂纹。含铬量高的钢种，诸如 Cr5Mo、1Cr13、Cr17、Cr25、Cr27、18CrNiW 等，导热性差、高温塑性差、流动性差，因而易产生这种裂纹。其防止办法是增大锭模锥度，以改善锭心凝固时钢液补入的条件，从而充填消除轴心晶间裂纹。此外，加大钢锭的加工压缩比，也可促使轴心晶间裂纹弥合。

D 冷裂纹

由相变而发生的组织应力、热应力和机械阻碍应力形成的残余应力导致的裂纹为冷裂纹，其中由固态相变而发生的组织应力是引起冷裂纹的主要原因。因此，在冷却过程中，相变体积膨胀越小的钢种则冷裂倾向越小。故而莱氏体钢和马氏体钢的冷裂倾向最大，珠光体钢次之，铁素体钢较小；奥氏体钢冷却时基本不产生冷裂。为了防止冷裂，可以让冷凝完毕的钢锭缓慢冷却，长时间保持较高温度，保证奥氏体能充分转变成珠光体，以减小相变组织应力。

在实际操作中，根据钢种不同和钢锭的大小不同，可以采用不同的缓冷措施。常用的缓冷措施有 3 种：

（1）模冷，即让钢锭留在已被加热的锭模内冷却后再脱模；

（2）坑冷，将脱模的红热钢锭堆入一个耐火材料砌成的保温坑内缓慢冷却；

（3）退火，将脱模的红热钢锭送入专用的退火炉，进行长时间退火，使奥氏体组织完全分解成珠光体。

通常，针对不同钢种和钢锭大小，选用的措施有：

（1）珠光体钢（碳当量较低）采用模冷；

（2）珠光体钢（碳当量较高），小钢锭采用模冷，大钢锭采用坑冷；

（3）珠光体-马氏体钢、半铁素体-半马氏体钢、含碳较少的马氏体钢，小钢锭采用坑冷，大钢锭采用退火；

（4）马氏体钢（含碳量较高）、莱氏体钢，均应采用退火。

8.4.3.3 偏析

钢锭凝固过程中，由于溶质再分配、液态金属内部对流及等轴晶运动等引起铸锭内部化学成分分布不均匀，造成铸锭的宏观和微观偏析。

在钢锭中存在的限于钢锭尺寸数量级的浓度差别的宏观偏析（亦称区域偏析），通常指沿钢锭纵断面和横断面上化学成分不均匀分布情况。按其形成原因和分布形态的不同，分为比重偏析、带状偏析等，如图 8.13 所示。

宏观偏析与各结晶带的形成密切相关，往往在特定区域呈条带状分布。可用钻样分析方法进行鉴定，又可借助硫印、酸浸等低倍检验方法判明。铸锭凝固初期，由于初晶的沉淀，在铸锭下半部形成负偏析区。与此相反，在铸锭的上半部则形成正偏析区。铸锭凝固过程中，堆积层中央下部的晶体收缩下沉，而上部的晶体不能同时下沉，在堆积层中则产生 V 形裂缝，其中被富溶质的液体充填，形成 V 形偏析带。铸锭中央部分下沉同时，侧面向斜下方产生拉应力。在此拉应力作用下，铸锭产生逆 V 形裂缝，缝隙随即被富集溶质的低熔点液体充填，形成逆 V 形偏析带。

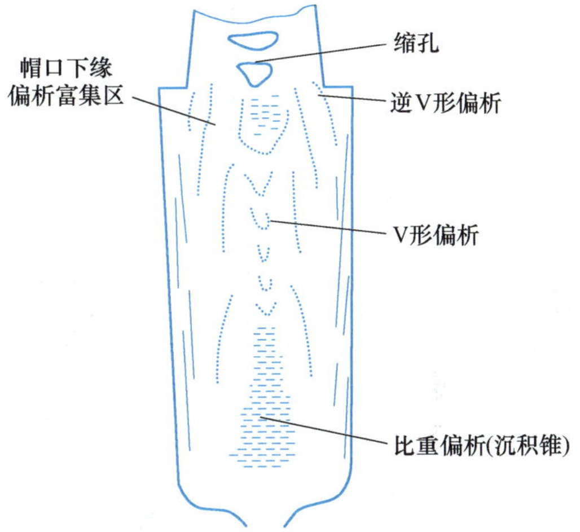

图 8.13 钢锭宏观偏析示意图

影响铸锭宏观偏析的因素及其对偏析形成的影响规律如下。

（1）金属液的冷却速度，冷却速度越快，偏析倾向越小；

（2）铸坯断面，铸坯断面积越小，偏析倾向越小；

（3）金属液流动，控制金属液流动，宏观偏析倾向减小；

（4）搅拌，电磁搅拌等手段可以打碎枝晶，细化晶粒，减轻偏析；

（5）工艺因素，降低浇注温度，降低浇注速度，防止铸坯变形，宏观偏析倾向减小；

（6）杂质元素含量，减少硫、磷等杂质元素的含量，减轻偏析。

此外，钢锭凝固过程中，处于凝固前沿两相区的钢液和晶体的混合物，由于温度降低和产生固相晶核，密度明显高于芯部的过热钢液，因而出现自然对流。这是结晶过程冷凝收缩造成的又一种后果。8~10 t 钢锭凝固过程中，发生自然对流的时间可达 1 h 以上，金属的最大迁移速度达 0.5~0.6 m/s。自然对流可强化固-液界面的传热、传质过程，促进液相内的均匀混合和加速钢液过热热量的排散；可促成熔体垂直方向的温度梯度，使迎着热流方向生长的柱状晶略为向上倾斜，并明显地影响钢锭的晶体结构；还可以细化晶粒和促进非金属夹杂物的上浮排除等。

实例 8.2：3 t 钢锭结构设计及其凝固过程数值模拟（校企合作案例）

3 t 方锭中心剖面温度场如图 8.14 所示，其结构示意图如图 8.15（a）所示。方锭的凝固过程温度场中心剖面图显示，在自然空冷的条件下，其本体形成稳定凝固坯壳的时间

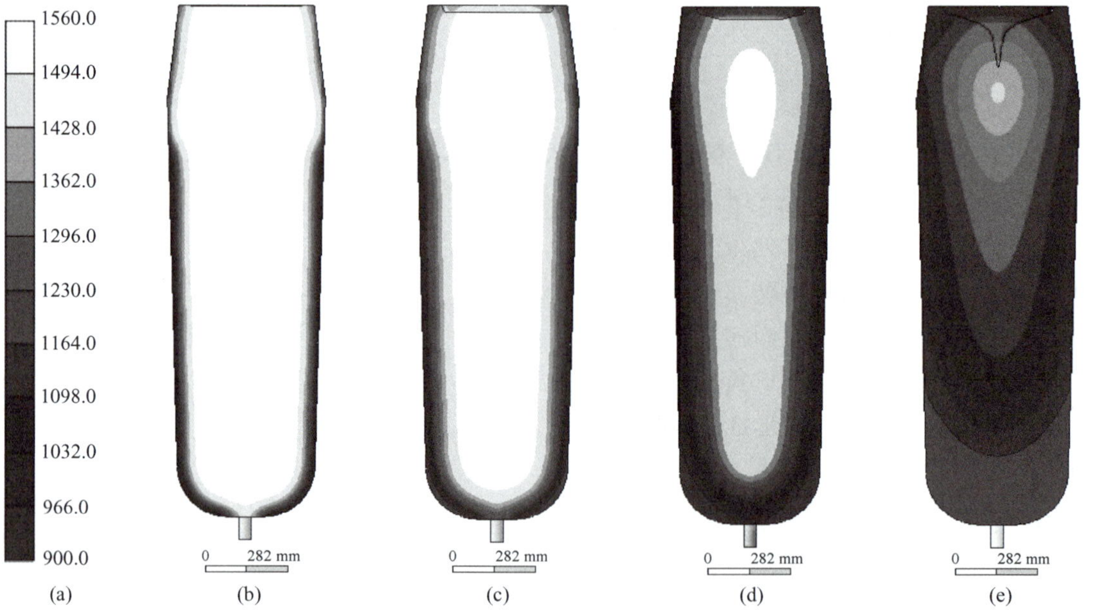

图 8.14 方锭中心剖面温度场

（a）温度标尺（℃）；（b）自然空冷 0.23 h（凝固 25%）；（c）自然空冷 0.39 h（凝固 50%）；（d）自然空冷 0.82 h（凝固 75%）；（e）自然空冷 1.98 h（全凝固）

图 8.14

在浇注后的 0.23 h，此时的凝固率为 25%；随着凝固过程的进行，在浇注后的 0.39 h，其帽壳内的液态钢液过早地发生了温度下降现象，帽部的四周发生了冷却凝固，

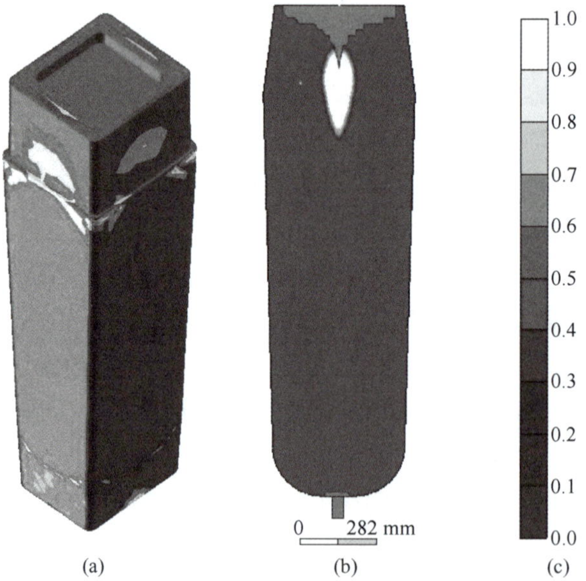

图 8.15 方钢锭（3 t）结构示意图及缺陷概率预测

（a）方锭结构示意图；（b）方锭的缺陷预测；（c）概率标尺（%）

图 8.15

这极大地减少了帽壳中用于补缩的液态钢液量；在浇注后的0.82 h，钢锭的整体凝固率达到了75%，可以观察到，其帽口附近已经形成了大量的凝固坯壳，且帽口处发生了“封顶”现象，这会极大地影响钢锭帽口补缩能力的发挥；在浇注之后的2.03 h，钢锭全部凝固，可以看出，本体中存在着范围极大的最后凝固区域，这会增加钢锭本体出现缺陷的概率，缩孔缺陷预测如图8.15（b）所示，结果表明，该铸型在现有浇注工艺条件下，帽口线以下仍有缩孔。对锭模表面进行红外线测温，用实测结果作为参照，对数值模拟边界换热条件进行优化，最终（锭模温度场）数值模拟结果与实测结果偏差在20%以内，如图8.16所示。

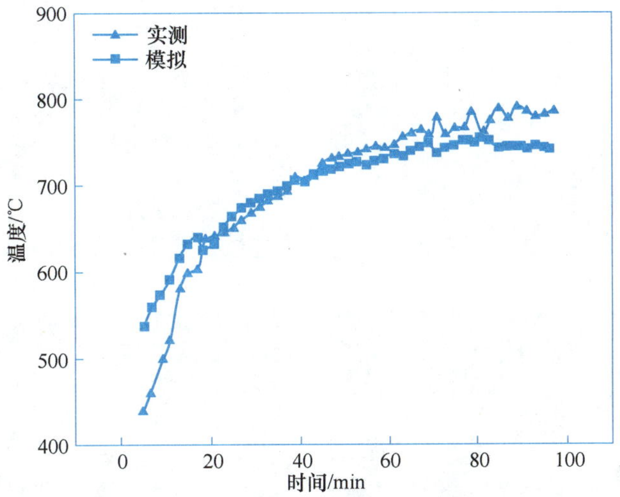

图8.16 钢锭模中部的外表面温度的模拟结果与实测结果

实例8.3：3 t方钢锭浇钢实例（校企合作案例）

经过优化后的锭型在完成前期设计论证工作之后，辽宁科技大学凝固过程与组织性能控制课题组在某钢厂对本例中3 t方钢锭为代表的系列钢锭进行了小批量试生产。并对部分钢锭进行了跟钢生产，现场生产工艺流程如表8.1、图8.17所示。生产工装检验、实际浇钢、轧制结果表明，所设计钢锭达到用户使用要求。

表8.1 浇注过程工艺参数

浇注工艺	参　数
出钢温度/℃	1540
镇静时间/min	10~15
模温/℃	60~80
锭身浇注时间/min	9~10
帽部浇注时间/min	8~9
动模时间/min	150

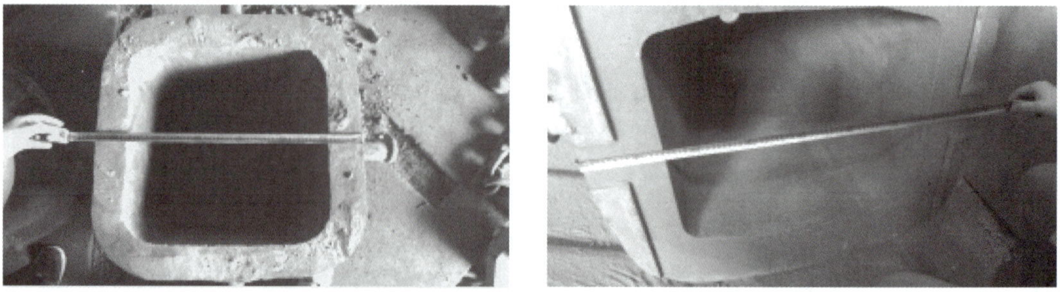

(a)

(b)

(c)

(d)

(e)

(f)

(g)

(h)

(i)

(j)

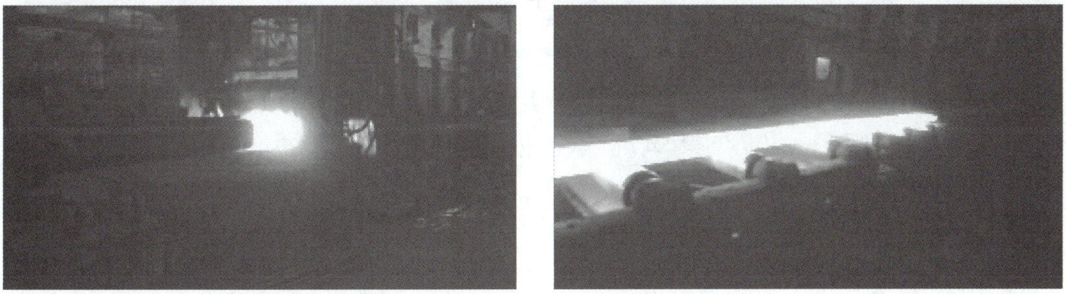
(k)

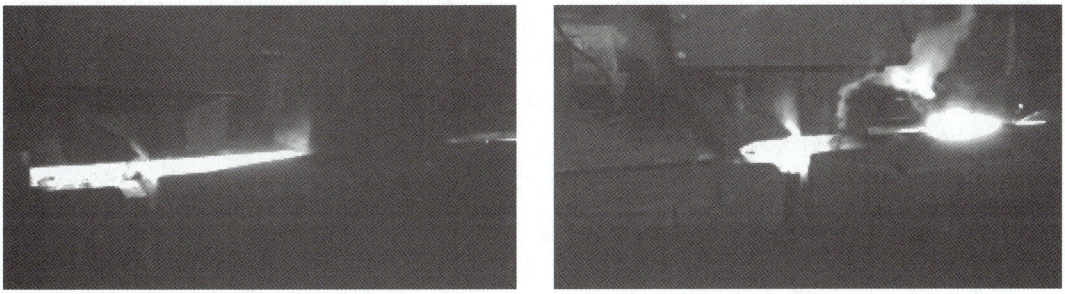
(l)

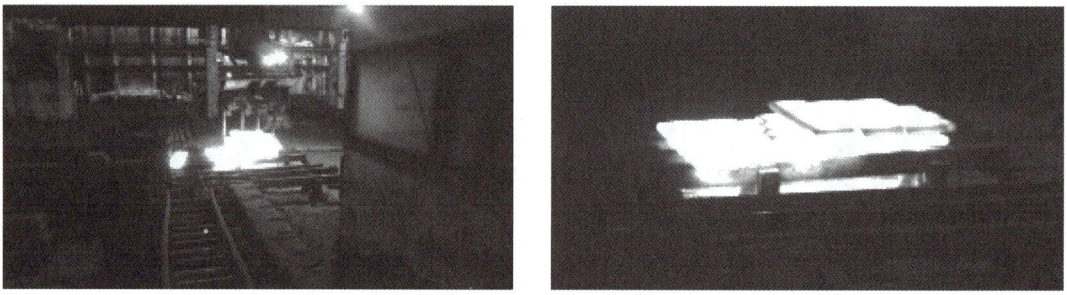

(m)

图 8.17 钢锭试生产工艺流程

(a) 浇钢前锭模尺寸校对；(b) 电炉炼钢；(c) LF 精炼；(d) VD 脱气处理；(e) 浇注底盘；
(f) 整模操作与锭模预热；(g) 多只钢锭成组浇注；(h) 动模红送；(i) 脱模与称重；
(j) 装炉加热；(k) 初轧开坯；(l) 轧后切头尾；(m) 成坯

钢锭是军工钢等特钢领域不可替代的重要坯料，钢锭成材率是特钢企业的生命线。钢锭结构、浇注工艺是影响钢锭内部质量与成材率的重要因素，因此，钢锭结构设计及内部质量控制是企业关注的核心问题。

将校企合作成果转化为教学资源，教学团队建设了“钢锭参数智能化设计及凝固质量预测”虚拟仿真试验，学生通过试验平台进行交互操作，了解钢锭生产工艺，实现钢锭结构设计、钢锭的浇注工艺设计、钢锭的内部质量预测，并能正确评价铸件的内部质量，实现产学研有机融合。该试验上线国家虚拟仿真实验空间（ilab），实验空间网址为 https：//www. ilab-x. com。

思考题

8.1 以机床床身为例，解析大型模铸铸件的结构特点及凝固特点是什么？

8.2 大型铸件凝固过程控制的难点是什么？

8.3 大型钢锭生产可以采用哪些工艺？

8.4 分析钢锭质量应该考虑哪些因素？

8.5 怎样判断钢锭的凝固时间和凝固进程？

8.6 钢锭凝固容易出现哪些缺陷，怎样预防缩孔缺陷？

8.7 裂纹是特大型钢锭的致命缺陷，怎样预防裂纹缺陷？

8.8 偏析缺陷是特大型钢锭的主要缺陷之一，怎样减轻或预防偏析？

8.9 根据所学凝固知识，试分析相同体积的铝锭与钢锭凝固过程有哪些异同？

8.10 目前超大型钢锭的研发和生产存在哪些难点？

8.11 根据所学知识，比较说明模铸法与电渣重熔法生产铸锭的优缺点。

8.12 根据所学知识，简述我国大型铸件的应用领域、大型铸件研究的意义及其生产现状。

9 连铸坯的凝固

连铸是金属液由中间包经浸入式水口不断地通过水冷结晶器，凝成硬壳后从结晶器下方出口连续拉出，再经水雾冷却、空冷全部凝固后切成坯料的一种铸造工艺。本章以连续铸钢凝固过程为主线进行介绍。

9.1 连续铸钢的发展与现状

常规连续铸钢的最早提出者可以追溯到美国炼钢工程师 B. Atha（1886 年）和德国工程师 R. M. Dlaelen（1887 年）。前者采用了一个垂直固定、底部敞口的厚壁铁质的结晶器，并与中间包连接来实施间歇式拉坯；后者采用固定式水冷薄壁铜质结晶器，实施连续拉坯，并进行二次冷却，同时应用了引锭杆垂直存放装置，切割设备等，该装置已接近现代连铸机。连续铸钢技术经历了 20 世纪 40 年代的试验开发，50 年代开始步入工业生产阶段，60 年代出现弧形连铸机，经过 70 年代的大发展，80 年代日趋成熟和 90 年代的一场新的变革，直到今天，经历了 80 余年的发展历程。众多专家学者致力于连铸技术及连铸坯质量的研究。当前，连续铸钢已涵盖各类规格的板坯、方坯、圆坯等，并向高速连铸、高效节能、无缺陷铸坯的方向发展。

从世界主要产钢国家发展连铸的历程来看，前苏联在连铸技术的研究方面起步较早，对连铸理论、工艺、设备和品种质量等进行了大量研究工作，在 70 年代以前居世界领先地位。但其炼钢生产一直以平炉为主，氧气转炉发展缓慢，限制了连铸的发展。70 年代以后，日本、美国、法国、德国等工业发达国家后来居上。尤其是日本，在 60 年代后期才从前苏联等国引进连铸技术，由于重视消化和开发研究，1991 年日本四家最大的钢铁公司基本上实现了全连铸。美国的连铸技术是与瑞士康卡斯特公司和日本厂家合作发展起来的，到 1991 年连铸比提高到 75.1%。全世界钢产量的平均连铸比 1981 年为 33.8%，1991 年为 62.9%，2000 年提高到 80%。目前日本、美国连铸比已达到饱和。20 世纪 90 年代以后，薄板坯连铸连轧技术有了重大突破，这种工艺比传统工艺节省了粗轧工序，并且成材率高，降低能耗，经济效益十分明显。

国内连续铸钢技术的开发和应用起步也较早，20 世纪 50 年代中期就开始了连铸方面的试验研究，1956 年浇注了第一根直径为 80 mm 的圆坯；1957 年在上海钢铁公司中心实验室的吴大柯先生主持下，设计并建造了立式连铸机，浇注了我国第一根连铸钢的方坯，断面尺寸为 75 mm×180 mm。60 年代，我国连铸技术的开发和应用曾掀起一股高潮，突出表现在对弧形连铸机技术的开发方面。当时的北京钢铁学院徐宝升教授主持的大型弧形连铸机于1960年在重钢三厂投入使用，这是一台方、板坯兼用机，弧形半径为6 m，浇注板坯最大宽度是1700 mm，这也是世界上最早的生产用弧形机之一。自20世纪70年代以来，连续铸钢技术得到高速发展，连铸钢种达到150种以上，铸坯断面形状包括方坯、板坯、圆坯及各种异型坯。1990—2023年中国钢铁快速发展情况如表9.1所示，至2023年，国际粗钢产量18.88亿吨，中国占比53.9%。

我国钢铁产能超过10亿吨，产能严重过剩。钢铁行业面临着结构调整、淘汰落后产能、减排降碳、提升钢材品质等多重任务。作为超级钢铁大国，我国钢铁业正从钢铁大国向钢铁强国迈进。随着人工智能的发展，冶金行业处于数字化转型的关键期，技术创新与人才培养是创新发展道路上的重要内容。

表9.1　1990—2023年中国钢铁的快速发展

年份	粗钢产量/亿吨	比前一年增长率/%	世界钢铁产量/万吨	中国钢铁产量占比/%	连铸比/%	同比增长率/%
1990	0.65	6.1	6.8	9.56	25.1	—
2000	1.28	3.7	8.43	15.2	84.8	7.1
2009	5.68	9.2	12.77	44.5	>95	—
2010	6.8	19.7	13.47	50.4	>95	5.1
2011	7.7	13.2	14.95	51.5	>95	11
2012	7.9	2.6	15.79	50.0	>95	5.6
2013	8.0	2.0	16.04	50.0	>95	1.6
2014	8.22	2.7	16.63	48.3	>95	3.7
2015	8.04	-2.2	16.06	50.0	>95	-3.4
2016	8.08	0.5	16.12	50.1	>95	0.4
2017	8.71	7.8	16.26	53.5	>95	0.9
2018	9.28	6.1	18.06	51.4	>95	11.1
2019	9.96	8.3	17.57	56.7	>95	-2.7
2020	10.53	5.2	18.64	56.5	>95	-0.9
2021	10.33	-3.0	19.5	54.2	>95	4.6
2022	10.18	-1.5	18.88	53.9	>95	-3.2
2023	10.19	0.1	18.88	53.9	>95	0

9.2 连铸坯的凝固

9.2.1 连铸坯的凝固进程

连铸是一个液态金属在连续运动中不断凝固最终形成铸坯的复杂过程。钢水从钢包导入中间包，经浸入式水口流出进入结晶器，钢水迅速凝固成规定形状的坯壳，且边传热、边凝固、边运动，形成一个从弯月面至空冷区前端的很长的液穴（小方坯十几米，板坯二十几米)，在空冷区末端铸坯已经完全凝固，经过矫直、火焰切割成定尺，最终得到铸坯，如图 9.1 所示，图 9.1 (b) 中 1~9 表示跟踪板坯温度的二冷区、空冷区直至切割前铸坯中心测温点。

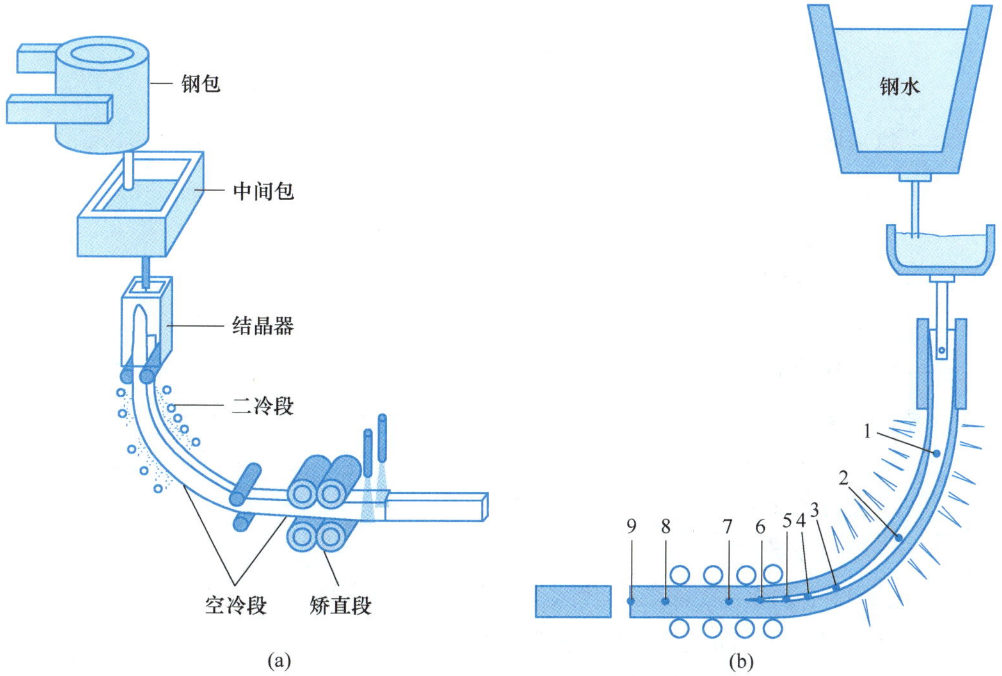

图 9.1 连铸方坯 (a) 和板坯 (b) 凝固过程示意图

1~9—铸坯中心温度采集点

其热量传输过程不仅包含热传导引起的热量传输而且还包含动量、质量传输而产生的热量传输部分，如图 9.2 所示。与传统的成型铸造相比，连续铸造的温度场主要有以下几个特点：

首先，连铸温度场是一个运动温度场，表现为基本偏微分物理方程包含空间传质项。其次，温度场空间不断增加扩展。铸坯边界在运动方向依次经过结晶器一冷区、直接喷水雾二冷区和空冷区的变化。

从液相流动的观点看，液相穴内流动状态可以分为 3 个区。

(1) 强制对流循环区。流动循环区的高度取决于从浸入式水口流出流股的冲击深度，它与拉速、浸入式水口结构 (出口面积、倾角、浸入式水口浸入深度) 和铸坯断面有关。流动状态对夹杂物上浮、铸坯凝固速度和质量有重要影响。对于该区域的高度说法不一，有的认为在结晶器内弯月面以下 0.6~0.8 m，

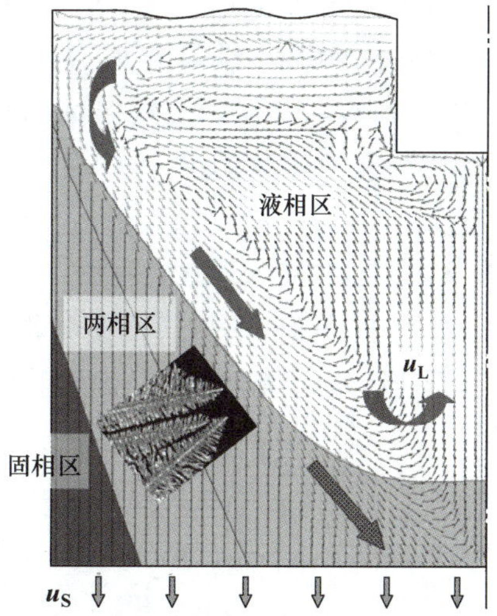

图 9.2 连铸坯凝固传输过程示意图

u_L—液相的运动速度；u_S—固相的运动速度

有的认为在弯月面以下 0.9~1.2 m（即已达到二冷区）。从传热学观点看，注流动能引起钢水的对流运动，对钢水过热度的消除起到重要作用。对流运动传给凝固坯壳的热流密度 q 可以表示为：

$$q = h(T_c - T_L) \tag{9.1}$$

$$h = \frac{2}{3}\rho c w \left(\frac{c\rho}{\lambda}\right)^{-\frac{2}{3}} \left(\frac{Lw\rho}{\eta}\right)^{-\frac{1}{2}} \tag{9.2}$$

式中 q——热流密度；

h——对流传热系数；

T_c——浇注温度；

T_L——浇注后的钢水温度；

ρ——钢水密度；

c——钢水比热容；

η——钢水黏度；

w——凝固前沿钢水运动速度；

L——结晶器长度；

λ——钢导热系数。

模拟试验测得 $w=10\sim90$ cm/s，代入上式得出 $h=0.84$ W/(cm² · ℃)。如果过热度为 30 ℃，则热流为 25.2 W/cm²，仅占结晶器导出热流的 1/10 左右。

（2）强制对流向自然对流过渡区。

（3）自然对流区。液相穴内自然对流区在弯月面以下 3~5 m 的位置，流动速度为 1~2.5 cm/s。流动的驱动力来自凝固收缩、坯壳鼓肚、晶体下沉和温度差引起的树枝晶间富集溶质液体流动，它对铸坯结构、溶质元素和夹杂物分布有重要影响。

从凝固观点来看，沿液相穴内钢水凝固分为 3 个阶段。

（1）结晶器内初生坯壳的形成。在弯月面的冷却速度很快（100 ℃/s），凝固速度很高（1.1 mm/s），形成一定厚度的初生坯壳，随温度下降，高温坯壳发生 δ→γ 相变，坯壳处于收缩和膨胀的动态平衡，到结晶器下部时形成稳定气隙，传热减慢，坯壳生长减慢。

（2）二冷区坯壳稳定生长。二冷区接受喷水冷却，铸坯表面和中心形成了大的温度梯度。垂直于表面散热最快，使树枝晶平行生长而形成柱状晶（生长速度为 0.1~0.2 mm/s）。沿液相穴固-液界面钢水凝固潜热的释放被冷却水带走而凝固生长，它可以表示为：

$$\begin{aligned} \frac{\lambda(T_a - T_s)}{e} &= \rho L_f \frac{\mathrm{d}e}{\mathrm{d}t} \\ e &= \frac{2\lambda(T_a - T_s)}{\rho L_f}\sqrt{t} \end{aligned} \tag{9.3}$$

式中 e——坯壳厚度；

L_f——凝固潜热；

T_a——凝固前沿温度；

T_s——铸坯表面温度；

t——凝固时间。

(3) 液相穴末端的加速凝固。有等轴晶沉积在液相穴末端，且处于固-液两相区的液体过热度已消失，整个体积都已达到了等轴晶结晶温度，实现同时凝固，直到液芯完全凝固（凝固速度最大达到 1.5 mm/s）。由试验测得的板坯坯壳在结晶器（Ⅰ）、二冷区（Ⅱ）和液穴末端（Ⅲ）的生长速度如图 9.3 所示。由凝固定律求得Ⅰ、Ⅱ、Ⅲ区的凝固系数 K 值分别是：20 $mm/min^{0.5}$、25 $mm/min^{0.5}$、27~30 $mm/min^{0.5}$。

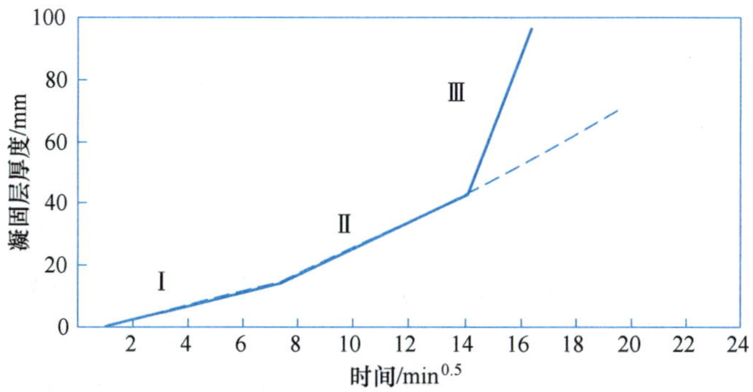

图 9.3 板坯坯壳生长速度［w(C)= 0.12%，板坯 200 mm×1600 mm］

连铸过程中，顶部不断浇入金属液，铸锭以拉坯速度 v_c 向下运动。对空间体积单元而言，热量是靠传导和流体本身运动两者来实现的。由于热对流流动，相对于固相区来说，液相区中的温度较均匀。为了减少计算的复杂性，不考虑液相区中流体的速度，而认为液相区、液-固两相区和固相区是一个整体，均以拉坯速度 v_c 运动。液相区的传热则通过给导热系数乘以一个修正因子来考虑对流对传热的影响。

这样，连铸过程拉坯阶段的三维直角坐标系下其控制方程为：

$$c\rho\frac{\partial T}{\partial t}=\frac{\partial}{\partial x}\left(k\frac{\partial T}{\partial x}\right)+\frac{\partial}{\partial y}\left(k\frac{\partial T}{\partial y}\right)+\frac{\partial}{\partial z}\left(k\frac{\partial T}{\partial z}\right)-C\rho v_c\frac{\partial T}{\partial z}+\dot{q} \tag{9.4}$$

式中 $\dot{q}$——内热源，$J/(cm^2 \cdot s)$；

v_c——拉坯速度，m/min。

三维柱坐标系下其控制方程为：

$$c\rho\frac{\partial T}{\partial t}=\frac{1}{r}\frac{\partial}{\partial r}\left(kr\frac{\partial T}{\partial r}\right)+\frac{1}{r^2}\frac{\partial}{\partial \phi}\left(k\frac{\partial T}{\partial \phi}\right)+\frac{\partial}{\partial z}\left(k\frac{\partial T}{\partial z}\right)-c\rho v_c\frac{\partial T}{\partial z}+\dot{q} \tag{9.5}$$

实例 9.1：连续铸钢结晶器内传热数值模拟研究（校企合作案例）

连铸过程中，熔融金属放出的总热量（Q_{sum}）从结晶器边界到冷却水的传输过程非常复杂，在熔融金属与结晶器边界同时有几种传热方式，如图 9.4 所示。保护渣和气隙形成边界热阻，阻碍熔融金属和结晶器边界传热。以连铸小方坯凝固过程为例，对铸坯与结晶器传热过程进行了数值计算。方坯尺寸为 100 mm×100 mm，拉坯速度为 2.4 m/min，冷却水流量为 9 m/s，浇注温度为 1560 ℃。

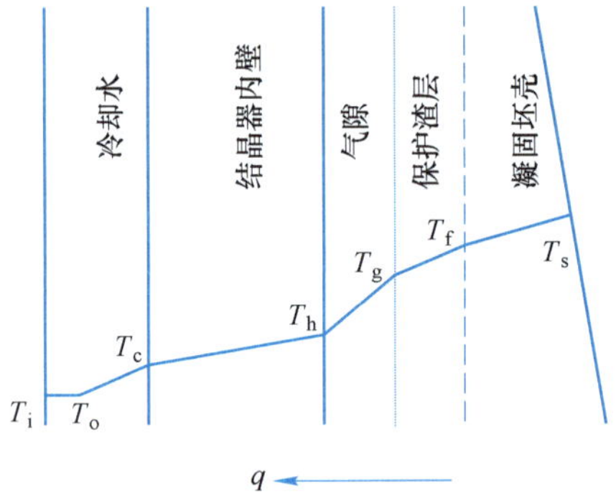

图 9.4 结晶器边界传热模型

在稳定生产条件下，可以估算结晶器内部熔融金属放出的总热量 Q_{sum}，这部分热量由冷却水带走。

根据实际生产，对连铸过程进行几何简化，采用有限差分法对数学模型［式（9.4）和式（9.5)］和几何模型进行计算，得到圆坯、方坯连铸过程温度场如图 9.5 和图 9.6（图中的数字和字母表示温度）所示。

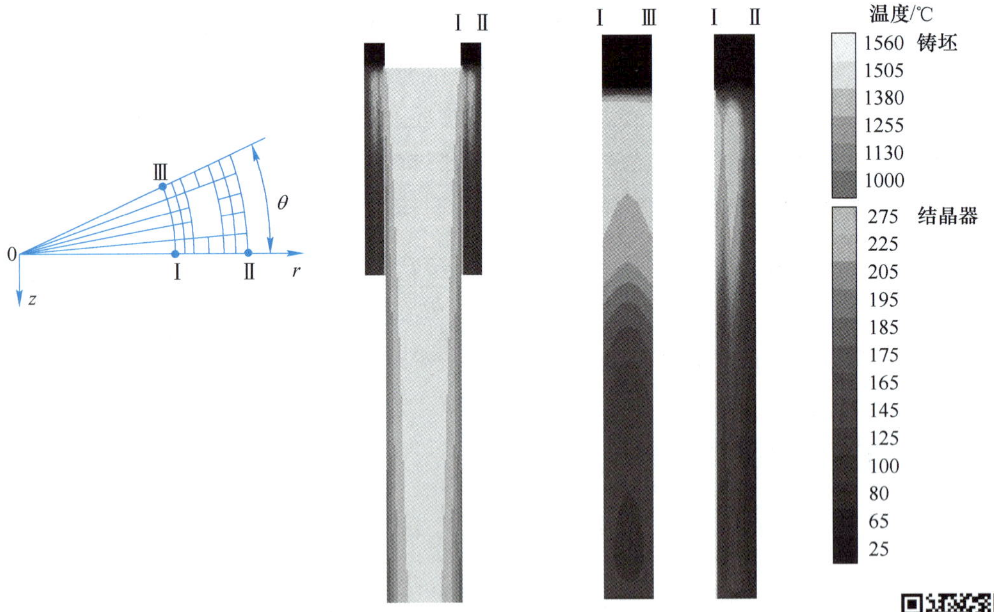

图 9.5 连续铸钢圆坯及其结晶器的纵截面温度显示

图 9.5

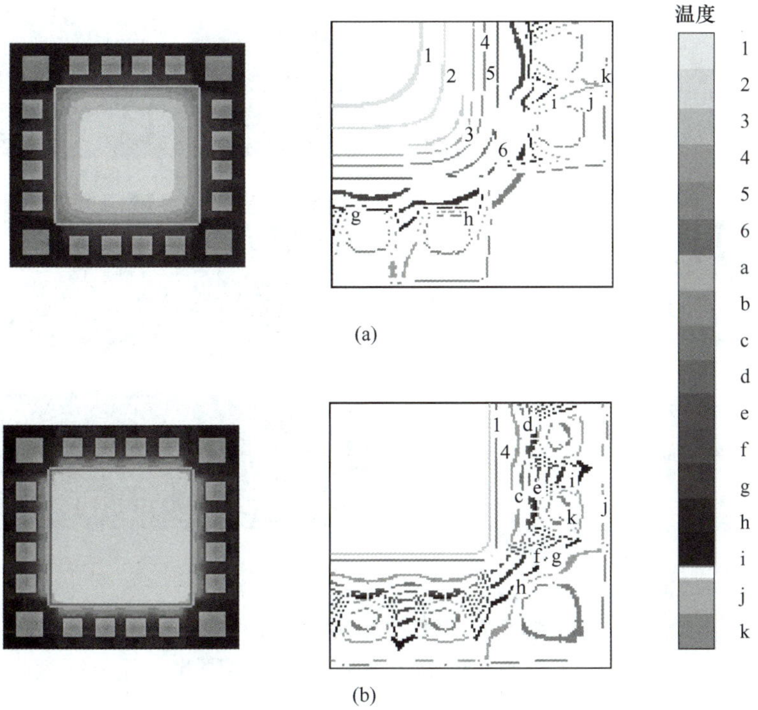

图 9.6 连续铸钢方坯结晶器横截面的温度显示及等温线分布
(a) 结晶器出口处横截面温度场分布；(b) 弯月面处横截面温度分布

9.2.2 连铸坯的凝固组织

钢水进入结晶器，在弯月面区温度梯度大、冷却速度快，冷却速率可达 100 ℃/s，过冷度非常大，形成了由细小等轴晶组成的致密激冷层（2~5 mm）。在激冷层上，取向好的树枝晶以柱状晶方式垂直于结晶器壁定向生长，一直到钢水过热度消失。钢水过热度消失后，铸坯中心树枝晶以等轴晶方式生长。这样就形成了由表层细等轴晶、柱状晶和中心粗大等轴晶组成的铸坯宏观组织。

通常，带液芯的铸坯出结晶器坯壳厚度为 10~15 mm，能抵抗钢水静压力而保证不漏钢。激冷层组织分为致密铁素体（2 mm）和粗大树枝晶（3~5 mm）。树枝晶区无铁素体，存在高温铁素体向奥氏体转变。在弯月面以下 50~65 mm 坯壳开始收缩。

激冷层形成后，柱状晶就开始生长。从铸坯纵断面看，柱状晶并不完全垂直于铸坯表面，而是向上有一定倾角，如图 9.7 所示，图中 1 号至 3 号试样柱状晶倾角逐渐减小，表面液相穴内钢液流动从边缘至中心逐渐减弱，图中 2 号试样的柱状晶倾角约为 15°，这说明液相穴有向上的液体流动。从横断面看，树枝晶呈竹林状分布。钢水过热度和连铸二冷强度决定了铸坯中柱状晶发达程度，例如不锈钢，甚至会形成穿晶结构。在液相穴固-液界面，由于液体运动把枝晶打断，游离晶在液相穴下沉作为等轴晶核心长大，生长的柱状晶与沉积在液相穴底部的等轴晶连接，柱状晶停止生长而形成中心等轴晶区，该区晶粒粗大而不规则。铸坯中心通常有不同程度的疏松、缩孔和偏析。

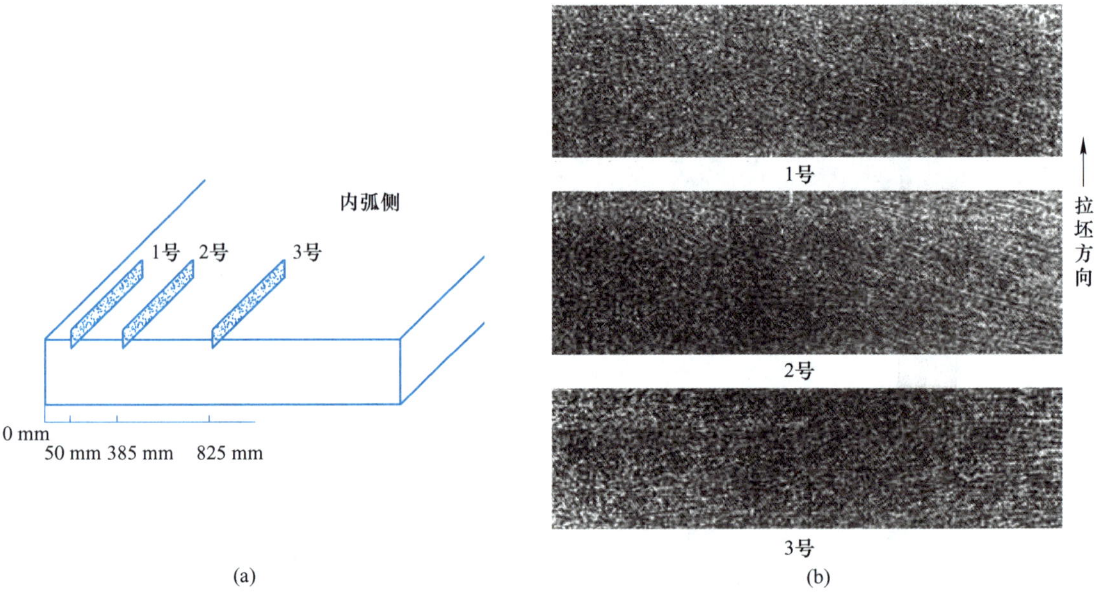

图 9.7 连铸板坯低倍组织照片

（a）取样位置（纵向断面）；（b）组织照片

陈伟强等对 65 号钢 150 mm 小方坯的凝固过程进行了研究，得出当拉坯速度为 1.8~1.9 m/min 时，铸坯从表面到芯部的温度变化。

激冷层厚度约 1~2 mm，是在结晶器弯月面附近形成的，此处冷却速度为 62 ℃/s，距铸坯表面 3 mm 处冷却速度为 22 ℃/s。通常认为冷却速度大于 22 ℃/s 就可以形成细小等轴晶。

从激冷层到坯壳厚度 15 mm 左右，为细小交错而密实的呈方向性的树枝晶，此时平均冷却速度为 22~4.34 ℃/s。扫描电镜观察发现，在坯壳厚度 12 mm 处开始出现柱状晶有序生长。

从坯壳厚度 15~30 mm，为整齐的柱状晶区，其生长方向朝向铸坯中心，有一定倾角。一次晶较细，平均冷却速度为 4.34~0.79 ℃/s。

30~70 mm 为粗大的柱状晶区。柱状晶倾角为 5°~10°。有的柱状晶非常发达，直达铸坯中心，长达 55 mm，几乎形成穿晶。此时平均冷却速度为 0.79~0.4 ℃/s。

从 70 mm 到铸坯中心，是粗大的等轴晶区，此时平均冷却速度为 0.4~0.3 ℃/s。

由于重力的影响，铸坯外弧侧中心等轴晶较宽。中心树枝晶的生长取决于冷却速度和固-液界面的温度梯度。冷却速度越高，树枝晶越细小，凝固组织越致密，偏析越小，裂纹敏感性越低。

9.3 连铸坯质量

要获得性能优良的铸件，首先就要在工艺上进行控制，因此，连铸坯质量也是科技工作者研究的重要课题。

连铸生产的产品包括：圆坯、方坯、板坯以及各种近终形产品（薄带、异型坯等）。采用连铸坯取代模铸作轧材，从工艺角度来讲，明显提高了钢材的收得率，因为连铸工艺完全消除了浇注系统及帽口切损问题，使得轧材成材率提高 10%~15%。

从质量角度来看，连铸坯的质量不断提高，钢种范围不断扩大。用连铸坯轧出的钢材，其屈服强度、抗拉强度、冲击韧性等力学性能都会随着连铸工艺水平的改进、铸坯组织性能的改善而不断提高。

从轧制对坯料的尺寸要求来看，普通连铸板坯的厚度为 150~300 mm，而连铸薄板坯的厚度已经减薄至 50~90 mm，为保证板带钢的性能和表面质量的要求，必须满足一定的压缩比。一般板带钢压缩比为 4~6 就可以满足要求，对于要求高性能和对表面缺陷敏感的钢种，要求有更大的压缩比。但实际表明因快速凝固对细化晶粒的影响，有的钢种压缩比达到 2.5 以上就可以满足要求。

如连铸坯宽度接近于成品宽度，中厚板轧制阶段的宽展轧制就不必要了；热轧带钢靠宽度调整和大立辊的侧向压下来调整。所以从轧制板带材的角度来说，铸坯的厚度要尽量小，板坯宽度要接近于成品宽度。由此可以类推铸造方坯尺寸越小越有利。

连铸坯采用浸入式水口和保护渣浇注技术，对改善铸坯表面质量和减少夹杂物很有效果。在传统的普通弧形连铸机上，板坯厚度一般不小于 150 mm。板坯厚度越小，宽度越宽，中间纵向裂纹倾向就越加剧，所以板坯断面一般限定为 $B/H<10$，大多采用 $B/H<8$。近年来出现的连铸薄板坯，其断面宽厚比为 30~40，所以铸坯宽面的纵裂纹控制就成为薄板坯连铸工艺的主要研究课题。

连铸目前还不能生产沸腾钢，现在仍用一些钢种来代替沸腾钢生产冲压板、镀层板、冷镦钢、低碳拉丝钢等。

9.3.1 连铸坯的形状缺陷

9.3.1.1 连铸小方坯的脱方与漏钢

脱方：小方坯横截面上两个对角线长度不相等时称脱方，如图 9.8 所示。脱方将对铸坯质量产生影响，与脱方同时出现的现象如表 9.2 所示。

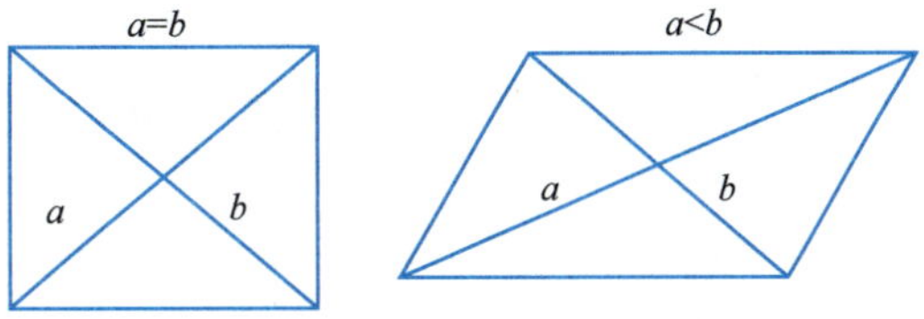

图 9.8 小方坯脱方前后铸坯截面示意图

脱方是角部冷却不均匀造成的，与结晶器壁厚、钢水成分（含碳量）、冷却水流速、冷却水水质及结晶器内腔形状有关。

漏钢：小方坯偏离角漏钢有两种类型。一种是单独由鼓肚引起；另一种是鼓肚为主，脱方为辅引起的。前一种产生在刚出结晶器时，后一种产生在二冷区以后乃至拉矫辊以前的任何地点。

表 9.2 与脱方同时出现的现象

部位	热导出	角部温度	出结晶器时坯壳厚度	裂纹倾向	折痕深度
钝角	少	高	薄	偏离角纵向凹陷、内裂，对角线内裂倾向大	深
锐角	多	低	厚	角部横裂倾向大	浅

9.3.1.2 连铸板坯的形状缺陷及中心内裂

连铸板坯的形状缺陷是宽面鼓肚和窄面凸出。连铸板坯的黏结漏钢、宽面纵裂和偏离角纵裂漏钢都与板坯形状缺陷有关。连铸板坯偏离角纵裂的产生机理如图 9.9 所示。图 9.9（a）在结晶器上部角部先凝固成厚壳，然后收缩，在邻近的宽面或窄面上产生弱的热点；图 9.9（b）由于结晶器上部锥度太小和刚性的角部转动，使小偏离角凹陷形成；图 9.9（c）由于结晶器下部锥度太大，结晶器压向坯壳使凹陷增加；图 9.9（d）在宽面上出现了偏离角凹陷，在窄面上出现了鼓肚。这与小方坯使用单锥度结晶器时产生偏离角纵向凹陷和裂纹的机理相近，即与在弯月面处锥度太小，结晶器出口处锥度太大有关。

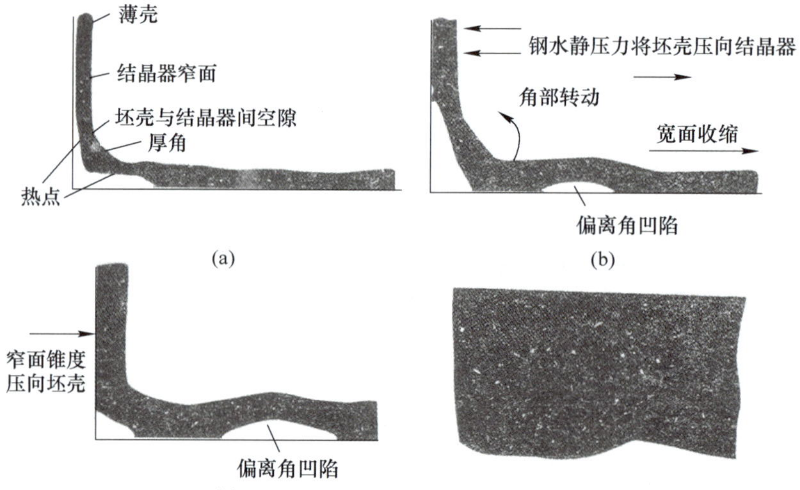

图 9.9 偏离角纵向凹陷的形成机理

板坯偏离角皮下裂纹的产生与板坯窄面凸出有关，如图 9.10 所示。

偏离角纵裂与结晶器窄面铜板锥度小或在使用过程中锥度丧失有关。

中心内裂的产生与拉坯速度 v_c 有关：

$\Delta v \leqslant 0.10$ m/min 时，危险拉速 $v_c = 0.87$ m/min；

$\Delta v \geqslant 0.30$ m/min 时，危险拉速 $v_c =$

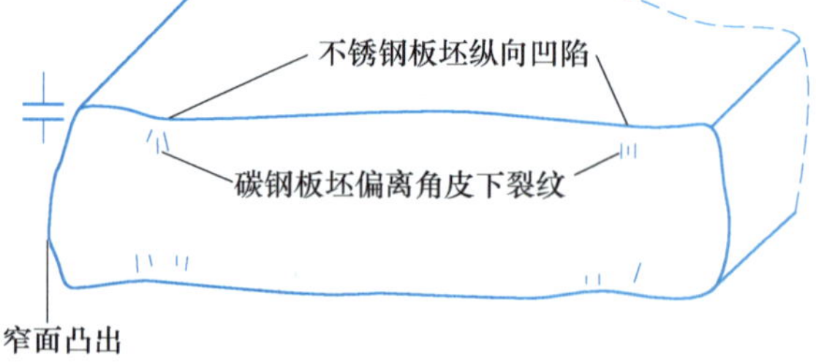

图 9.10 板坯窄面凸出与偏离角皮下裂纹的关系

0.93 m/min。

要避开危险拉速范围，即应使在矫直点处，未凝钢水层厚度大于 6 mm。

此外，矫直辊偏心或矫直辊间隙过大（间隙过大，铸坯将产生鼓肚）也对中心内裂产生影响。连铸大板坯的纵裂如图 9.11 所示。

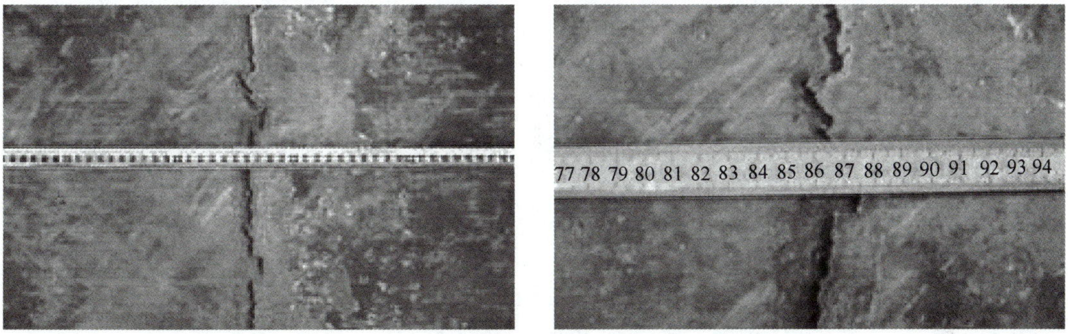

图 9.11　典型的宽厚板坯纵裂纹图片

9.3.1.3　连铸大方坯的形状缺陷

大方坯的形状一般为矩形，宽厚比等于 1.3 或不大于 1.5，这是为了减少中心偏析。大方坯的形状和大小介于小方坯和板坯之间，大方坯的形状缺陷及相关质量问题也介于小方坯和板坯之间。大方坯可能产生脱方、偏离角纵裂、黏结纵裂和中心偏析，但缺陷的出现率不高。大方坯不产生间歇沸腾。在最后凝固区大、小方坯不会产生鼓肚，而板坯可能会产生鼓肚。

9.3.1.4　连铸圆坯的质量缺陷

连铸圆坯用于生产无缝钢管、钢轨、锻造用钢半成品、特殊钢和滚珠钢。连铸圆坯容易产生纵向裂纹，纵裂发展到一定程度时还会引起漏钢。连铸圆坯和板坯的铸坯表面还可能产生星形裂纹。星形裂纹是因铜结晶器内无镀层，铜进入钢水中浸入晶界产生。

除了表面缺陷，连铸坯还有内部缺陷及中心缺陷。内部缺陷可以通过控制冷却工艺，得到致密凝固组织来改善，中心缺陷需要借助电磁搅拌或轻压等技术进行消除。沿连铸坯横向或纵向轴线将其剖开，经硫印或酸浸后，观察铸坯的低倍结构。

张亮洲等对 CSP 板坯进行了低倍组织观察，试验的钢种为 LG510L，未进行液芯压下的铸坯厚 70 mm，进行液芯压下的铸坯厚 60 mm。试样分别取自每块铸坯边部和中心部位，如图 9.12 所示。

从图 9.12 中可以观察到连铸坯低倍组织均由厚度约 4 mm 的边部激冷等轴晶区和内部柱状晶及少量等轴晶构成；沿铸坯纵剖面中心轴线可发现中心疏松、中心缩孔、中心偏析等。这些缺陷的形成与溶质再分配、补缩通道畅通等因素有关。

目前，对于铸坯的中心疏松和偏析缺陷，采用末端电磁搅拌技术及轻压下技术具有较好的消除效果。对上述板坯采用液芯末端轻压下技术，得到板坯低倍组织照片，如图 9.13 所示。从图中可以看出，液芯压下并没有加剧连铸坯的内部裂纹，同时，液芯压下减轻了连铸坯的中心疏松、偏析，铸坯边部的中心疏松基本消除。

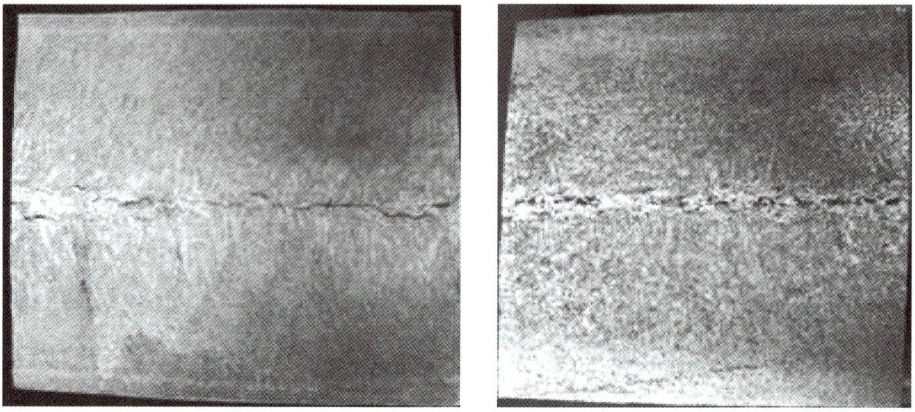

(a) (b)

图 9.12 无液芯压下时连铸坯低倍组织

（a）边部；（b）芯部

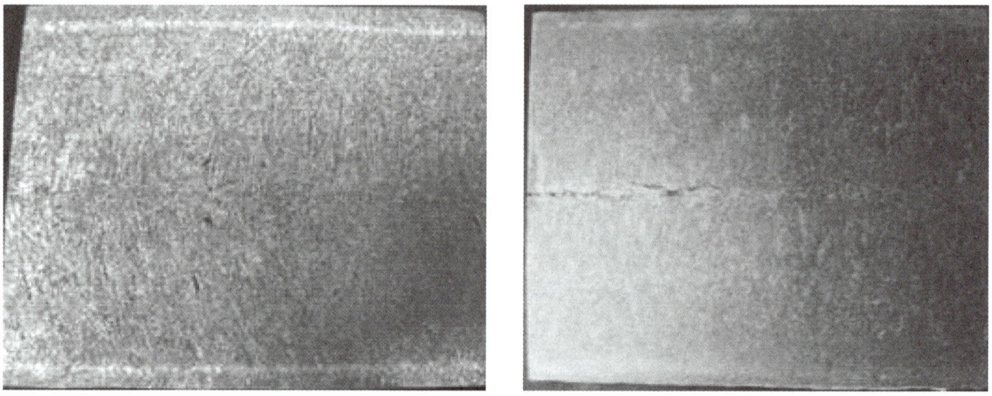

(a) (b)

图 9.13 有液芯压下时连铸坯低倍组织

（a）边部；（b）芯部

9.3.2 工艺参数对结晶器出口处坯壳厚度的影响

以直径为 100 mm 的圆钢坯为例，讨论工艺参数对结晶器出口处坯壳厚度的影响。

（1）热面温度、平均热流密度与距结晶器上口距离的关系。结晶器壁温度、平均热流密度与距结晶器上口距离的关系如图 9.14 所示。拉坯速度为 3 m/min 时，距热面 2.75 mm 处，弯月面附近器壁最高温度达到约 300 ℃；距热面 8.75 mm 处，温度达到约 195 ℃。此时弯月面处最大热流密度约为 570 W/cm^2。

（2）拉速和碳含量对热流密度的影响。含碳量不同时，拉速对热流密度的影响如图 9.15 所示。碳含量相同时，随着拉坯速度的增大，热流密度增大。在同一拉速下，碳含量增加热流密度增加，锰含量增加，热流密度也增加。拉速为 2.0 m/min 时，$w(C)=0.20\%$、$w(Mn)=1.40\%$的低合金钢，结晶器的热流密度约为 170 W/cm^2。

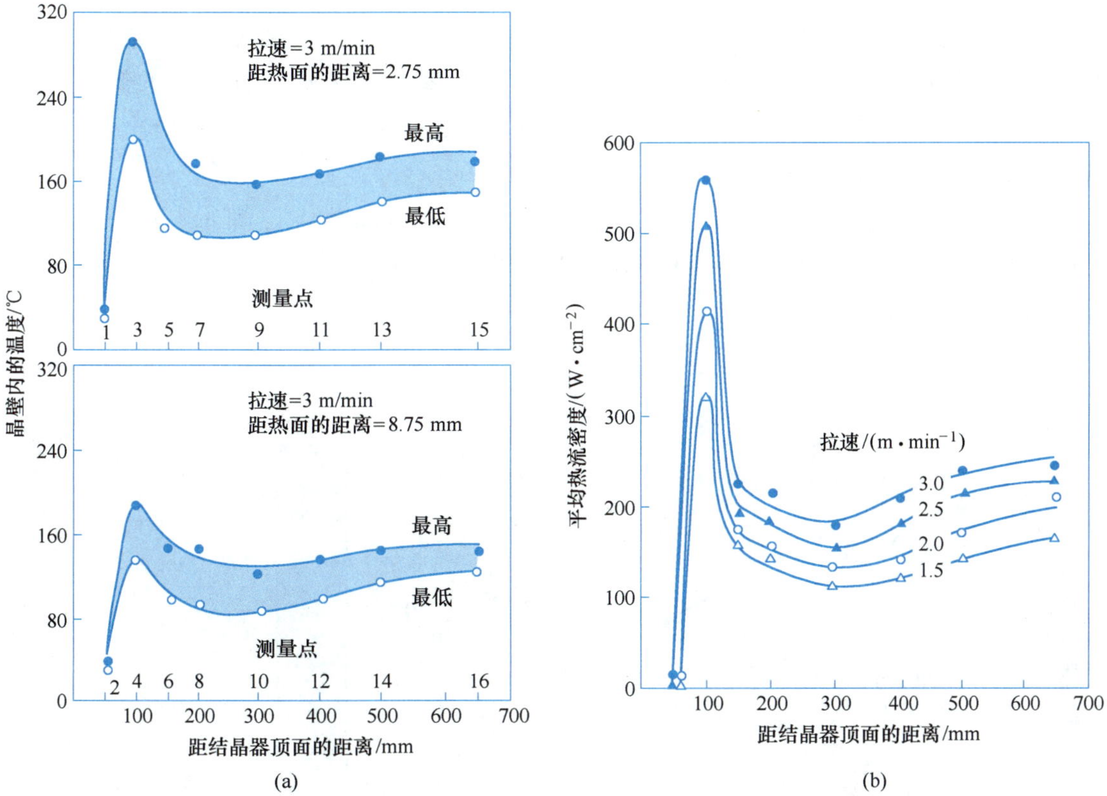

图 9.14 圆形结晶器壁温度（a）、平均热流密度（b）与距结晶器上口距离的关系

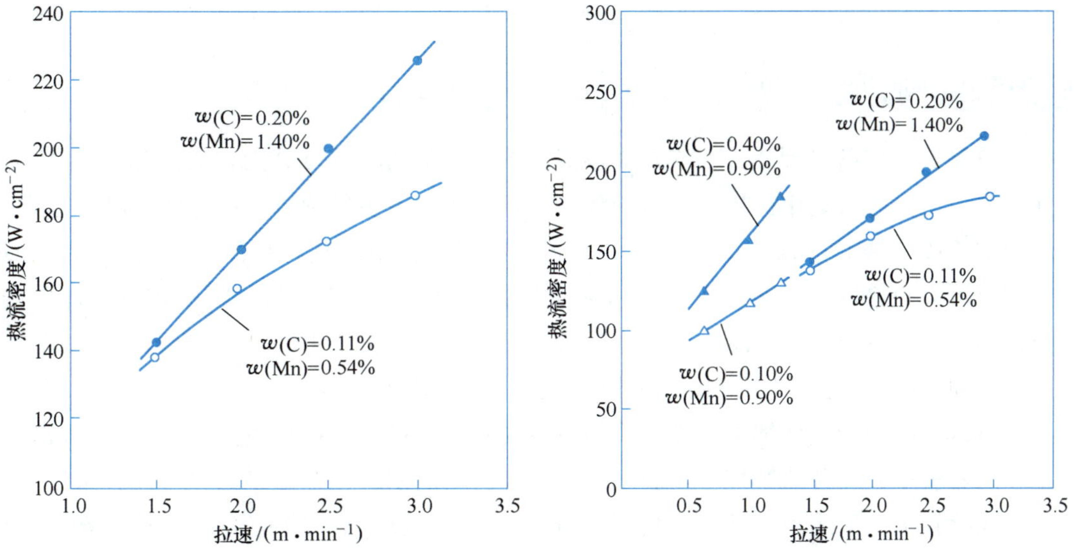

图 9.15 碳含量不同时，拉速对结晶器内热流密度的影响

（3）拉速和碳含量对结晶器出口处坯壳厚度的影响。拉速和碳含量对结晶器出口处坯

壳厚度的影响如图 9.16 所示。

随着拉坯速度的增加，结晶器出口处坯壳厚度迅速减薄。碳当量增加时，结晶器出口处坯壳厚度增加。当拉速为 2.5 m/min 时，w(C) = 0.20%，w(Mn) = 1.40%的低合金钢，结晶器出口处坯壳厚度约为 15.2 mm；w(C) = 0.11%，w(Mn) = 0.54%的低合金钢，结晶器出口处坯壳厚度约为 13mm。

（4）碳含量对漏钢率的影响。碳含量对漏钢率的影响如图 9.17 所示。对于低碳钢，含碳量增加，可以减少漏钢率。w(C) 由 0.12%以下增至 0.17%以上时，漏钢率由 80%降至 20%。

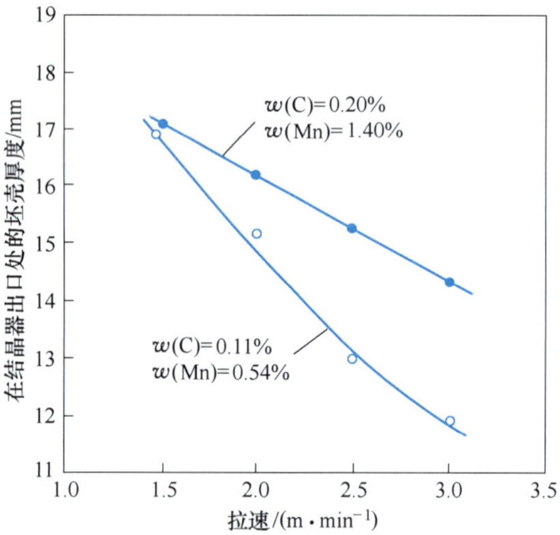

图 9.16 结晶器出口处的坯壳厚度

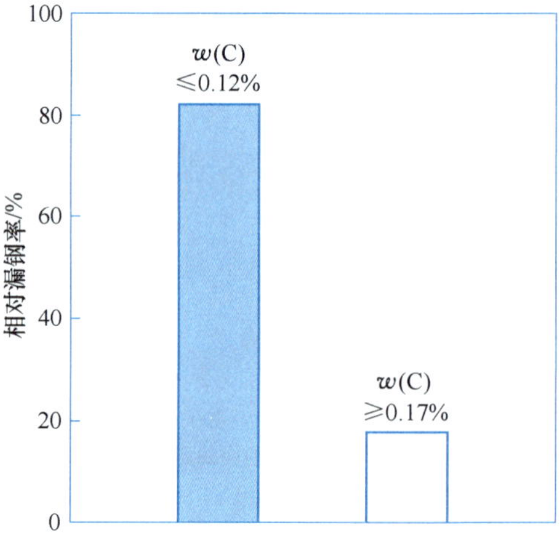

图 9.17 圆坯的相对漏钢率

9.3.3 连铸保护渣

连铸保护渣按形状可分为粉渣和颗粒渣；按生产工艺区分可分为合成渣和预熔渣；按用途区分，可分为板坯用保护渣、薄板坯用保护渣、管坯用保护渣、小方坯用保护渣等。

保护渣在连铸工艺的核心环节分阶段完成其使命，因而其每个阶段的行为都至关重要。这里可以简单地把它划分为熔融和凝固两个阶段。第一阶段从保护渣加入结晶器内，受热逐渐熔化形成渣池为标志，为熔融阶段；第二阶段是渣池中的液渣由弯月面向结晶器与坯壳的间隙渗流，至渣膜脱出结晶器为标志，为凝固阶段。

这里以粉状渣为例详细说明其在不同阶段的特征和行为。将粉渣加入结晶器内液态钢表面，随着渣中碳成分的燃烧，其温度逐渐上升，从而使它逐渐烧结乃至熔化，最终形成渣池，渣池在纵向形成由上至下依次为：粉状层、烧结层、液渣层的层状结构。在液态保护渣之下，则是从长水口流出成环流状的钢液。初熔的保护渣沿着铸坯与结晶器间的通道流入其缝隙之中形成渣膜，渣膜靠近坯壳一侧，由于温度较高保持液态，而另一侧靠近结晶器受冷而凝固呈现固态，与结晶器一起振动。随着拉坯的进行，运动的液态渣膜将随着铸坯一起脱出结晶器。研究表明，当连铸生产稳定进行时，渣膜在铸坯与结晶器之间形成由内至外依次为玻璃层、结晶层和液态渣膜的横向层状结构，如图 9.18 所示。

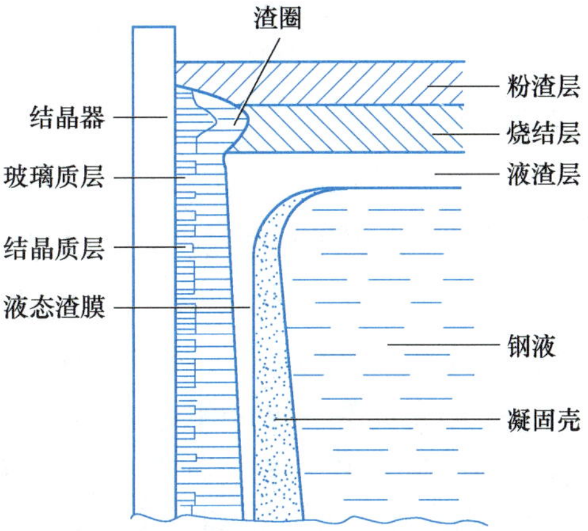

图 9.18 结晶器保护渣示意图

使用保护渣的基本目标是保证浇注顺利进行，以获得表面无缺陷的铸坯。在浇注过程中，保护渣的冶金功能主要包括以下几点。

（1）对结晶器钢液面绝热保温。钢水表面上覆盖一层保护渣后，通过表面散失的热量大大减少，起到隔热保温的作用，避免了钢液的过热度降低。

（2）使钢液面不受空气二次氧化。保护渣将钢液与空气接触隔离开来，防止了钢液的二次氧化。

（3）吸收钢液中上浮的夹杂物。通过钢渣界面反应，将钢液中浮出的夹杂物吸收，起到净化钢液的作用。当然，在保护渣与钢中杂质发生反应后，其物性会发生一定的变化，但是选择良好的保护渣应当保证熔渣在吸收夹杂后，其黏度、凝固温度、结晶性能等物性应相对稳定，以避免它们的急剧变化危害铸坯质量，保障连铸工艺的顺利进行。

（4）润滑运动的铸坯。在结晶器四周的弯月面处，由于结晶器的振动和坯壳与铜壁之间缝隙的毛细管作用，液渣被吸入并充满铜壁与坯壳的缝隙中形成渣膜。正常情况下，与坯壳接触的渣膜一侧，由于坯壳温度较高，渣膜具有足够的流动性，在结晶器与坯壳之间起着良好的润滑作用，从而减少拉坯阻力，防止“黏结”现象的发生。

（5）均匀和调节凝固坯壳向结晶器的传热。在结晶器内由于坯壳收缩产生了气隙，使热阻增加。加入保护渣，并使气隙充满均匀的渣膜，就可以减少气隙热阻，从而明显改善结晶器的传热，使坯壳均匀生长，形成足够厚度的坯壳，防止裂纹的产生。

在实际生产中，保护渣主要由基料、熔剂和炭质材料组成：

（1）基料：提供 CaO、SiO_2、Al_2O_3、MgO 等组分，一般包括石灰石、石英砂、废玻璃、硅灰石、水泥熟料等碱性和酸性材料；

（2）熔剂：主要是含 Na_2O、K_2O、F、Li_2O 等，如纯碱、萤石、碳酸锂等；

（3）炭质材料：炭黑、石墨、焦粉等，其作用在于调节保护渣的熔化速度和熔融结构。

就保护渣化学成分而言，通常包括：

（1）主要成分：CaO、SiO_2、Na_2O、F、C；

（2）辅助成分：Al_2O_3、MgO、K_2O、Li_2O、B_2O_3、BaO、SrO、FeO；

（3）有害成分：P、S。

保护渣的各种性能均与其物质组成和化学成分密切相关，选择合适的保护渣成分是保证保护渣性能指标的根本前提。

9.3.4 改善连铸坯质量的新技术

现代科学技术的发展，特别是航天、航空及核能等高技术的发展，对材料提出了越来越高的要求。在材料科学的领域中，控制材料的凝固过程已成为提高材料性能和开发新型材料的重要途径之一。

9.3.4.1 电磁加工技术

早期的电磁加工是电磁控制技术和冶金技术相结合的产物。早在 20 世纪初，磁场就用于对液态金属进行搅拌以改善冶金组织。

目前研究电磁场与金属流体之间相互关系的磁流体力学（MHD）已经得到很大的发展。1982 年在英国举行的国际力学理论和应用联合会议第一次提出了材料的电磁过程这一术语。1994 年在日本召开了第一届材料电磁工艺国际会议，这标志着材料电磁加工（electromagnetic processing of materials，EPM）时代的到来。EPM 是指将磁流体力学与材料加工技术结合起来，将电磁场应用于材料制备和加工过程，从而实现对材料工艺过程的控制及材料组织和性能的改善。目前，EPM 技术已经成为提高材料质量、节能、改善环境的重要途径；也已成为开发新材料、新工艺的重要源泉。

近年来，电磁铸造、电磁搅拌、电磁净化、电磁制动等电磁过程已经广泛应用于有色金属和黑色金属的冶金和铸造过程，并在许多方面取得了很大进展。在连铸过程中采用电磁搅拌技术来改善铸坯凝固过程中的流场、细化凝固组织、消除中心偏析已经形成共识。连铸过程中根据电磁搅拌器安装位置的不同分为结晶器电磁搅拌（M-EMS）、二冷区电磁搅拌（S-EMS）和凝固末端电磁搅拌（F-EMS）。搅拌方式有单一搅拌，也有组合搅拌，如图 9.19 所示。

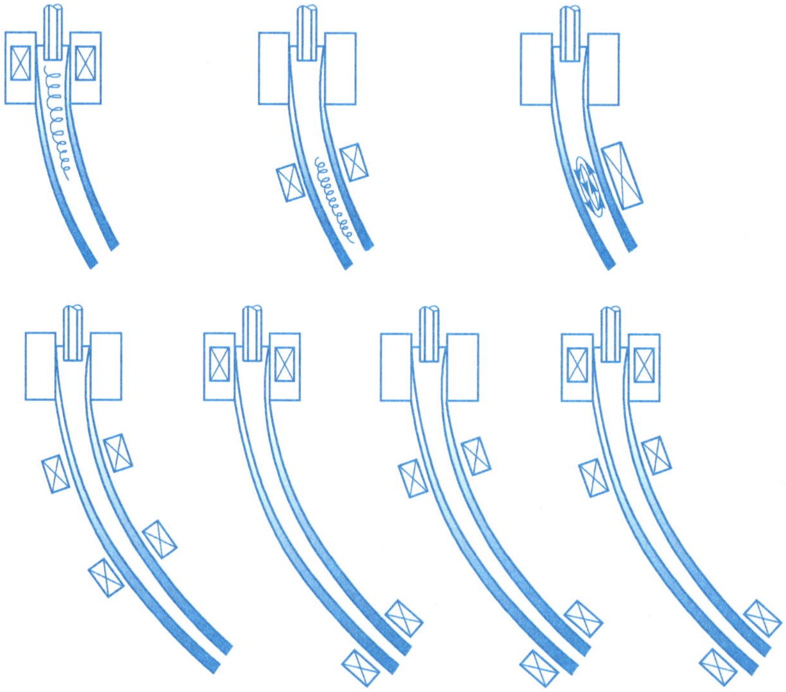

图 9.19 电磁搅拌技术在连铸中的应用

9.3.4.2 轻压下技术

“轻压下技术”继“凝固末端电磁搅拌”之后，成为改善铸坯芯部疏松和中心偏析的更有效的方法。

轻压下技术，是在容易形成铸坯中心偏析的凝固末端实施一定的压下量，使容易形成偏析及疏松的地方的钢液均匀流动，一方面消除或减少了因铸坯收缩形成的内部空隙，从而防止晶间富集溶质的钢液向铸坯中心横向流动；另一方面轻压下所产生的挤压作用还可以促使液芯中心富集溶质的钢液沿拉坯方向反向流动，使溶质元素在钢液中重新分配，从而使铸坯的凝固组织更加均匀致密，并达到改善中心偏析的目的。

如图 9.20 所示，该工艺直接作用于凝固时产生缺陷的部位，对铸坯中心部位主要有三个方面的作用效果：破碎“晶桥”、补偿冷却收缩、减小“鼓肚”量。

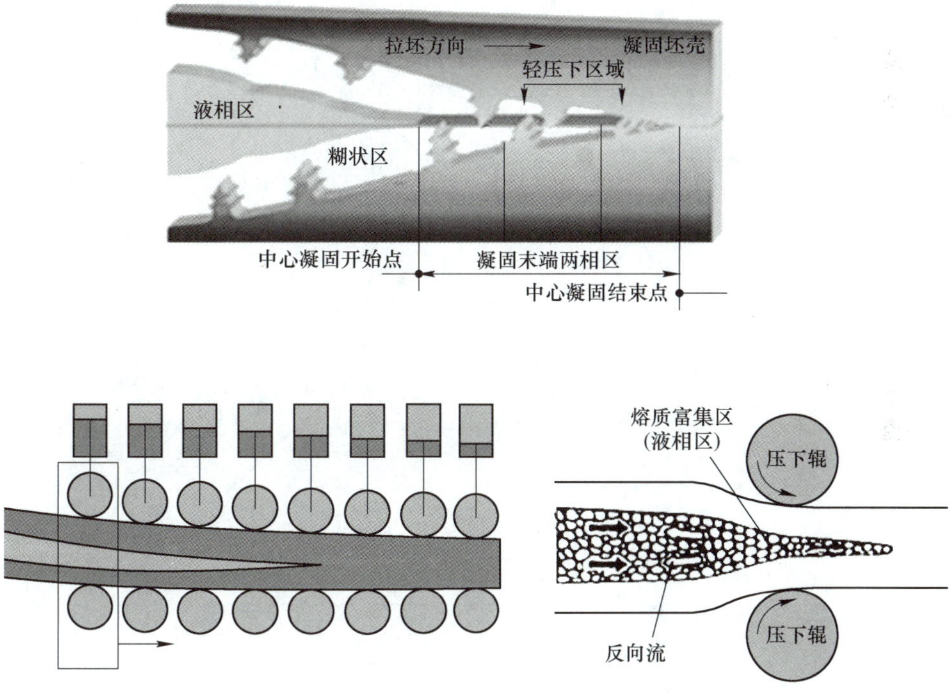

图 9.20 轻压下技术示意图

随着连铸技术的发展，铸坯中心质量要求不断提升，控制铸坯中心质量的技术革新成为冶金企业关注重要课题，先后出现了铸坯重压下技术和铸坯全程压下技术。

实例 9.2：高质量小方坯和圆坯研发实例（校企合作案例）

A 铸坯质量控制

试生产初期铸坯表面发现有拉矫辊的压痕（主要是由于拉矫辊中部带有凹槽所致），凸出铸坯表面约 1 mm。后期经调整压力，拉矫辊的压痕有所改善。

（1）碳含量小于45号的钢种低倍组织：中心疏松小于0.5级，中心偏析小于0.5级，缩孔基本小于0.5级，无角部裂纹、皮下裂纹和中间裂纹，中心裂纹个别为0.5级。

（2）60号、65号、70号等高碳钢种未调整二冷比水量前（$K=1.2\sim2.0$）中心疏松小于0.5级，中心偏析小于0.5级，缩孔部分小于0.5级，部分达到2.0、3.0级甚至4.0级，无角部裂纹、皮下裂纹和中间裂纹，中心裂纹个别为0.5级。

经分析，造成此60号、70号硬线轧制出现凸棱缺陷的主要原因为冷却强度过大造成碳偏析严重，形成较大的缩孔，经轧制后形成。

B 中间包流场优化及凝固过程数值模拟

中包流场优化进行新型4孔挡墙设计，设计过程及设计结果如图9.21和图9.22所示。

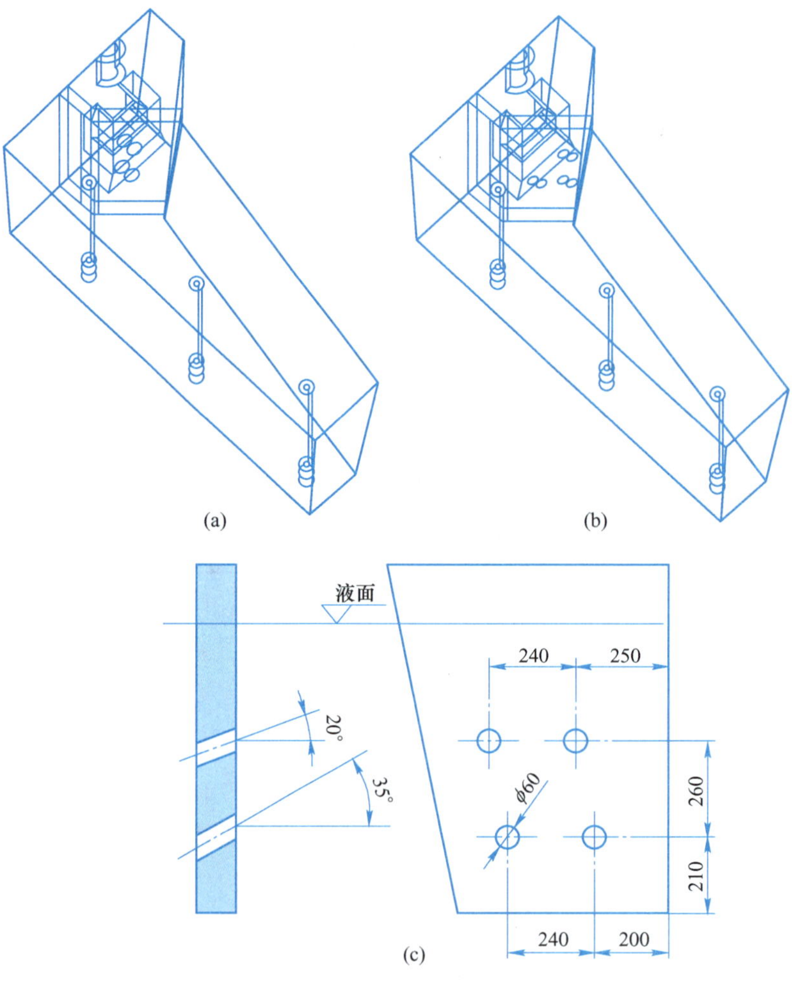

图9.21 新型4孔挡墙设计

（a）2孔挡墙结构；（b）4孔挡墙结构；（c）4孔挡墙结构尺寸（mm）

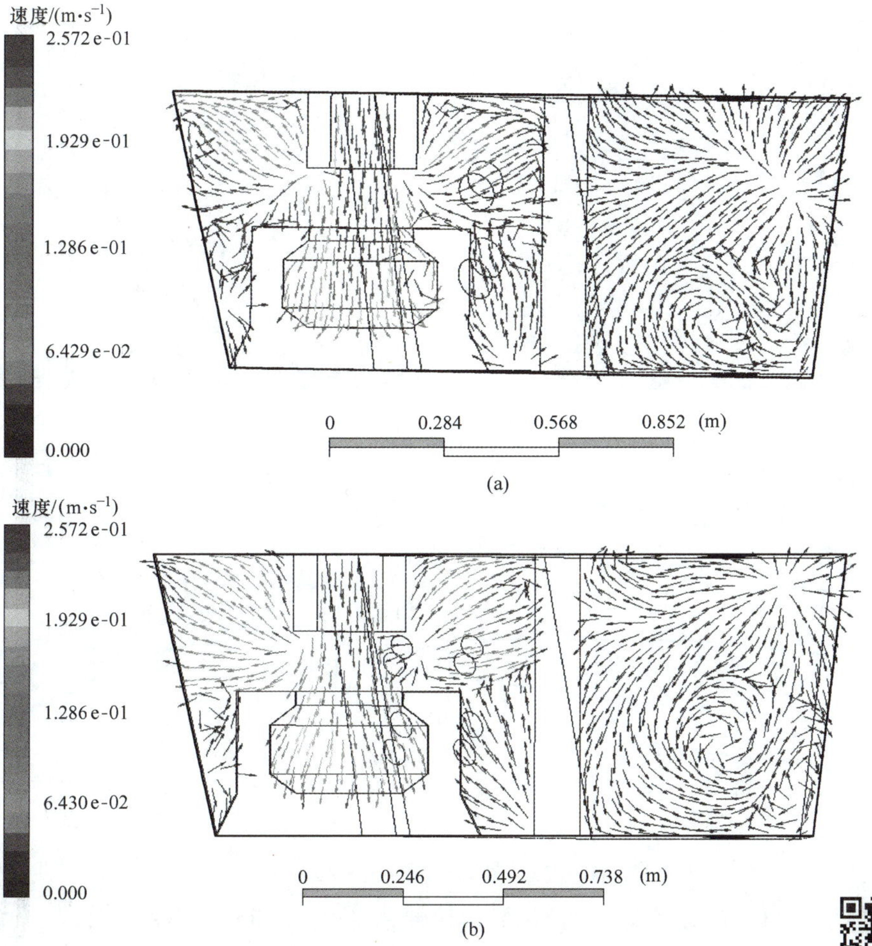

图 9.22 中间包流场优化数值模拟结果

（a）2 孔；（b）4 孔

图 9.22

模拟结果显示采用 4 孔挡墙布置，包内钢水流动均匀，边部流动活跃，平均流速是 2 孔挡墙的 2~3 倍，促进钢水温度均衡，减少浇注断流发生概率。

凝固过程数值模拟结果如图 9.23 所示。

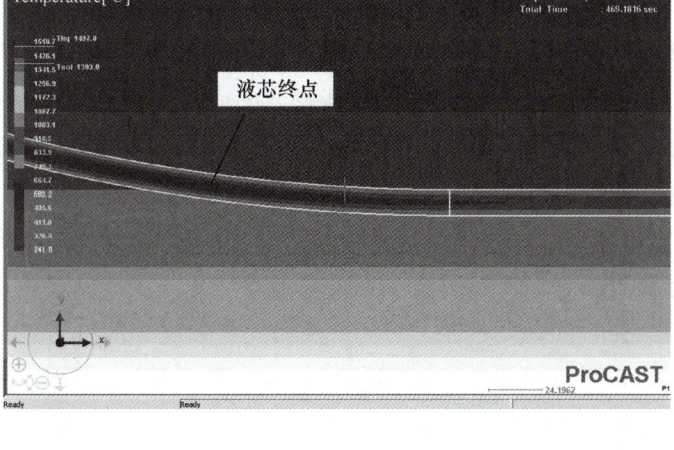

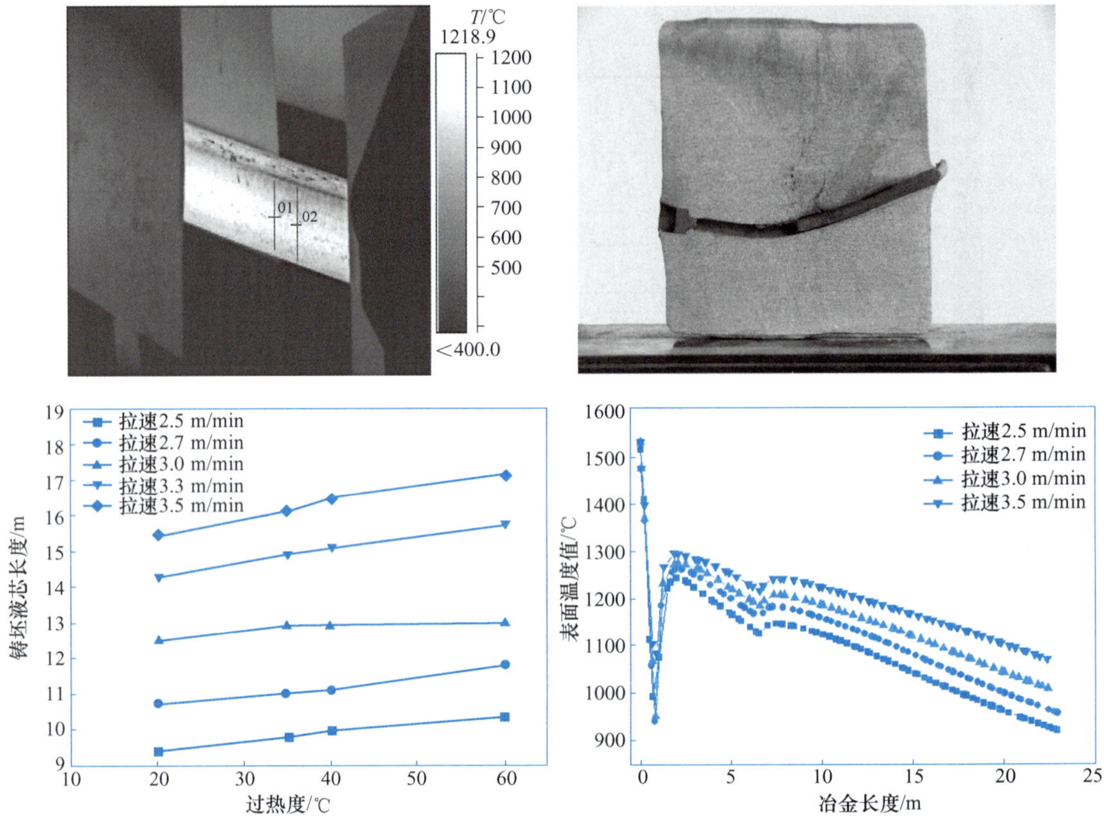

图 9.23 凝固过程数值模拟结果

图 9.23

模拟结果表明，在过热度低于 35 ℃，拉速为 3.0 m/min 条件下，可以控制结晶器出口坯壳厚度、铸坯液芯长度和铸坯表面温度在合适的范围内，有利于促进 70 号钢 120 mm×120 mm 连铸小方坯质量的提高。

C 圆坯表面纵裂控制

铸坯表面易出现纵裂纹，其宏观形貌如图 9.24 所示。铸坯表面振痕较深，并有大量的表面纵裂纹。从纵裂出现的位置看，四面均出现纵裂，其中外弧较重；纵裂长度方面，最重出现通长纵裂，较轻的纵裂长度为 100~200 mm，大部分纵裂在 1~2 m。

纵裂缺陷分析结果如图 9.25 所示，铸坯裂纹处伴有凹陷，纵裂深度基本在1~3 mm。

裂纹表面以铁氧化物为主，在裂纹顶部和铸坯接触区域伴有 Si、Mn 元素的氧化。分析纵裂成因，钢水在浇注过程中，由于受到结晶器的速冷，先形成铸坯外表面的激冷层；随铸坯内部冷却强度减弱，钢水缓慢结晶形成柱状晶层。凝固过程中，从铸坯外表到铸坯中心存在较大的温度梯度。由于热胀冷缩，先凝固的激冷层受到后凝固的柱状晶作用，产生了收缩径向拉应力和周向拉应力，越是铸坯外缘，拉应力越大。若凝壳均匀，因为结构对称，拉应力不会使表面产生纵向裂纹。当凝壳不均匀时，在结晶器内部，激冷层坯壳薄弱处应力集中，当所受的拉应力超过了铸坯的高温允许强度和应变，就萌生裂纹，出结晶器后在二冷区继续扩展。

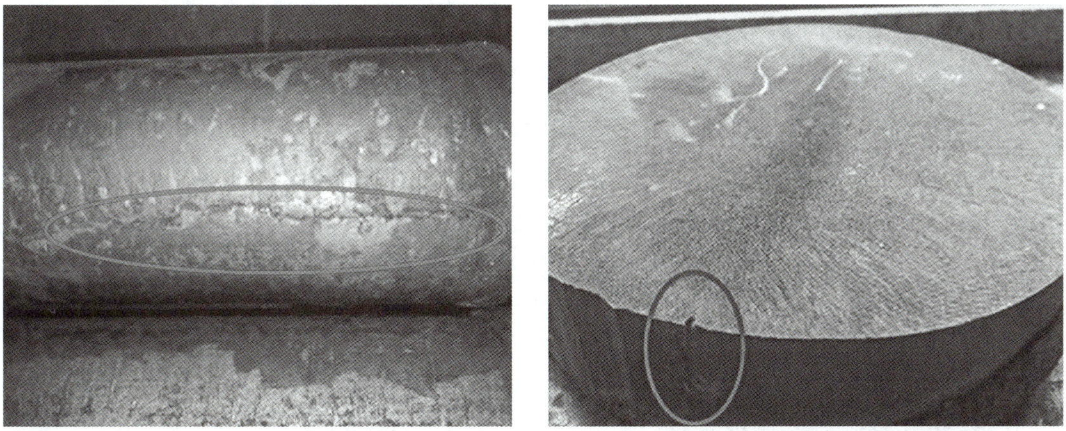

图 9.24 圆坯表面纵裂纹

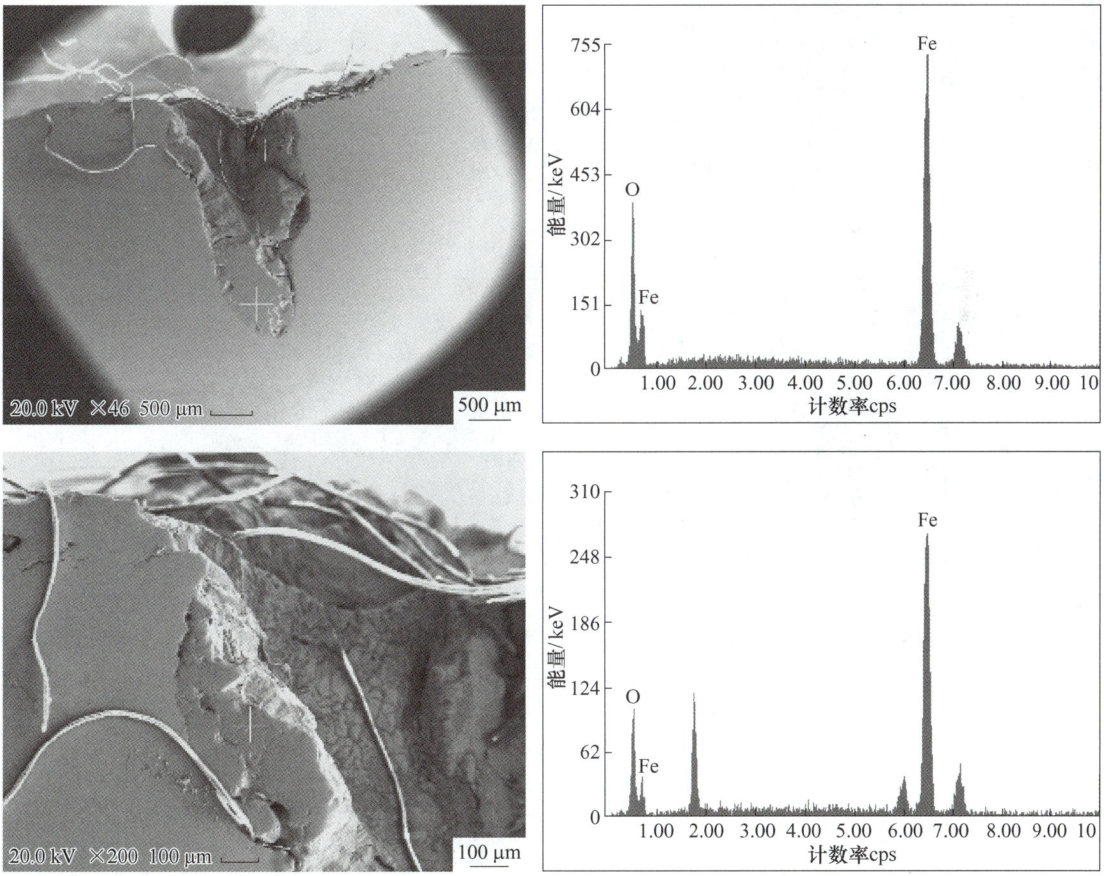

图 9.25 纵裂纹缺陷分析结果

综上所述，此次造成纵裂的主要原因是结晶器冷却强度稍大，连铸保护渣应用不当造成铸坯表面凝固坯壳不均匀，在结晶器内部，坯壳薄弱处应力集中，拉应力超过了铸坯的高温允许强度和应变，坯壳萌生裂纹，出结晶器后在二冷区继续扩展。

D 结晶器电磁搅拌模拟及应用

在结晶器外放置电磁搅拌装置，如图 9.26 所示。电源频率在 2~6 Hz 范围内，随着频率的增加，铸坯液芯处的最大磁感应强度逐渐降低，在频率为 2.8 Hz 时液芯处的最大电磁力较其他频率时高。对于流速场，施加相同大小的电流时，在 3.3 Hz 时可以使钢水流动速度达到最大。现场电磁搅拌参数为：电流 275 A，频率 3.0 Hz，等轴晶率达 25%。

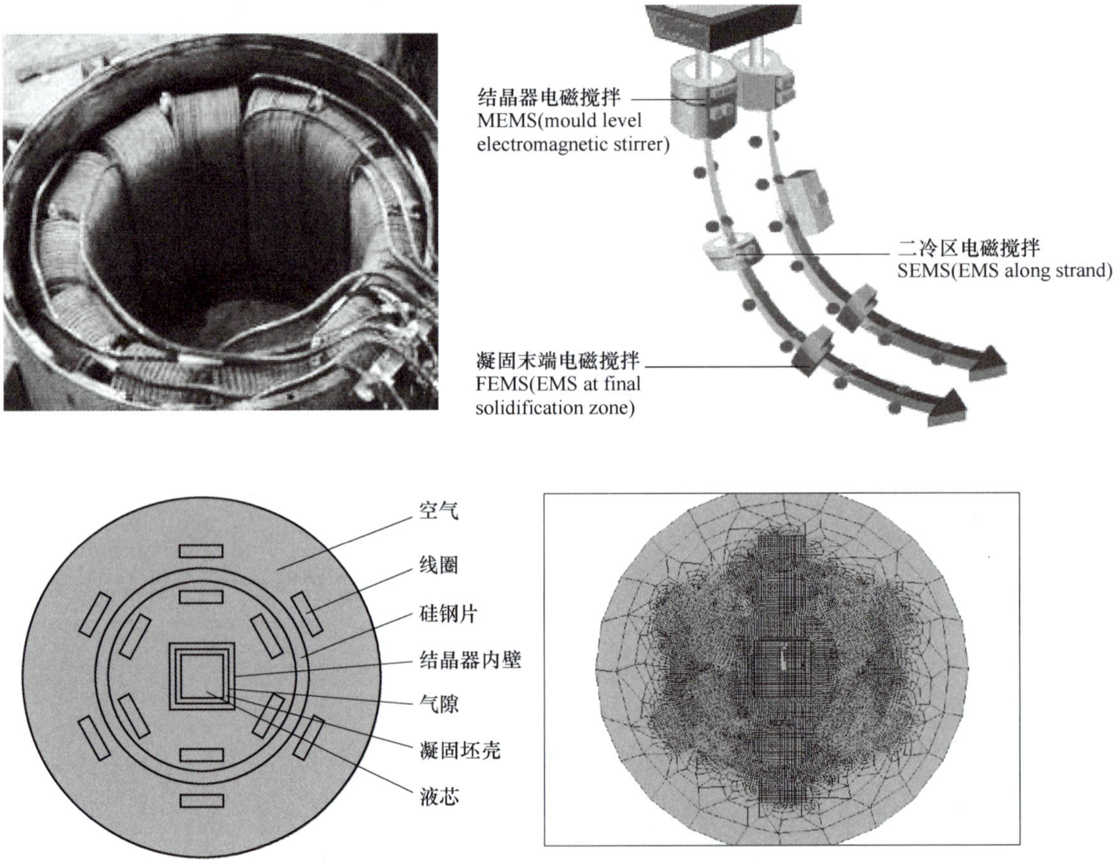

图 9.26 结晶器电磁搅拌装置及模型建立

E 研究成果与应用

(1) 提高铸坯质量合格率创效。通过铸机二次冷却技术、电磁搅拌技术以及初期凝固稳定化技术等进行小方坯连铸过程全流程调控，综合控制技术提高方铸坯质量，钢坯质量合格率稳定控制在 99.6%以上，目前钢坯质量合格率达 99.93%。该技术可以适用于小规格方坯、圆坯高质量、稳定化生产，钢坯质量合格率达 99.4%以上。

钢坯质量合格率较开展此项技术研究前提高 0.4%以上，具有明显的经济效益。按照生产小规格方坯 100 万吨计算，减少废品约 4073 吨，吨钢创效 1031 元（废品与合格品的差价为 1031 元/吨），共计创效 4073×1031≈419（万元）。

（2）节省耐材效益。中包耐材包括：中包涂抹料、冲击板、中包湍流器、挡渣墙、永久衬及保温层（按寿命折算）、定径水口、塞棒、浸入水口，每个包价值 21530 元。根据上述计算平均每年节省中包 452 个，效益为：21530×452≈973（万元）。

思 考 题

9.1　连铸坯的凝固过程分为哪几个阶段？

9.2　连铸坯的宏观凝固组织有哪几种，连铸坯凝固过程中主要影响因素有哪些？

9.3　连铸结晶器的作用是什么，钢液在结晶器中凝固的主要影响因素有哪些？

9.4　板坯纵裂是怎样形成的，怎样预防？

9.5　什么是脱方缺陷，会带来什么影响，小方坯连铸过程中怎样预防脱方的发生？

9.6　连铸保护渣的作用是什么？

9.7　铸坯横裂是怎样形成的，怎样预防横裂？

9.8　电磁场改善铸坯质量有几种方法，在方坯结晶器外部施加哪种类型的磁场，其作用是什么？

9.9　什么是轻压下技术，轻压下的作用是什么？

9.10　影响结晶器出口处坯壳均匀性的主要因素是什么？

9.11　板坯连铸时，二冷区冷却方式对铸坯凝固有哪些影响？

9.12　以连铸方坯为例，简述连铸坯凝固进程。

10 激光快速成型技术

10.1 快速成型的概念、原理及其发展

10.1.1 快速成型的概念、原理及特点

10.1.1.1 概念

快速成型（rapid prototyping，RP）技术是一种基于离散堆积成型思想的新型成型技术，是集成计算机、数控、激光和新材料等最新技术而发展起来的先进的产品研究与开发技术，也称之为快速原型技术。快速成型制造（rapid prototyping manufacturing，RPM）是使用 RP 技术，由 CAD 模型直接驱动的快速完成任意复杂形状三维实体零件的技术的总称。

10.1.1.2 原理

快速成型的原理是依据计算机设计的三维模型（设计软件可以是 SolidWorks、Pro/E、UG、POWERSHAPE 等，也可以是通过逆向工程获得的计算机模型）进行切片处理，逐层加工，层叠增长，类似于数学上的积分过程。快速成型技术的本质是用材料堆积原理制造三维实体零件。它是将复杂的三维实体模型“切”（spice）成设定厚度的一系列片层，从而变为简单的二维图形，层层叠加而成，如图 10.1 所示。

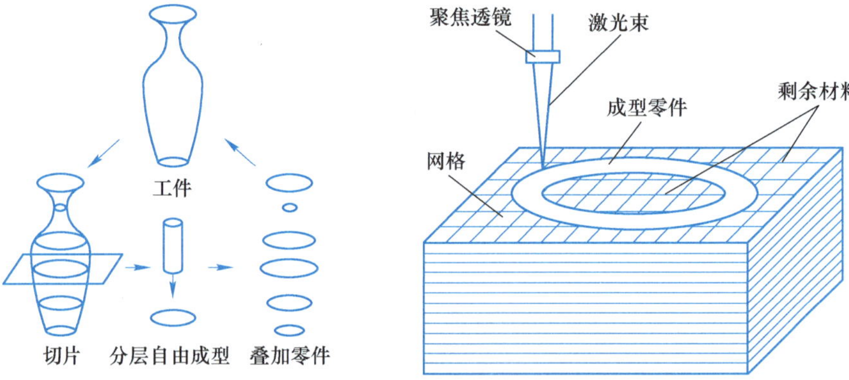

图 10.1　激光快速成型的原理

其形成过程如下：

(1) 三维 CAD 模型设计，在 PC 机或图形工作站上用三维软件 Pro/E、Solidworks、UG、CATIA 等设计零件的三维 CAD 模型。

(2) CAD模型的近似处理，用STL文件格式进行数据转换，将三维实体表面用一系列相连的小三角形逼近，得到STL格式的三维近似模型文件。

(3) 对STL文件的切片处理，切片是将模型以片层的方式来描述，片层的厚度通常在50~500 μm之间；无论零件形状多么复杂，对每一层来说却是简单的平面矢量扫描组，轮廓线代表了片层的边界，如图10.2所示。

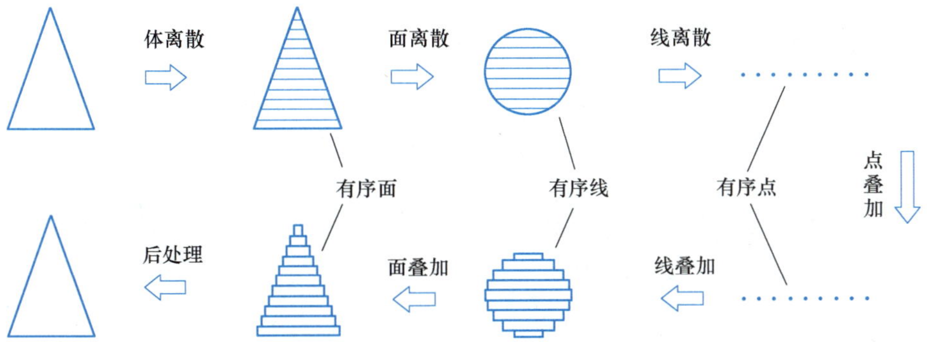

图10.2 激光快速制造的离散/堆积过程

10.1.1.3 快速成型的特点

快速成型技术（包含激光快速成型技术）仅在需要增加材料的地方增加材料，所以从设计到自动化，从知识获取到计算机处理，从计划到接口、通信等方面来看，非常适合于CIM、CAD及CAM，因此，同传统的制造方法相比激光快速成型显示出诸多的优点：

(1) 制造速度快、成本低、节省时间和节约成本，为传统制造方法注入新的活力，而且可实现自由制造，产品制造过程以及产品造价几乎与产品的批量和复杂性无关。

(2) 采用非接触加工的方式，没有传统加工的残余应力的问题，没有工具更换和磨损之类的问题，无切割、噪声和振动等，有利于环保。

(3) 可实现快速铸造、快速模具制造，特别适合于新产品开发和单个零件生产。

10.1.2 快速成型及其制造技术的发展

早在1892年，J. E. BLanther在他的专利（#473901）中，曾建议用分层制造法构成地形图。该方法的原理是将地形图的轮廓线压印在一系列的蜡片上，然后按轮廓线切割蜡片，并将其黏结在一起，熨平表面，从而得到三维地形图如图10.3（a）所示。1902年，Carlo Baese在他的专利（#774549）中，提出了用光敏聚合物制造塑料零件的原理，这是现代第一种快速原型技术——“立体平板印刷术”（stereo lithography）的初始设想。20世纪50年代之后，陆续出现了有关快速成型技术的设想和专利。1976年，Paul L Dimatteo在他的专利（#3932923）中，明确地提出先用轮廓跟踪器将三维物体转化成许多二维轮廓薄片，然后用激光切割这些薄片，这些设想与现代另一种快速成型技术——“层积实体制造”（laminated object manufacturing）的原理相似，如图10.3（b）所示。1986年，Charles W Hull在他的专利（#4575330）中，提出了一个利用激光照射液态光敏树脂，从而分层制作三维物体的快速成型机的方案。1988 年，美国 3D system 公司据此专利生产出了第一台现代快速成型机——SLA250，开创了快速成型技术发展的新纪元。随后，涌现了 10 多种不同形式的快速原型技术和相应的快速原型设备，如薄形材料选择性切割（LOM）、丝状材料选择性熔融（FDM）和粉末材料选择性烧结（SLS）等，并且在工业、医疗及其他领域得到了普遍的应用。

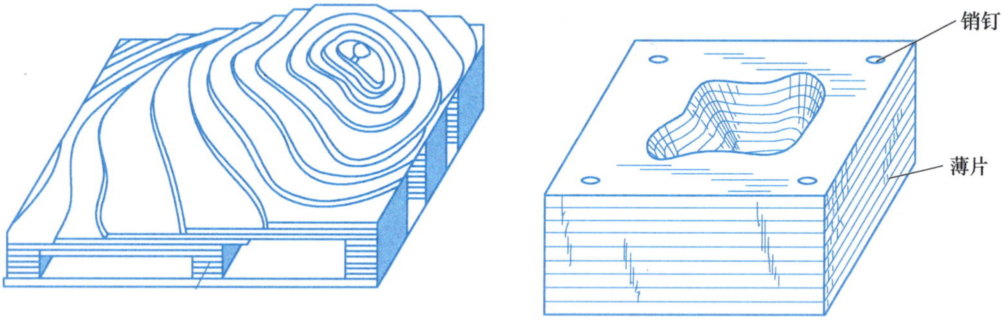

(a) (b)

图 10.3　快速成型技术的雏形

其中，丝状材料选择性熔融（fused deposition manufacturing，FDM），又称熔融沉积造型。FDM 快速原型工艺是一种不依靠激光作为成型能源，而将各种丝材加热熔化的成型方法。熔融挤出成型（FDM）工艺的材料一般是热塑性材料，如蜡、ABS、PC、尼龙等，以丝状供料。材料在喷头内被加热熔化。喷头沿零件截面轮廓和填充轨迹运动，同时将熔化的材料挤出，材料迅速固化，并与周围的材料黏结。每一个层片都是在上一层上堆积而成，上一层对当前层起到定位和支撑的作用。随着高度的增加，层片轮廓的面积和形状都会发生变化，当形状发生较大的变化时，上层轮廓就不能给当前层提供充分的定位和支撑作用，这就需要设计一些辅助结构"支撑"，对后续层提供定位和支撑，以保证成型过程的顺利实现。这种工艺不用激光，使用、维护简单，成本较低。用蜡成型的零件原型，可以直接用于失蜡铸造，如图 10.4 所示。用 ABS 制造的原型因具有较高强度而在产品设计、

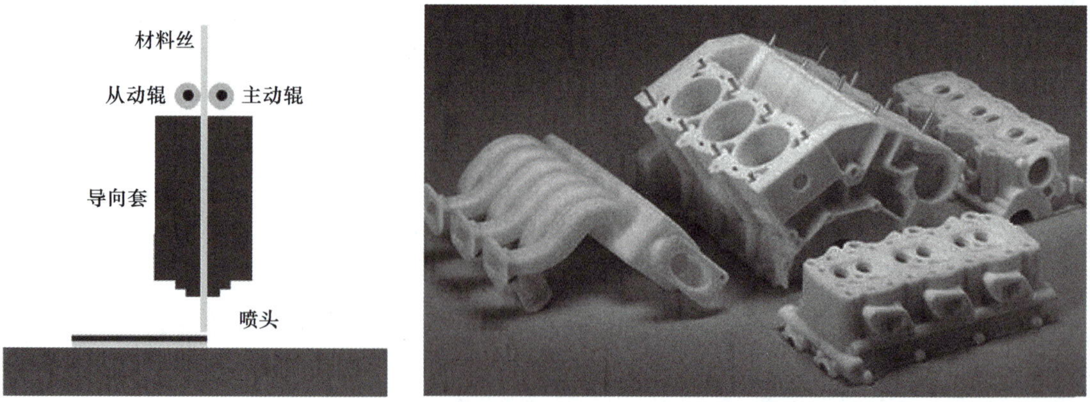

(a) (b)

图 10.4　FDM 原理示意图（a）及其铸件模型（b）

测试与评估等方面得到广泛应用。近年来又开发出 PC，PC/ABS，PPSF 等更高强度的成型材料，使得该工艺有可能直接制造功能性零件。由于这种工艺具有一些显著优点，该工艺发展极为迅速，目前 FDM 系统在全球已安装快速成型系统中的份额超过 60%，如图 10.5 所示。

不同种类的快速成型系统因所用成型材料不同，成型原理和系统特点也各有不同。但是，其基本原理都是一样的，那就是“分层制造，逐层叠加”，形象地讲，快速成型系统就像是一台“立体打印机”，因此得名“3D 打印”。Sciaky 开发了最快，性价比最高的工业金属 3D 打印系统——EBAM。EBAM 的原理是使用电子束枪逐层沉积金属，构建 CAD 文件中的对象。打印完成之后还需要一些热处理和后期加工。3D 打印系统需要使用线形原料，而 EBAM 能使用多种不同的金属材料（包括钛、钽、铌、钨、铬镍铁合金和不锈钢）。此外，和大多数增材制造系统一样，EBAM 的效率很高，能将浪费降到最低。Sciaky 的 EBAM 电子束增材制造装备及其为空客公司制造的钛合金零件如图 10.6 所示。中航重工在解决了材料变形和缺陷控制的难题后，中国生产的钛合金结构部件迅速成为中国航空研制的一项独特优势。应用于战斗机机身的 3D 打印钛合金加强框如图 10.7 所示，由于钛合金重量轻，强度高，钛合金构件在航空领域有着广泛的应用前景。目前，先进战机上的钛合金构件所占比例已经超过 20%。

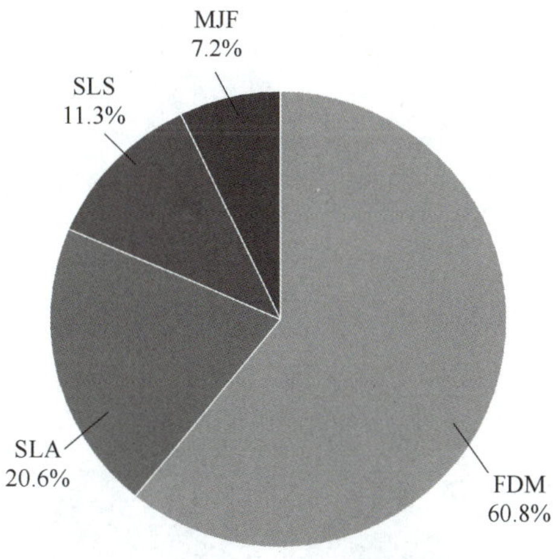

图 10.5 快速成型技术的分类及应用
FDM—丝状材料选择性熔融；SLA—光固化立体造型；
SLS—选择性激光烧结；MJF—多射流熔合

(a) (b)

图 10.6 Sciaky 的 EBAM 的 110 系统（a）及其钛合金产品（b）

2010 年至今，3D 打印技术迅速发展，并逐渐成为现代制造业中不可或缺的一部分，如图 10.8 所示。

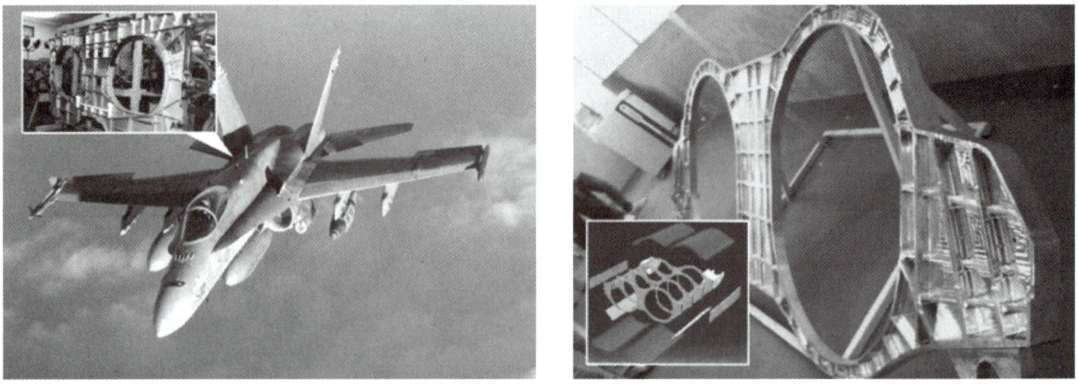

图 10.7 中航重工 3D 打印钛合金机身加强框

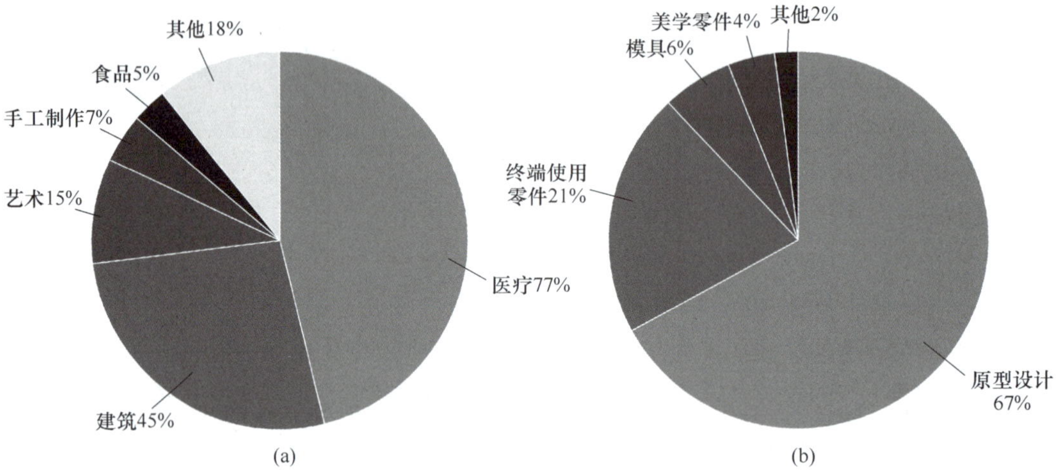

图 10.8 3D 打印技术的应用

（a）3D 打印技术的应用领域（医疗 77%指 3D 打印零件在医疗行业内占比 77%）；

（b）3D 打印技术在制造业中的应用

我国 3D 打印产业相关产销数据保持强势增长，根据国家统计局数据显示，2023 年 3D 打印市场规模为 221.4 亿美元，比 2022 年的 174.6 亿美元增长了 26.8%。3D 打印设备产品产量在 2024 年前三季度同比增长 25.4%，其中 3D 打印机出口总金额达 63.3 亿元，超 2023 年全年总金额。全球增材制造（3D 打印）行业在 2024 年已经突破 200 亿美元大关，达到了 200.35 亿美元的销售额，较上一年增长了 11.1%。根据 Protolabs 发布的《2024 年 3D 打印趋势报告》最新数据，预计到 2028 年市场规模将达到 571 亿美元。

10.2 激光快速成型及其应用

10.2.1 激光快速成型及其分类

激光快速成型技术是近年来才发展起来的一种快速成型技术。激光快速成型技术的原理是用 CAD 生成的三维实体模型，通过分层软件分层，每个薄层断面的二维数据用于驱动控制激光光束，扫射液体、粉末或薄片材料，加工出要求形状的薄层，逐层积累形成实体模型。激光快速成型又分为以下几类：光固化立体成型、分层实体制造、选择性激光烧结、激光熔覆成型等。

激光快速成型是采用一种全新的成型原理——分层加工、叠加成型，制造出的模型或样件可以直接用于新产品设计验证、功能验证、工程分析、市场订货以及企业的决策等，缩短新产品开发周期，降低研发成本，提高企业竞争力。

10.2.1.1 光固化立体造型（stereolithography，SL 或 SLA）

将计算机控制下的紫外激光按预定零件各分层截面的轮廓为轨迹对液态光敏树脂逐点扫描，被扫描的树脂薄层产生光聚合反应固化形成零件的一个截面，再敷上一层新的液态树脂进行扫描加工，如此重复直到整个原型制造完毕。这种方法的特点是精度高、表面质量好，能制造形状复杂、特别精细的零件，不足是设备和材料昂贵，制造过程中需要设计支撑，如图 10.9 所示。

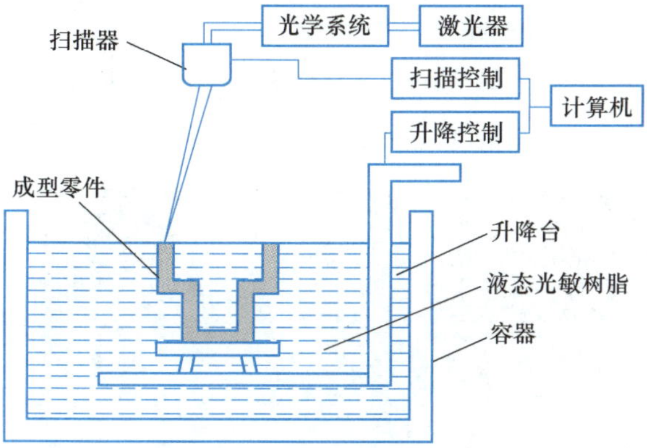

(a)

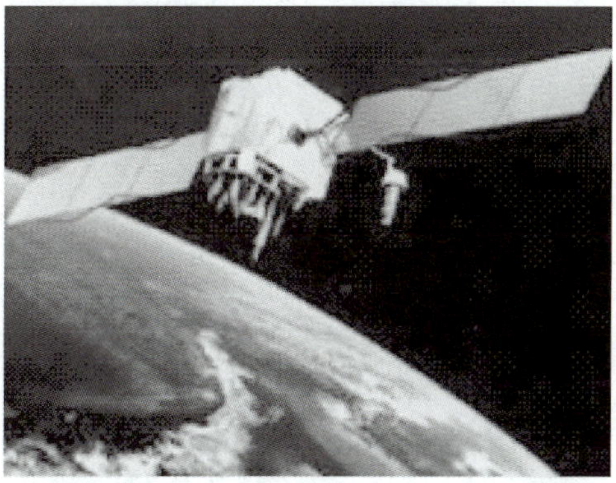
(b)

图 10.9 激光固化立体成型原理（a）及该技术制备的太阳能蜂窝板（b）

10.2.1.2 分层实体制造（laminated object manufacturing，LOM）

LOM 工艺是根据零件分层得到的轮廓信息用激光切割薄材，将所获得的层片通过热压装置和下面已切割层黏合，然后新的一层纸再叠加在上面，依次黏结成三维实体，如图 10.10 所示。LOM 主要特点是设备和材料价格较低，制件强度较好、精度较高。Helisys 公司研制出多种 LOM 工艺用的成型材料，可制造用金属薄板制作的成型件，该公司还开发基于陶瓷复合材料的 LOM 工艺。

10.2.1.3 选择性激光烧结（selected laser sintering，SLS）

SLS 是采用激光有选择地分层烧结固体粉末，并使烧结成型的固化层叠加生成所需形状的零件，如图 10.11 所示。其整个工艺过程包括 CAD 模型的建立及数据处理、铺粉、烧结以及后处理等。SLS 最突出的优点在于它所使用的成型材料十分广泛。从理论上说，任何加热后能形成原子间黏结的粉末材料均可作为其成型材料。目前，可成功进行 SLS 成型加工的材料有石蜡、高分子、金属、陶瓷粉末和它们的复合粉末材料。由于 SLS 成型材料品种多、用料节省、成型件性能分布广泛、适合多种用途以及 SLS 无需设计和制造复杂的支撑系统，所以其应用越来越广泛，如图 10.12 所示。

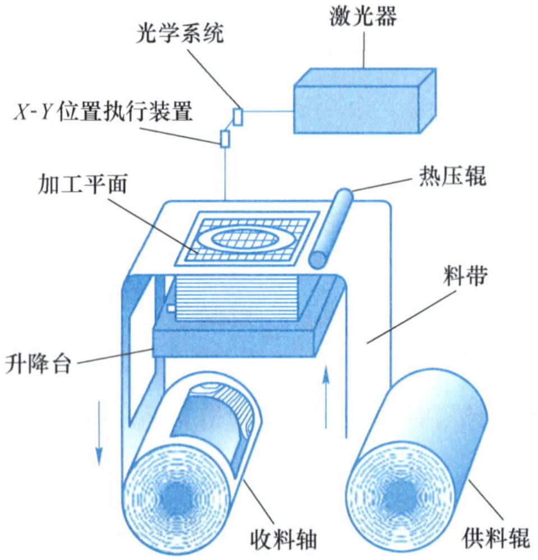

图 10.10 分层实体制造示意图

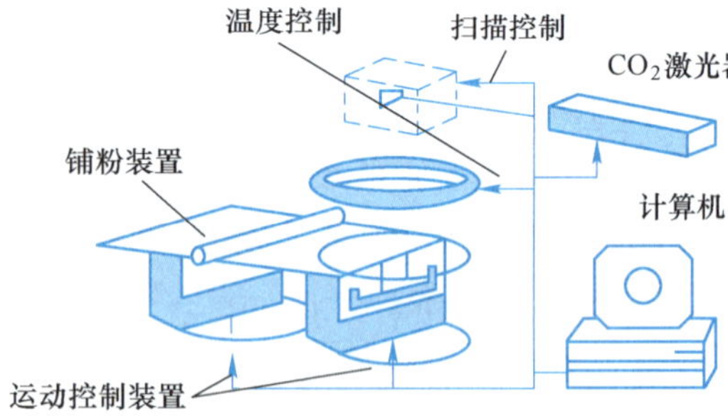

图 10.11 选择性激光烧结技术基本原理示意图

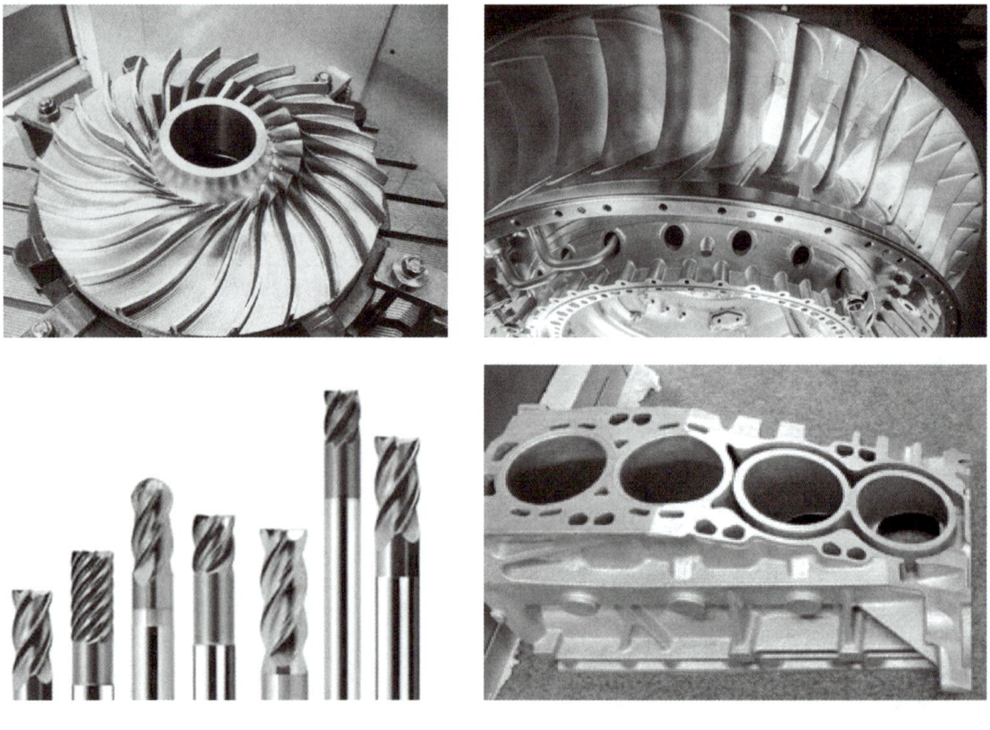

图 10.12 选择性激光烧结成型产品

但是 SLS 采用的是一种金属材料与另一种低熔点材料（可以是低熔点金属或有机粘接

材料）的混合物，在加工过程中，低熔点材料熔化或部分熔化，但熔点较高的金属材料并不熔化，而是被熔化或部分熔化的低熔点材料包覆黏结在一起，形成的三维实体为类似粉末冶金烧结的坯件，实体存在一定比例孔隙，不能达到100%密度，力学性能也较差，常常还需要经过高温重熔或渗金属填补孔隙等后处理才能使用。

10.2.1.4 激光熔覆成型（laser cladding forming，LCF）

LCF是指以不同的方式在基底合金表面上预置或同步送给所选择的熔覆材料，然后经激光照射使之与基底表层同时熔化，并快速凝固成稀释度低、与基底材料呈冶金结合的表面层，从而显著改变基底材料表层的耐磨、耐蚀、耐热及电气等特性的工艺方法，如图10.13所示。LCF是以激光为热源在基材的表面熔覆一层材料，形成与基体具有完全不同成分和性能的合金层的表面改性方法。LCF具有许多优良特性：对工作环境的要求低；可通过计算机控制实现智能化和自动化处理；熔覆层的外观平整，工件变形小，加工后工件可不进行处理而直接使用；适合关键局部区域的处理；由于激光具有近似绝热的快速加热过程，激光熔覆对基体的热影响较小，引起的变形也小；控制激光的输入能量，可以将基体材料对熔覆材料的稀释控制在很低的程度，从而在保证熔覆层与基体形成冶金结合的前提下，保持原选定熔覆材料的优异性能；适用范围广，理论上几乎所有的金属或陶瓷材料都能激光熔覆到任何合金上，因而激光熔覆在航空、汽车、化工、机械等各领域拥有广泛的应用前景，正被越来越多的研究机构和企业所重视，对其研究也越来越广泛深入。但裂纹是目前大面积激光熔覆技术中最棘手的问题，国内外科学家正在努力寻求这一问题的解决方案。

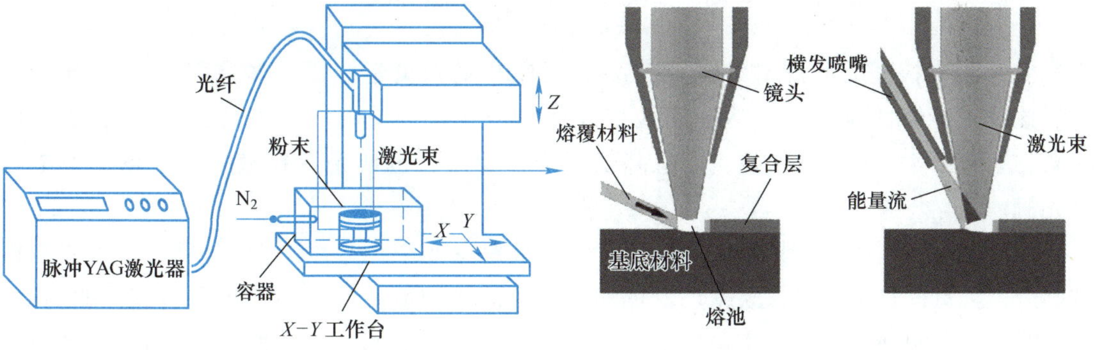

图10.13 激光熔覆技术工作原理示意图

10.2.2 激光快速成型的应用

不断提高激光快速成型技术的应用水平是推动激光快速成型技术发展的重要方面。目前，激光快速成型技术已在工业造型、机械制造、航空航天、军事、建筑、影视、家电、轻工、医学、考古、文化艺术、雕刻、首饰等领域都得到了广泛应用，如图10.14和图10.15所示。并且随着这一技术本身的发展，其应用领域将不断拓展。激光快速成型技术的实际应用主要集中在以下几个方面。

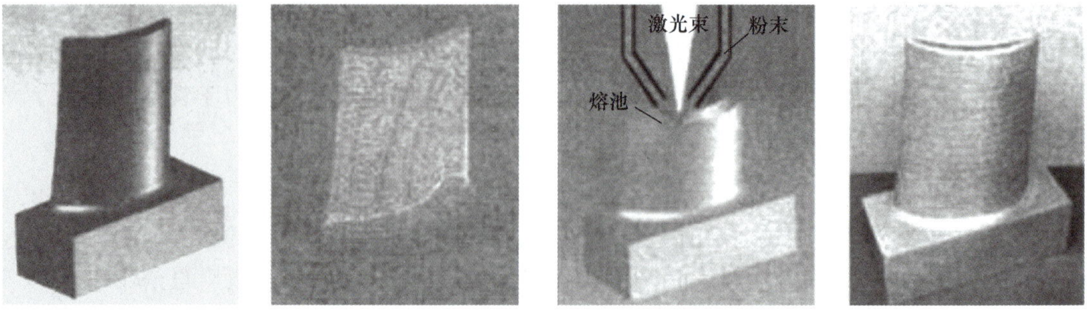

(a) (b) (c) (d)

图 10.14 激光快速成型制备的空心叶片

(a) 建模;(b) 切片;(c) 成型;(d) 零件

图 10.15 激光快速成型制备的机械零件

(1) 激光快速成型技术为工业产品的设计开发人员建立了一种崭新的产品开发模式。该技术能够快速、直接、精确地将设计思想转化为具有一定功能的实物模型(样件),这不仅缩短了开发周期,而且降低了开发费用,也使企业在激烈的市场竞争中占有先机。

(2) 在机械制造、模具领域的应用。由于激光快速成型技术自身的特点,使得其在机械制造、工具模具领域内,获得广泛的应用,多用于制造单件、小批量金属零件的制造。有些特殊复杂制件,由于只需单件生产,或少于 50 件的小批量,一般均可用 RP 技术直接进行成型,成本低,周期短,尺寸精确。

(3) 在医学领域的应用。近几年来,人们对激光快速成型技术在医学领域的应用研究较多。以医学影像数据为基础,利用激光快速成型技术制作人体器官模型,对外科手术有极大的应用价值,如图 10.16 所示。

(4) 在文化艺术领域的应用。在文化艺术领域,激光快速成型制造技术多用于艺术创作、文物复制、数字雕塑等。

(5) 在航空航天技术领域的应用。在航空航天领域中,空气动力学地面模拟试验(即风洞试验)是设计性能先进的天地往返系统(即航天飞机)所必不可少的重要环节。该试验中所用的模型形状复杂、精度要求高、又具有流线型特性,采用激光快速成型技术,

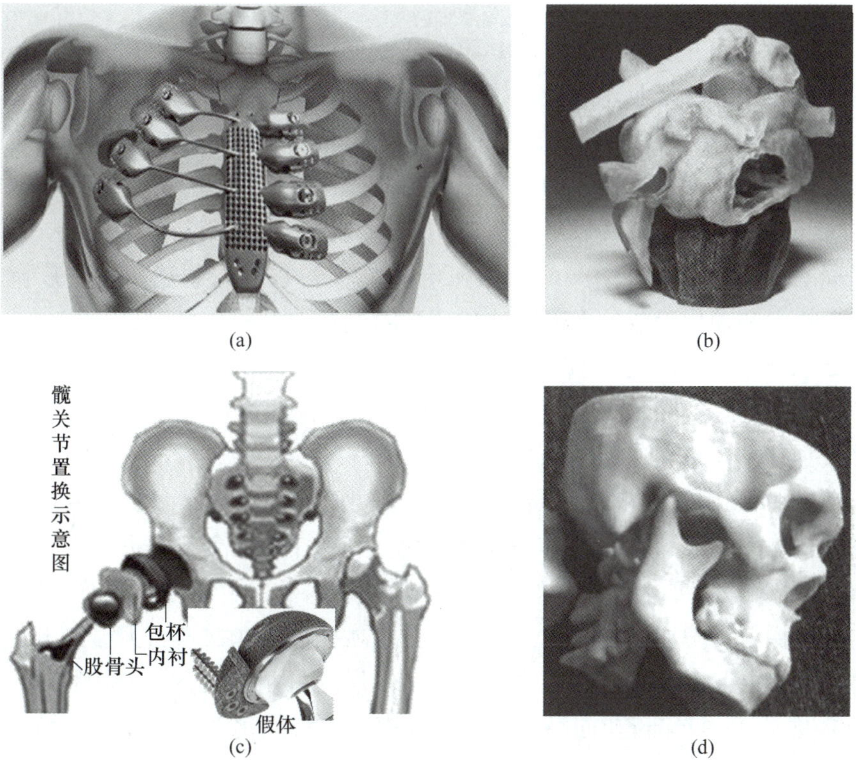

图 10.16 激光快速成型在医学上的应用

（a）钛合金胸肋骨；（b）心脏模型；（c）髋关节；（d）头骨模型

根据 CAD 模型，由激光快速成型设备自动完成实体模型，能够很好地保证模型质量。

（6）在家电行业的应用。目前，激光快速成型在国内的家电行业上得到了很大程度的普及与应用，使许多家电企业走在了国内前列。如：广东的美的、科龙；江苏的春兰、小天鹅；青岛的海尔等，都先后采用快速成型系统来开发新产品，收到了很好的效果。

10.2.3 激光快速成型的发展现状

美国 3DSyetems 公司 1988 年生产出世界上第一台 SLA250 型光固化快速造型机，开创了激光快速成型技术迅速发展和推广的新纪元。美国在设备研制、生产销售方面占全球主导地位，其发展水平及趋势基本代表了世界的发展水平及趋势。欧洲和日本也不甘落后，纷纷进行相关技术研究和设备研发。

国内自 20 世纪 90 年代初开始研究快速成型，现有西安交通大学、华中科技大学、清华大学、北京隆源公司多所研究单位自主开发了成型设备并实现产业化。其中，西安交通大学生产的紫外光 CPS 系列光固化成型系统快速成型机等新技术，引起了国内外的高度重视。激光快速成型技术正在发生巨大的变化，主要体现在新技术、新工艺及信息网络化等方面，其未来发展方向包括：

（1）研究新的成型工艺方法，在现有的基础上，拓宽激光快速成型技术的应用，开展新的成型工艺的探索。

（2）开发新设备和开发新材料。LRP 设备研制向两个方向发展：自动化的桌面小型系统，主要用于原型制造；工业化大型系统，用于制造高精度、高性能零件。成型材料的研发及应用是目前 LRP 技术的研究重点之一。发展全新材料，特别是复合材料，如纳米材料、非均质材料、功能材料是当前的研究热点。激光快速成型技术是多学科交叉融合一体化的技术系统，正在不断研究开发和推广应用中，与生物科学交叉的生物制造、与信息科学交叉的远程制造、与纳米科学交叉的微机电系统等为它集成制造提供了广阔的发展空间。随着科学技术和现代工业的发展，快速成型对制造业的作用日益显现。

2015 年，我国工业和信息化部等三部委印发的《国家增材制造产业发展推进计划（2015—2016 年）》提出，加快增材制造技术发展，尽快形成产业规模，对于推进我国制造业转型升级具有重要意义。

3D 打印技术的应用领域正在不断扩大，从最初的原型制作扩展到教育、医疗、航空航天、汽车制造等多个领域。2023 年，世界首枚“3D 打印火箭”点火发射，其 85%的材料由 3D 打印完成。中国是全球航天航空 3D 打印市场主要集中地之一。航空航天 3D 打印技术正在向天空探索、卫星通信、无人机等细分领域拓展。2024 年 2 月 1 日起施行的《产业结构调整指导目录（2024 年本）》明确，鼓励发展增材制造装备和专用材料。同时，人工智能（AI）推动 3D 打印行业向高质量、高效率、高智能化方向发展。

实例 10.1：激光成型三维金属框制备试验（科研案例）

辽宁科技大学凝固过程与组织性能控制课题组利用 CO_2 气体激光器，对激光堆焊三维成型进行了研究，选取具有一定高度的简单矩形、环状零件作为生产对象进行设计，利用了 AutoCAD 制图软件，制作了目标零件的三视图模型，对铜板进行线切割制备试验模具，如图 10.17 所示，模具中心孔为铺粉槽，根据所需形状可以是圆形，也可以是方形。

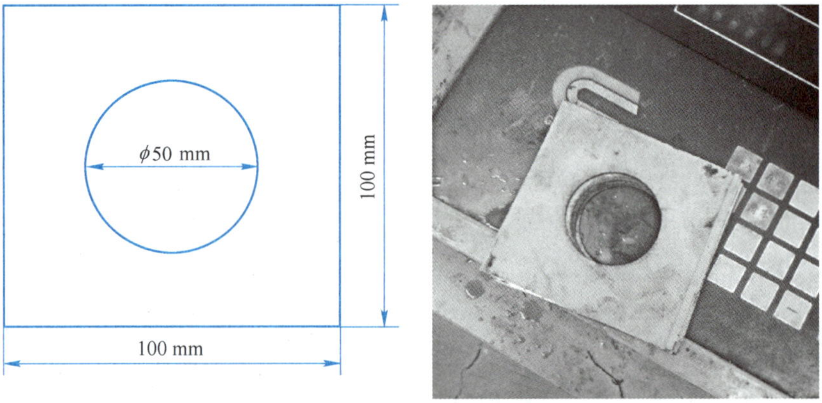

(a) (b)

图 10.17 激光熔覆三维模型尺寸（a）及模具（b）

先对薄铜板进行测量、划线，制造步骤如下：

（1）利用剪板机沿所画直线将铜板裁剪成 100 mm×100 mm 的方形铜板若干块。

（2）利用对角线与圆心重合的原理，在每块铜板上精确点出圆心位置，并用电钻在其中心位置钻一通孔；如果做矩形零件，就切割为方孔。

（3）由于需要每层铜板之间紧密配合，不留缝隙，而剪板机的剪切与电钻的钻孔过程会使铜板产生一定塑性弯曲。所以需要对铜板进行反弯和压平以保证每块板尽量平直。而后续线切割在竖直方向对铜板的作用力很小，几乎不会影响铜板的平直度。

（4）将 5~6 块铜板整齐叠放，并将每块板的中心对齐，用线切割机进行切割。

（5）重复步骤（4），直到切割出足够数量的铜板模具为止。

设计激光器工作参数，功率在 2500~3500 kW，扫描速度为 6 mm/s，光斑直径为 5 mm。试验用 Fe-11 熔覆专用粉末，试验前粉末在 100 ℃烘干 12 h。熔覆用铁基体试验前用角磨机将铁质基底待熔覆面打磨平整，用细砂纸精磨，并用酒精冲洗，吹干，防止氧化。试验步骤如下：

（1）设定熔覆层每层厚度为 1 mm，则每层需要两块铜板厚度粉末。取两块模具铜板，将其对正，用压片将其压紧在铁质基底上。

（2）在中心孔区域铺粉。由于 Fe-11 粉末成本较高，为节省粉末使用，课题组利用硬纸片与毛刷等工具，在尽可能少的粉末下将圆孔区域铺满、压实。

（3）在设定的试验参数下（激光功率为 2000 kW、移动速度为 6 mm/s、矩形长 15 mm、宽 10 mm）进行第一层激光熔覆试验。激光移动路线为环状矩形如图 10.18 所示。由 O 点出发，沿箭头方向先向右运动 15 mm，再向下运动 10 mm，再向左运动 15 mm，最后向上运动 10 mm 回到原点 O。以便在熔覆完成后铺粉并进行下一层激光熔覆试验。

（4）由于采用了自由成型方式，所以需将三块压片移开留下一块压片以保证激光器、模具、上一熔覆层、铁质基底及其中间粉末相对位置不动。这样做的目的是保证下一熔覆层精确地熔覆在上一熔覆层上，从而堆叠形成三维零件。在模具上方叠放两块铜板模具。而后按照步骤（2）对该层进行铺粉。

（5）重复步骤（2）~（4）过程直到模具铜板堆叠至 10 层，并完成 5 层熔覆为止。

（6）待激光照射后的金属整件冷却后，将压片小心取下，轻轻逐层取下模具铜板，同时用毛刷将剩余粉末轻轻刷掉。最终经过清洗，呈现出完好的矩形环状三维零件，如图 10.19 所示。从图中可以看出零件成型完整，层与层之间结合紧密，成型表面均匀、光滑，没有裂纹等缺陷。

图 10.18 试验中激光照射点的移动轨迹

图 10.19 激光熔覆三维矩形框的实物照片

实例 10.2：Q235B 钢表面激光熔覆高熵合金涂层制备的模拟与试验（校企合作案例）

激光熔覆是快速成型的一种工艺方法：利用激光热源将预先放置或同步给进的粉末与基体表面进行快速熔化和固化，从而使涂层材料与基底形成冶金结合。

实例 10.2

涂层制备过程有限元模型的建立能够有效地缩短研究周期，降低研究成本，高效处理由于多主元成分与工艺参数正交形成的大量数据。采用计算机模拟技术，能直观反映熔覆过程温度场、流场等多物理场的动态变化，为熔覆过程工艺优化和涂层质量控制提供理论依据。

本例采用 COMSOL 有限元软件，建立 Q235 钢表面激光熔覆 $AlCoCrFeNi_x$ 系列高熵合金涂层制备过程的三维瞬态温度场、流场耦合模型，如图 10.20 所示。

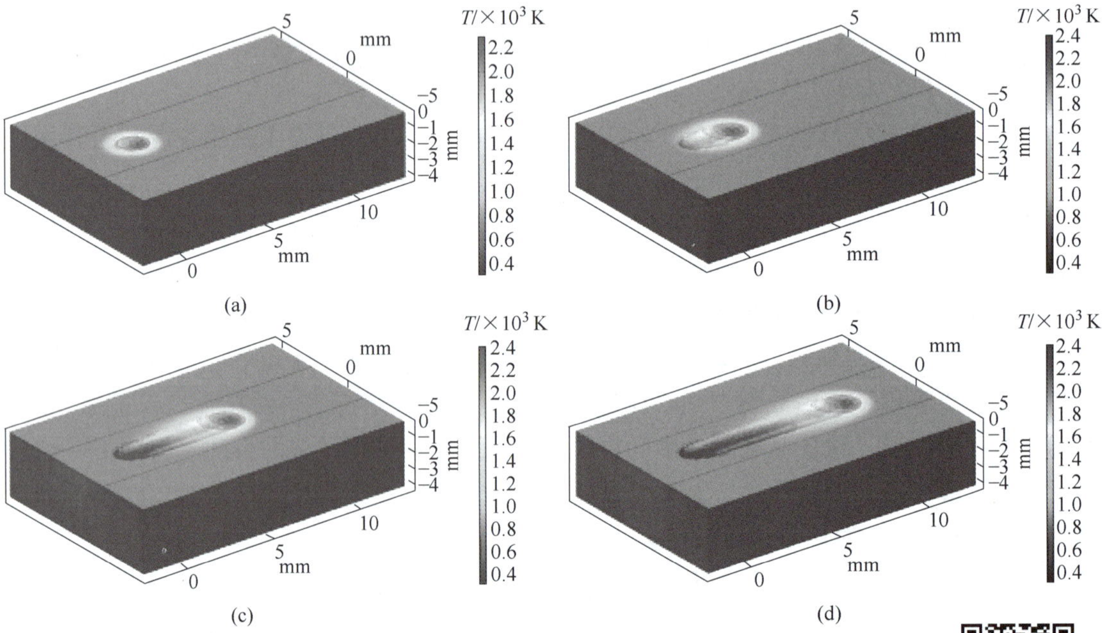

图 10.20 熔覆速度不同时涂层形貌

(a) t=0.1 s；(b) t=0.4 s；(c) t=0.7 s；(d) t=1.0 s

图 10.20

经模型校对，模拟结果与试验结果基本吻合。利用该模型研究激光熔覆工艺参数对涂层温度场、流场及熔池形貌的影响，对激光功率、扫描速度等参数的正交模拟结果进行分析，得到了优化的熔覆工艺参数范围。选取优化后参数进行激光熔覆试验，当激光功率为 1350~1800 W，扫描速度为 15~20 mm/s，光斑直径为 3 mm 时，熔覆过程中涂层一次成型良好，基体与涂层呈冶金结合，且多道次搭接成型未见宏观裂纹。其中 $Al_{1.2}CoCrFeNi_{2.1}$ 高熵合金涂层为（FCC+B2）相层片状共晶组织，平均硬度约 310 HV，涂层与基体结合区呈冶金结合，结合区宽度约 20 μm，硬度约 140 HV，比基体硬度增加约 35%。

三维建模与数值模拟技术相结合，将推动激光快速成型向数智化转型发展，为复杂结构铸件制造技术绿色高效发展，注入新动力。

思 考 题

10.1 什么是快速成型，快速成型的原理是什么?

10.2 与传统铸造工艺相比，金属快速成型工艺有什么特点?

10.3 金属快速成型方法有哪些?

10.4 激光烧结成型的原理是什么?

10.5 激光快速成型产品质量有什么特点?

10.6 举例说明金属材料快速成型技术在航空航天领域的应用。

10.7 分析金属快速成型铸件的凝固组织与常规铸件有什么不同。

10.8 从成型工艺特点，分析金属快速成型铸件容易产生哪些缺陷。

10.9 简述快速成型在铸造行业应用的意义，分析快速成型对传统制造业发展的作用。

10.10 在数智化转型背景下，快速成型技术的发展前景如何，面临的问题有哪些?

11 非晶合金及其制备技术

非晶合金作为固体金属材料，具有长程无序的微观原子尺度结构，其组成物质（分子、原子或离子）的空间构成一般没有规则的周期性，没有晶态合金的晶粒、晶界存在。通常三维尺寸在毫米以上的非晶合金被称之为块体非晶合金或金属玻璃。几十年来，非晶合金一直受到国内外科研人员的广泛关注，不仅是为了揭示其物理本质，更重要的是非晶合金具有明显高于一般晶态金属材料的物理、化学性能。非晶合金是强度和韧性高的材料，理想的微纳米加工材料，最强的抗强酸、强碱腐蚀的材料。与此同时，随着各种材料制备技术的不断创新和进步，非晶合金的制备工艺由于生产周期短、设备体积小等优势而受到工业界的青睐，进而得以迅速发展。

非晶合金最初的报道是在 1934 年，由德国 Kramer 等人采用蒸发沉积法制备出附着在玻璃冷基底上的非晶合金薄膜。1950 年，他的同胞 Brenner 用电沉积法制备出了 Ni-P 非晶态合金。1960 年，美国人 Duwez 等利用双辊急冷法制备出 $Au_{75}Si_{25}$ 非晶合金薄带，被认为是真正意义上的非晶合金。随后 Pond 和 Chen 等人先后改进了非晶合金的制备工艺，发明了可以连续制备非晶合金带材的双辊急冷轧制法和单滚筒离心急冷法，这种生产方法成本低效率高，可以进行大规模生产。美国联信公司 1976 年利用快速凝固技术生产出宽 10 mm 的非晶合金带材，到 1994 年已经具有年产 4 万吨的能力。

20 世纪 70 年代中期，Chen 又利用石英管水淬法，在 300 K/s 的冷却速率下制得了毫米尺寸的 Pd-Cu-Si 非晶合金棒材，从此块体非晶合金的制备得以实现并成为非晶合金的重要研究方向。1987 年日本东北大学 Inoue 等人在金属-金属多成分合金体系中利用金属模浇注法开发出 La-Al-Ni-Cu、Mg-Y-Ni-Cu、Zr-Al-Ni-Cu 等多个成分系列的非晶合金棒，直径变化为 1~10 mm。1993 年，美国加州理工学院的 Johnson 等人通过调整合金成分，开发出非晶形成能力更强的 Zr-Ti-Cu-Ni-Be 合金体系，随之，块体非晶合金的临界直径也越来越大。

21 世纪以来，随着计算机技术的兴起，数值模拟技术被大量地用于非晶合金的研究，众多科研工作者对非晶合金的形成理论、化学特性、力学特性和磁性等进行了广泛的研究并应用于实际，替代了许多传统材料。

目前，虽然关于非晶合金的基础理论还没有形成十分完备的体系，但根据科学理论的不断进步，新兴技术的不断推进，关于非晶合金的理论和应用必将进一步得到全面的发展。

11.1 非晶的结构特点

许多研究结果表明，在非晶合金中存在短程或中程有序结构，无晶界、位错及空位等晶体学缺陷，这种结构对非晶合金的性能和晶化过程有显著影响，因此对非晶合金的微观结构描述不应该停留在简单的硬球随机密堆模型上，Fujiat 等人曾提出一种非晶合金的晶胚模型（crystalline embryo model），即在非晶态中存在取向和分布随机的亚晶胚，它具有密排结构，在晶胚之间有 1~2 个原子间距的无序界面，按此模型他们成功地模拟了非晶态 Fe-B 合金的结构特征，并讨论了晶胚结构及系统的自由能。

为了便于统计热力学计算，在这种结构模型的基础上，卢柯等人提出了一种非晶合金的结构模型，即认为非晶合金完全由大小不同取向随机的有序原子集团（Cluster）组成，这里所指的有序原子集团是几个原子组成的集团，其中各原子之间是平衡连接的，即存在平衡的原子间距，这里不考虑原子集团之间的相互作用。广义地讲，对于与近邻都不存在平衡连接的完全“独立”原子，也称之为原子集团，只不过它所包含的原子数等于 1 而已。这种原子集团既包括较大的有序原子集团（相当于亚晶胚），也包括较小的 Cluster，我们将这种模型称之为 Cluster 模型，如图 11.1 所示。

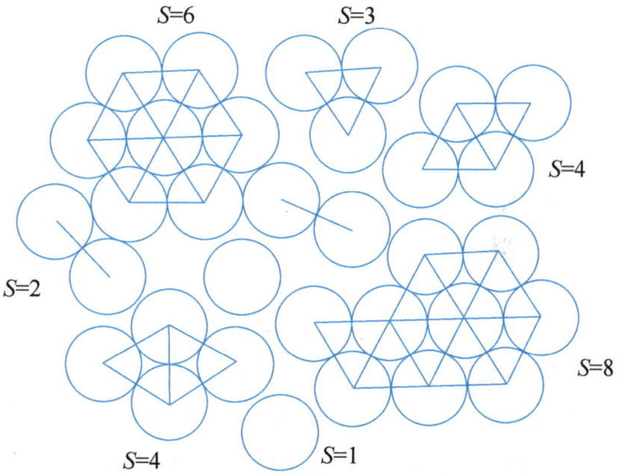

图 11.1 Cluster 模型示意图

Cluster 模型的本质与晶坯模型相近，但它的特点在于将非晶合金中所有的原子用一个概念来描述，便于进行理论分析计算。那么对于一个非晶态体系就可以用不同大小原子集团的集合来描述。

11.2 非晶的性能与应用

11.2.1 非晶合金的性能

与晶态合金相比，非晶态合金在物理性能、化学性能和力学性能几方面都发生了显著的变化。

11.2.1.1 物理性能

研究表明非晶合金的强度、耐腐蚀性和耐磨性明显高于普通晶态材料，非晶合金没有固定的熔点且呈各向同性，用非晶合金和其他材料可以制备成复合材料，也可以单独制成耐磨器件。时至 21 世纪 20 年代，我们在日常生活中接触的非晶合金已经很多，如采用非晶合金制备的高耐磨音频视频磁头在高档录音录像机中得到应用，而采用非晶丝复合强化的高尔夫球杆、钓鱼竿已经面市，华为手机中的折叠屏幕铰链等。

非晶态合金的脆性普遍较强，这是由于非晶合金在快速凝固的过程中原子来不及排列为能量稳定的有序结构，原子会出现类似于液态时的无序状态，没有位错等缺陷来承担应变，这会导致非晶合金薄带在某些情况下表现出淬态脆性，引起淬态脆性的因素有合金成分、带材厚度、设备的冷却能力、带材剥离温度和液淬温度等；导致块体非晶合金在常规应变速率的作用下，变形时局域的原子发生剧烈位置变化，并且发生这种变化后的结构不易通过滑移来促进变形，因此会形成局域的软化剪切带，剪切带承担了应变后很快地转变形成裂纹，最终导致非晶合金塑性较低，发生脆性断裂。较低的塑性变形能力限制了非晶合金在结构材料方面的进一步应用。对此，普遍通过添加内生相或者外加相制备非晶复合材料的方法来改善非晶合金的塑性和韧性。例如强度很高的 $Fe_{80}B_{20}$非晶合金在平面应变条件下的断裂韧性可达 12 $MPa \cdot m^{-1/2}$，这比强度相近的其他材料的韧性都要高得多，比石英玻璃的断裂韧性约高二个数量级。同时，由于金属玻璃中的原子是随机密排的，所以在撕裂条件下的断裂韧性高达 50 $MPa \cdot m^{-1/2}$，撕裂功也高达 10 J/cm^2。

非晶合金的某些加工工艺也容易导致加工后的非晶合金脆化，如有些非晶合金容易发生低温脆化和氢脆，制作变压器用的非晶铁心在退火过程中会发生明显的结构弛豫现象，增大材料的脆性。

11.2.1.2 磁学性能

如今，电力电子器件朝着高效、节能、小型化的方向发展，新的科技发展方向相应对磁性材料也提出了新的要求。于是，一种体积小、重量轻的非晶态软磁材料即以它低矫顽力、高导磁、高电阻率的优异特性正逐步代替一部分传统的硅钢、坡莫合金和铁氧体材料，成为目前研究最深入、应用领域最多、最引人注目的新型功能材料。

11.2.1.3 化学性能

研究表明，非晶态合金对某些化学反应具有明显的催化作用，可以用作化工催化剂；某种非晶态合金通过化学反应可以吸收和释放出氢，可以用作储氢材料。由于没有晶粒和晶界，非晶态合金比晶态合金更加耐腐蚀，因此，它可以成为化工、海洋等一些易腐蚀的环境中应用设备的首选材料。

11.2.2 非晶合金的应用

非晶合金的生命力在于它广泛的应用场景，非晶合金的商业化应用始于 1992 年。比如 Zr-Ti 基块体玻璃的断裂强度达 2000 MPa，远高于晶态材料，并且具有更高的弹性模量和弹性形变极限，现已被用于制作高尔夫球杆的击球部位。这是由于非晶合金没有一般金属材料的晶态缺陷，在受到冲击时能量损失很小，可以将更多的能量传递给球，因此球可打得更远。同时，非晶合金的弹性好，击球时球与杆的作用时间长，更便于控制球。现在美国、欧洲和亚洲市场上已有这种新型的高尔夫球杆出售。

由于非晶合金杰出的性能特性，已被用于太空计划和未来军事防御的许多领域。美国航空航天局已确定将大块金属玻璃广泛应用于空间探索，如用大块金属玻璃制作 2004 年火星探测计划中的钻头；用大块金属玻璃制成的盘来收集太阳风中的物质，探索太阳系的起源。在民用方面，大块金属玻璃材料在飞行器的构件，精密光学器件和生物医学移植物等方面有巨大的应用潜力；美国军方正与美国加州理工学院、霍普金斯大学合作，研究用于制作穿甲弹弹芯材料的块体金属玻璃及其复合材料。在未来战争中超强金属玻璃穿甲弹将替代贫钢弹，成为抵御敌人地面坦克，击毁地下堡垒的重要武器。美国等西方国家早在2008年就装备金属玻璃反装甲武器，同时还用作复合装甲的夹层，以提高坦克、战斗机、舰艇和其他装备的防弹能力。

由于Fe基非晶合金在具有高强度的同时又具有高饱和磁感应强度和低损耗的特点，现代工业多用它制造配电变压器，非晶合金铁芯的空载损耗与硅钢铁芯的空载损耗相比降低60%~80%，具有显著的节能效果。非晶合金在非晶变压器、非晶磁头、非晶传感器、磁光记录硬盘等方面都有应用，如图11.2所示，而且应用前景广阔。如广州地铁设计研究院有限公司联合海鸿电气有限公司开发出敞开式非晶合金立体卷铁芯干式变压器产品样机，不但得到了远低于硅钢铁芯干式变压器的空载损耗，还改善了传统平面卷铁芯非晶合金干式变压器噪声大、抗短路能力差及长期运行的可靠性问题。应用非晶态合金配电变压器所带来的巨大节能效益意味着可以通过节能减少新建电厂的数量，同时减少新建电厂对环境的污染。非晶合金节能变压器产品也可广泛应用在有“绿建标准”要求的城市电网、高层建筑、商业中心、文娱体育中心、地下铁道、机场、港口、火车站、轮船、水电厂、火电厂、钢铁、石化企业、医院等对安全要求更高、负载率低的场所。因此，非晶合金被誉为“绿色材料”。非晶合金铁芯还广泛地应用在各种高频功率器件和传感器件上，用非晶合金铁芯变压器制造的高频逆变焊机，大大提高了电源工作频率和效率，焊机的体积成倍缩小；采用微晶材料制造的高压互感器铁芯可将测量精度由0.5级提高到0.2级。

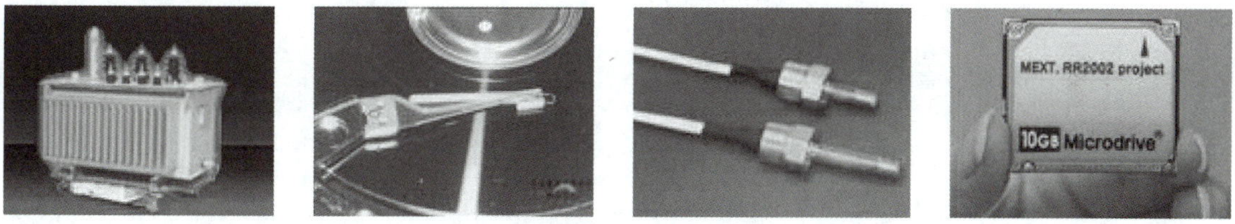

图11.2 非晶制品

非晶合金原子结构特殊，具有比晶体更高的化学反应活性，可以用来制作生物可降解非晶合金，生物可降解非晶合金指能被体液逐渐腐蚀降解并最终溶解，且其腐蚀产物不会带来不良反应的医用非晶合金，可应用于骨支架、血管等医疗领域。

非晶合金还可以有效降解工业污水，如Fe基非晶合金能有效降解含酚废水，Fe、Mg、Co、Cu基非晶合金材料都可降解印染废水。

除此之外，由离子束溅射或气相沉积技术可得到非晶合金皮肤薄膜，其具有较高的弹性极限，良好的柔性和透明度以及优异的电学、力学、热学性能，还具有抗菌功能，可应用于仿生领域。非晶合金薄膜也可应用于仿生领域外的其他领域，如Zr基非晶合金纳米薄膜，具有良好的疏水性和催化性能和良好的力学性能，可以应用于门把手或者管制刀具；非晶合金C/Ag纳米复合膜可用于太阳能设备，在节能方面有很大的发展潜力；Fe基非晶合金薄膜还可用于磁性传感器中。

非晶合金长程无序、短程有序，其特殊的原子结构可为氢的扩散、占位提供能垒和较低的空穴，有利于氢的吸收，可作为储氢材料，常用的储氢材料是 Mg 基非晶合金，研究较多的是非晶合金薄带和非晶合金薄膜储氢材料。

非晶合金可用作钎焊填料，相对于晶体钎料而言，由于固溶体和化合物的作用，导致其液相成分少，液相流动较缓慢。常见的可用作钎焊材料的有 Ni 基、Cu 基非晶合金箔带。

非晶合金可用作催化剂，如 Pt 基非晶合金可用作燃料电池中的催化电极，Fe-Si-B 系非晶合金条带可作为阳极催化材料，在降解农业废水过程中起有效循环催化作用。

11.3 非晶的制备技术

1960 年，美国加州理工大学 Duwez 教授在实验室尝试用快速凝固的方式制备 Au-Si 固溶体，他将 Au-Si 熔融状态的过饱和合金液喷射到高速旋转的铜辊上（冷速可达到 10^6 K/s），试验获得了厚度约为 20 μm 的薄带，经 XRD 分析，结果表明该薄带为非晶结构，如图 11.3 所示，其成分为 $Au_{75}Si_{25}$，这次试验宣告了非晶合金的诞生，此成果发表在 Nature 上，为非晶合金的发展掀开了序幕。

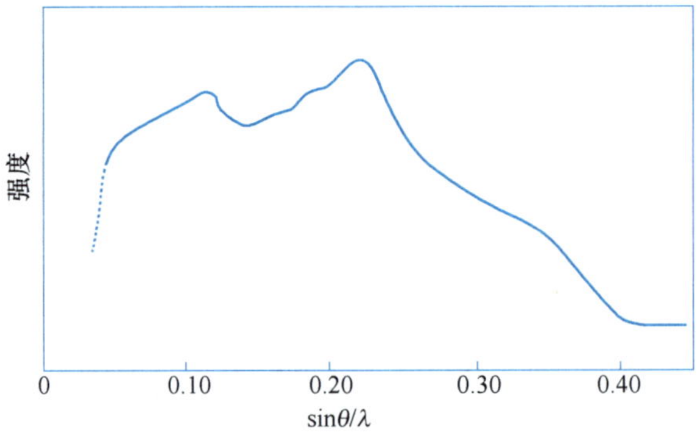

图 11.3 世界上第一条非晶合金（$Au_{75}Si_{25}$）薄带的 XRD 图

金属在熔化后，高温下内部原子处于活跃状态。一旦金属开始冷却，原子就会随着温度的下降，而慢慢地按照一定的晶态规律有序地排列起来，形成晶体。但如果冷却速度快时间很短，原子还来不及重新排列就被凝固住了，由此就产生了非晶态合金。制备非晶态合金采用的正是一种快速凝固的工艺。将处于熔融状态的高温钢水喷射到高速旋转的冷却辊上。若钢水以每秒百万度的速度迅速冷却，仅用千分之一秒的时间就将 1300 ℃ 的钢水降到 200 ℃以下，即可形成非晶带材。图 11.4 所示为高强度高韧度非晶带材。

非晶合金按照产品种类可以分为非晶粉末、非晶线材、非晶带材、非晶薄膜和非晶棒材等，这些产品均需要在极高的冷速下制备。图 11.5 所示为大块非晶锭、非晶挤压板、非晶棒等。

非晶合金的制备方法很多，包括熔体水淬法、铜模铸造法、快速凝固、抑制形核法、

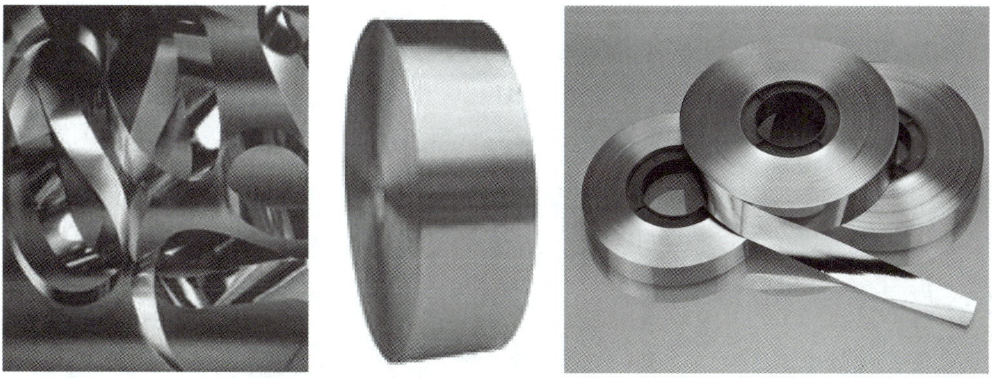

图 11.4 高韧高强非晶带

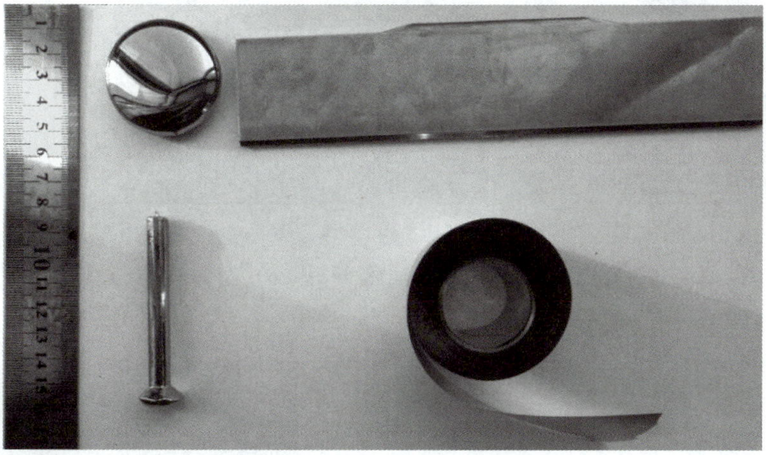

图 11.5 块体非晶合金样品

粉末冶金法、自蔓延反应合成法、定向凝固铸造法、溅射法、真空蒸镀法等。制备不同规格尺寸的非晶合金要采用相应的制备方法，例如，制备非晶粉末常用快速凝固雾化法，制备非晶带材常用单辊法，制备块体非晶常用铜模铸造法、真空吸铸法、水淬法等。

实例 11.1：Zr-Al-Ni-Cu-Ag 系大块非晶的制备（科研案例）

制备块体非晶合金通常采用的方法是铜模铸造法，首先要制备母合金锭，母合金锭是通过非自耗电弧炉熔炼的，电弧炉的外观如图 11.6（a）所示。配置 Zr-Al-Ni-Cu-Ag 五元体系合金，将按照成分原子百分比配好的高纯金属放入电弧炉的水冷铜坩埚内，抽真空至 3.0×10^{-3} Pa 以下，充入高纯的 Ar 作为保护气体。每个合金锭熔炼至少 3 遍，以保证成分的均匀性，熔炼电流约为 400 A。每个合金锭的质量约为 60 g。母合金锭熔炼完后，需要用 DT-100 天平重新称量，每个合金锭的熔炼质量损失应当在百分之一以内，以保证合金成分的准确性。然后用喷铸设备进行铜模铸造，如图 11.6（b）（c）所示。先将母锭砸碎，将合金碎块放入石英玻璃管中，管的底端有直径 1.5 mm 左右的小孔。再将真空抽到

3.0×10^{-3} Pa 以下，充入高纯 Ar 作为保护气体，电磁感应熔炼将其完全熔化，再喷入高纯的 Ar 将熔融状态的合金溶液快速冲到紫铜模具中，经快速冷却成型为合金棒，合金棒直径为 20 mm，成分为 $Zr_{50.12}Cu_{35.22}Ni_{2.69}Ag_{2.69}Al_{9.28}$，图 11.7 为合金棒的 XRD 图与相应的选区电子衍射图，从图中可以看出，该合金棒为非晶态结构。

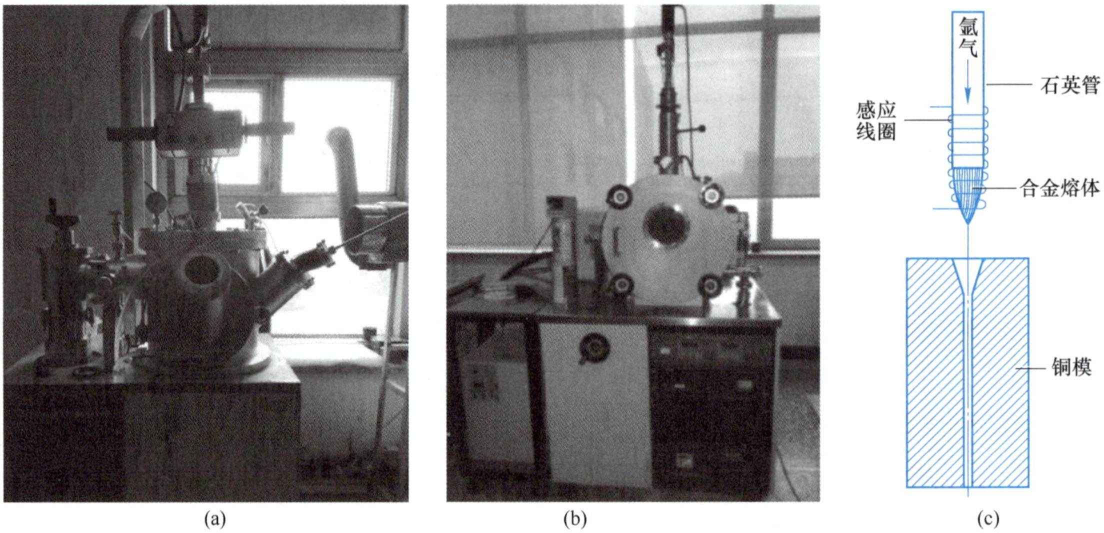

图 11.6 真空非自耗电弧炉（a）、喷铸设备外观（b）及铜模喷铸过程示意图（c）

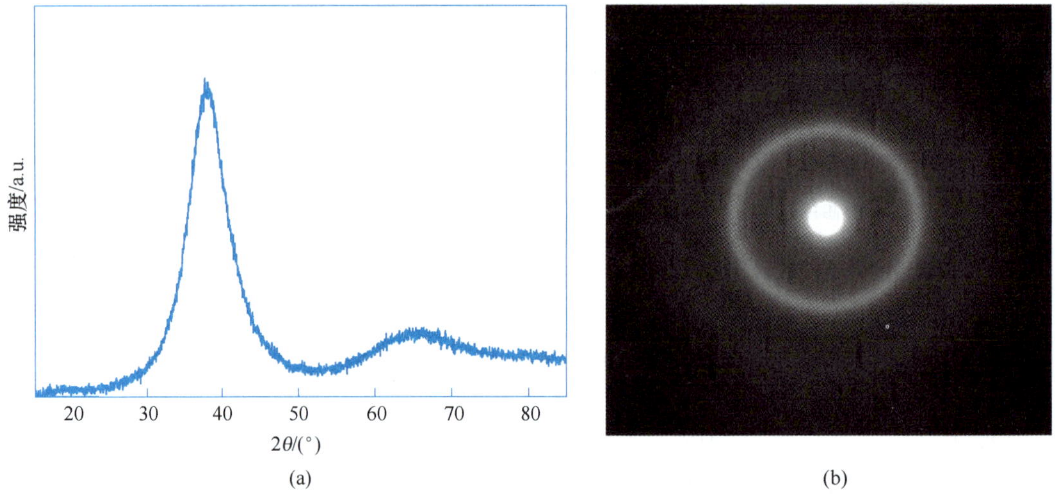

图 11.7 $Zr_{50.12}Cu_{35.22}Ni_{2.69}Ag_{2.69}Al_{9.28}$ 非晶合金的 X 射线衍射图（a）与选区电子衍射图（b）

实例 11.2：超高强度 FeSiBPCu 系块体非晶合金的制备（科研案例）

试验原料选择高纯度金属元素 Fe（99.99%）、Si（99.9%）、B（99.9%）、P（99.9%）及 Cu（99.9%）。按照 $(Fe_{0.76}Si_{0.096}B_{0.084}P_{0.06})_{100-x}Cu_x$ 合金的原子百分比进行计

算称量。利用电弧感应熔炼炉在高纯Ar_2保护气氛中进行母合金的熔炼。将母合金锭利用铜模吸铸法制备出直径为1.5 mm的非晶合金圆棒状样品。选取直径1.5 mm，长度3 mm的样品进行压缩性能测试，测试结果如图11.8所示，Cu元素的加入显著改善了体系的塑性变形能力，由0.8 %增加到3.1 %，同时还表现出3.3 GPa的超高压缩断裂强度。针对这一性能提升利用扫描电子显微镜拍摄断口形貌（如图11.9所示）进行分析可知，Cu的加入使得样品在侧面上出现了更多相互交错的剪切滑移带，及断口处的脉络状花纹密度增加。这表明该合金在加载过程中确实经历了剪切滑移变形。这些相互交错的剪切滑移带相互作用，阻碍裂纹的进一步扩展，提高了样品的塑性变形能力。

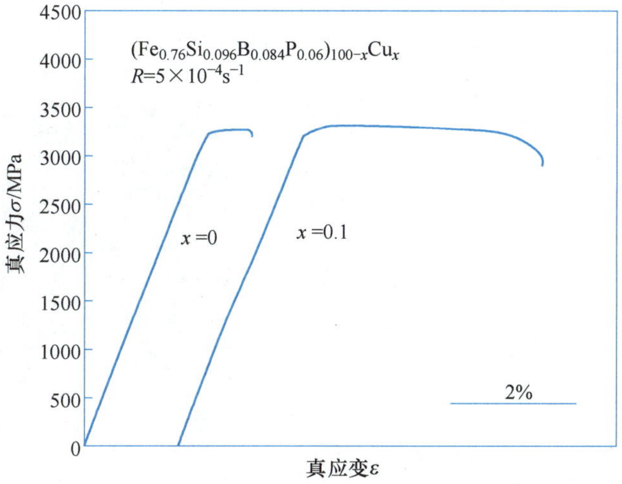

图 11.8 $(Fe_{0.76}Si_{0.096}B_{0.084}P_{0.06})_{100-x}Cu_x$（$x$=0、0.1）非晶合金压缩应力-应变曲线

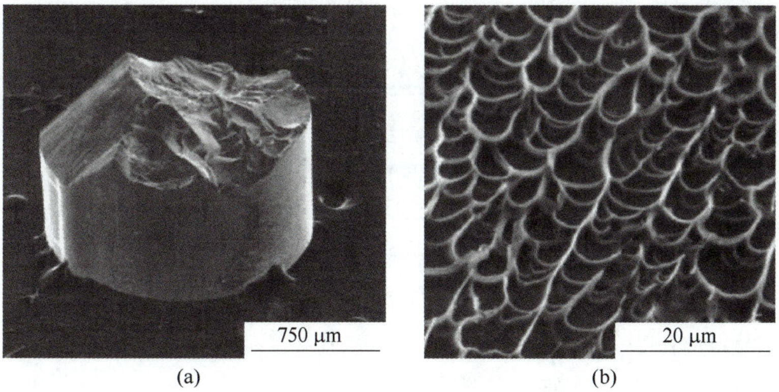

图 11.9 $(Fe_{0.76}Si_{0.096}B_{0.084}P_{0.06})_{99.9}Cu_{0.01}$非晶合金压断口形貌SEM图像

（a）断面俯视图；（b）断面的局部放大图

实例11.3：优异软磁性能FeSiBPCu系非晶合金的制备（科研案例）

将纯度为99.9%以上的Fe、Si、B、Fe_3P、Cu根据合金成分中各原子的原子百分比进

行配比。采用高频感应熔炼炉反复熔炼 4 次以上，保证合金成分的均匀性。利用单辊旋淬法制备出厚度约 20 μm，宽约 1.5 mm 的非晶薄带，对其进行特定温度下的退火处理。利用 VSM 对热处理后的薄带进行磁滞回线测试，如图 11.10 所示。可知当热处理温度为 723 K，热处理时间为 1800 s 时磁性能最佳，其中饱和磁感应强度达到 1.82 T，矫顽力为 2.3 A/m。

$Fe_{83}Si_4B_8P_4Cu$ 非晶合金具有优异软磁性能的主要原因在于：一方面，Cu 元素与 Fe 元素具有正的混合焓，与 P 元素有负的混合焓。Cu 与 P 可以形成 Cu_3P 化合物。因此，在合金进行退火过程中，Cu_3P 优先形成大量团簇，α-Fe 可以依附其上异质形核，形成了均匀分布的 α-Fe 纳米晶粒。另一方面，添加 P 与 Cu 元素后使得合金晶粒尺寸减小，磁晶各向异性被铁磁交换作用长度内的晶粒所平均而趋于零，从而引起矫顽力下降，如图 11.11 所示。

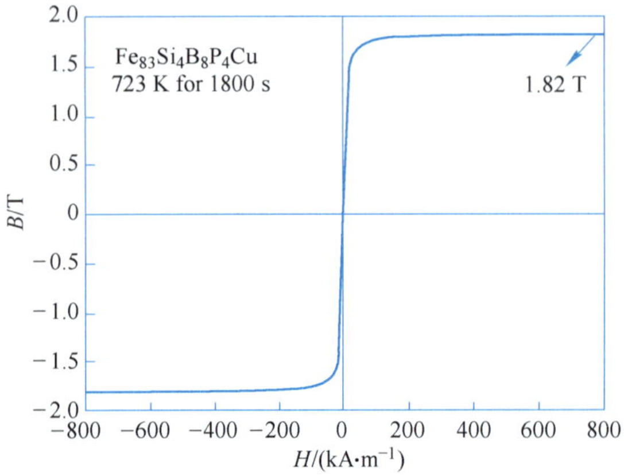

图 11.10 $Fe_{83}Si_4B_8P_4Cu$ 非晶合金的磁滞回线

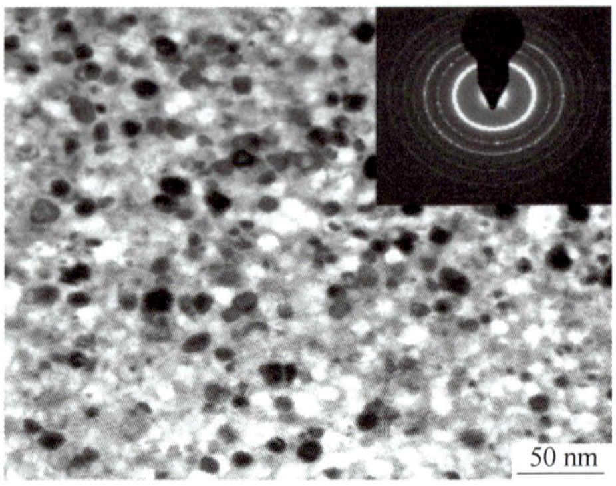

图 11.11 $Fe_{83}Si_4B_8P_4Cu$ 合金在 723 K 退火 1800 s 后 TEM 图像和选区电子衍射

思考题

11.1 什么是非晶？

11.2 与晶体材料相比非晶有什么结构特点，怎样判断一种材料是否属于非晶结构？

11.3 按照材料体系，简述非晶材料的分类。

11.4 非晶体金属材料具有哪些特殊的物理性能？

11.5 非晶材料有哪些特殊的化学性能，举例说明其应用领域。

11.6 非晶材料的制备方法有哪些？

11.7 非晶材料制备的关键是什么，制备过程有哪些难点？

11.8 举例说明块体非晶的应用领域有哪些。

11.9 根据所学知识，简述非晶带材的应用领域有哪些，分析非晶带材在变压器行业应用对低碳节能发展的作用。

11.10 非晶材料通常有良好的耐腐蚀性，试从材料结构分析其耐腐蚀的原因。

12 特种铸造技术

铸造是指液态金属浇注到与零件形状、尺寸相适应的铸型型腔中，待其冷却凝固，以获得毛坯或零件的生产方法。

常规铸造工艺流程：液体金属→充型→凝固收缩→铸件。

铸造工艺有如下特点：

（1）可生产形状任意复杂的制件，特别是内腔形状复杂的制件。

（2）适应性强，合金种类不受限制，铸件大小几乎不受限制。

（3）材料来源广，废品可重熔，设备投资低。

（4）废品率高、表面质量较低、劳动条件差。

常见的铸造方法有砂型铸造和特种铸造，特种铸造详细的分类方法如图 12.1 所示。

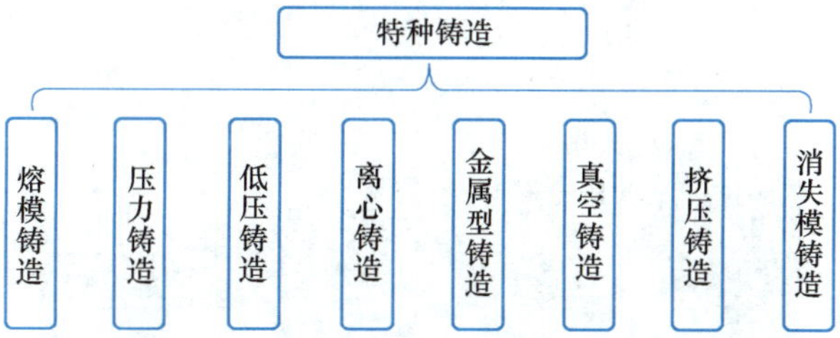

图 12.1　特种铸造分类

12.1 熔模铸造

熔模铸造（investment casting）通常是指将易熔材料制成模样，在模样表面包覆若干层耐火材料制成型壳，再将模样熔化排出型壳，从而获得无分型面的铸型，经高温焙烧后即可填砂浇注的铸造方案。用蜡料做模样时，又称为“失蜡铸造”。

可用熔模铸造法生产的合金种类有碳素钢、合金钢、耐热合金、不锈钢、精密合金、永磁合金、轴承合金、铜合金、铝合金、钛合金和球墨铸铁等。

熔模铸造常规工艺流程如图 12.2 所示。高质量的型壳是获得高品质熔模铸件的关键因素，涂挂好脱蜡后正在干燥中的型壳如图 12.3 所示。

熔模铸造有如下工艺特点：

（1）尺寸精度和几何精度高，一般可达 CT4~6（砂型铸造为 CT10~13，压铸为 CT5~7）。

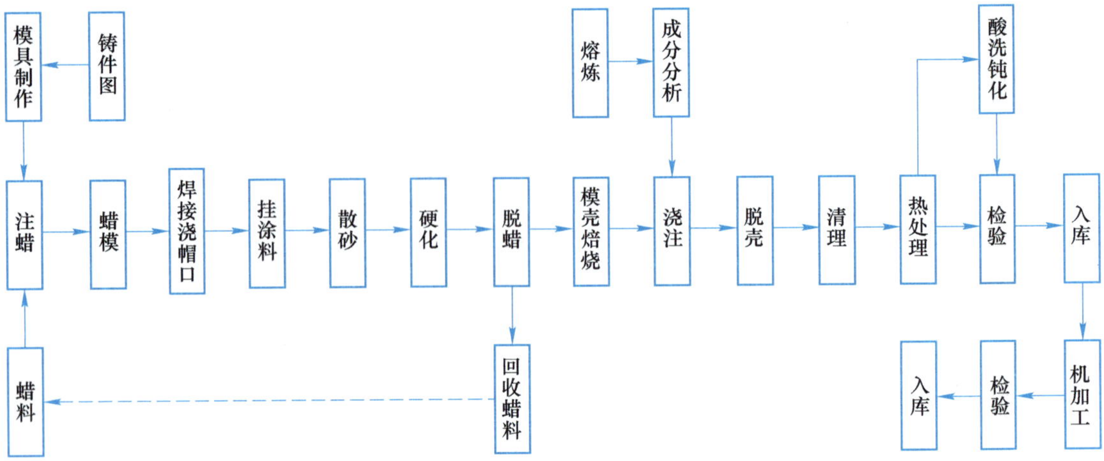

图 12.2　熔模铸造工艺流程

图 12.3　脱蜡后干燥中的型壳

（2）可以提高金属材料的利用率。熔模铸造能显著减少产品的成型表面和配合表面的加工量，节省加工台时和刃具材料的消耗。

（3）能够铸造外形复杂的铸件，且铸造的合金材料不受限制。

（4）生产灵活性高、适应性强。熔模铸造既适用于大批量生产，也适用单件、小批量生产。

熔模铸造有其局限性，例如铸件尺寸范围小，单重一般不超过 25 kg，工序繁杂，费用较高。

因表面精度高的特点，熔模铸造适用于生产形状复杂、精度要求高、难加工、性能要求高或很难进行其他加工的小型零件，如航空发动机涡轮叶片（如图 12.4 所示）等。

图 12.4 熔模铸造发动机叶片

实例 12.1

实例 12.1：熔模铸造-叶轮盘（校企合作案例）

熔模铸造用于制造叶轮盘（如涡轮盘、压气机盘等），在航空航天、能源和汽车等行业中广泛应用。叶轮盘是具有复杂几何形状的关键部件，通常由高强度合金材料制成，能够承受高速旋转和高温环境。

熔模铸造叶轮盘的工艺流程如下：

（1）蜡模制作：首先，使用蜡或其他易熔材料制造叶轮盘的蜡模。

（2）组装蜡模：将叶轮盘与浇道的多个蜡模部件组装在一起，确保所有零件的形状、尺寸和位置精确无误。

（3）陶瓷壳制作：将蜡模浸入陶瓷浆料中，涂覆一层耐火材料，接着撒上细砂以增强强度。多次重复这一过程，逐层涂覆，直到形成足够厚度、一定强度的陶瓷壳。每次涂覆后需要进行干燥和固化，以确保外壳坚固可靠。

（4）脱蜡：完成陶瓷壳制作后，将模具加热，使蜡模熔化并流出，从而留下一个空心的陶瓷外壳。这一步叫作“脱蜡”，是熔模铸造的关键步骤。

（5）焙烧陶瓷壳：脱蜡后的陶瓷壳需要在高温下焙烧，使其彻底硬化并清除残留的蜡质。焙烧过程可以提高陶瓷外壳的强度和耐热性能，确保其能够承受熔融金属的高温。

(6) 金属熔炼与浇注：在真空或保护气氛中将金属材料（如镍基高温合金、不锈钢或钛合金）熔化。将熔融的金属浇入预热的陶瓷壳中，填满叶轮盘的模腔。对于一些高性能叶轮盘，可能采用定向凝固技术或单晶铸造技术，以确保叶轮盘的晶粒结构能够承受高温和应力。

(7) 冷却与取模：金属浇注后自然冷却或通过控制冷却过程，使叶轮盘逐步凝固。冷却后，陶瓷壳会被破碎或化学溶解，取出铸造好的叶轮盘。

(8) 后处理：切掉金属流道和帽口，表面清理和机加工，确保零件的尺寸和公差符合要求。

(9) 进行退火和均质化热处理以提高材料的力学性能，如硬度、强度和韧性。

(10) 根据使用需求，可能进行喷砂、涂层、化学抛光等表面处理，以改善抗腐蚀性或耐磨性。

(11) 使用无损检测方法，如 X 射线检测、超声波探伤、荧光渗透检测等，检查铸件内部是否有裂纹、气孔或其他缺陷。同时还会对叶轮盘进行尺寸测量，确保符合设计图纸的精度要求。

(12) 通过质量检测的叶轮盘通常会进行功能测试，如平衡测试和强度测试，确保其能够在高速旋转和高应力条件下正常工作。叶轮盘一旦合格，就可以进入装配流程，最终应用于航空发动机、涡轮机等设备中。

12.2 压力铸造

压力铸造（die casting）又称为压铸，是利用高压将金属液高速压入一精密金属模具型腔内，金属液在压力作用下冷却凝固而形成铸件。

压力铸造工艺流程如图 12.5 所示。

压力铸造有如下四方面优点：

(1) 压铸时金属液体承受压力高，铸件强度和硬度较高，强度一般比砂型铸造提高 25%~30%，但延伸率降低约 70%；

(2) 产品质量好，尺寸稳定，互换性好，可压铸薄壁复杂的铸件；

(3) 生产效率高，压铸模使用次数多；

(4) 适合大批大量生产，经济效益好。

压力铸造的不足包括：

(1) 铸件容易产生细小的气孔和缩松；

(2) 压铸件塑性低，不宜在冲击载荷及有振动的情况下工作；

(3) 高熔点合金压铸时，铸型在高温、压力工况下，寿命较低；

(4) 不宜小批量生产。

压铸件最先应用在汽车工业和仪表工业，后来逐步扩大到各个行业，如农业机械、机

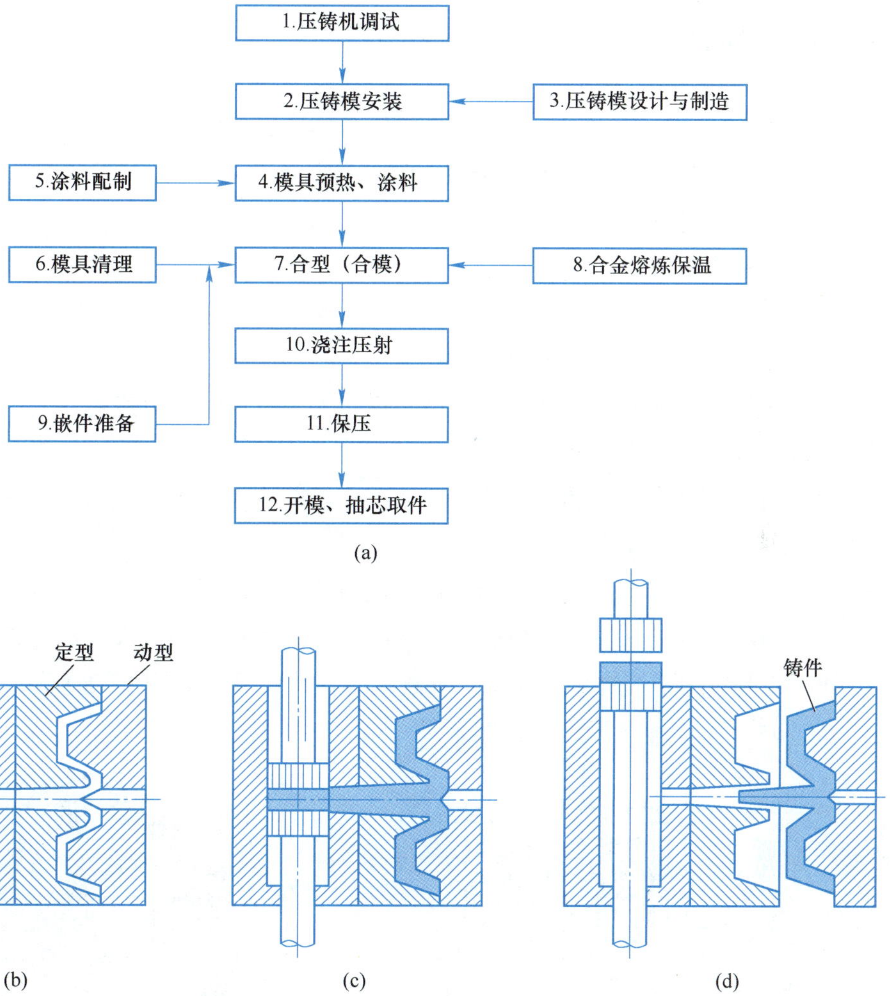

图 12.5　压力铸造工艺流程图

（a）工艺流程图；（b）合型浇注；（c）压射；（d）开型顶件

床工业、电子工业、国防工业、计算机、医疗器械、钟表、照相机和日用五金等多个行业，图 12.6 是压力铸造汽车零件。

因压铸容易形成气孔缺陷，科技工作者又开发了真空压铸（vacuum die casting），即通过在压铸过程中抽除压铸模具型腔内的气体而消除或显著减少压铸件内的气孔和溶解气体，从而提高压铸件力学性能和表面质量的先进压铸工艺。

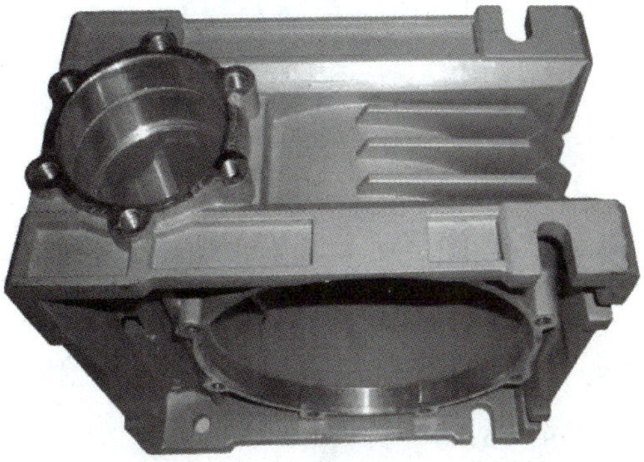

图 12.6　压力铸造汽车零件

12.3 低压铸造

低压铸造（low pressure casting）是指使液体金属在较低压力（0.02~0.06 MPa）作用下充填铸型，并在压力下结晶以形成铸件的方法。

低压铸造工艺如图 12.7 所示。

低压铸造的技术特点：

(1) 浇注时的压力和速度可以调节，故可适用于各种不同铸型（如金属型、砂型等），铸造各类合金及各种大小的铸件；

(2) 采用底注式充型，金属液充型平稳，无飞溅现象，可避免卷入气体及对型壁和型芯的冲刷，提高了铸件的合格率；

(3) 铸件在压力下结晶，铸件组织致密、轮廓清晰、表面光洁，力学性能较高，对于大薄壁件的铸造尤为有利；

(4) 省去补缩冒口，金属利用率提高至 90%~98%；

(5) 劳动强度低，劳动条件好，设备简易，易实现机械化和自动化。

低压铸造应用于气缸头、轮毂、气缸架等传统产品，如图 12.8 所示。

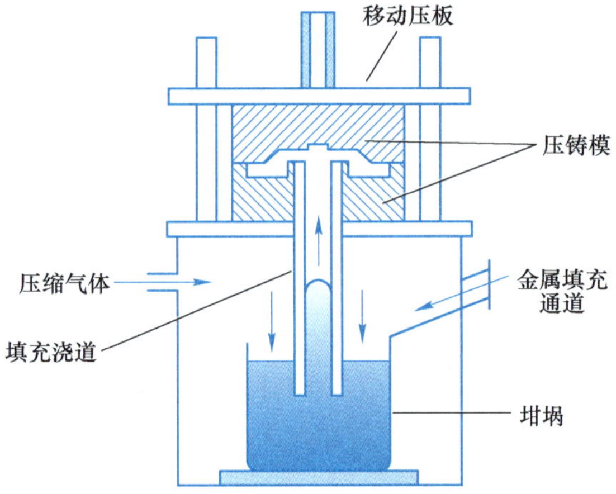

图 12.7 低压铸造示意图

图 12.8 低压铸造铝合金轮毂

12.4 离心铸造

离心铸造（centrifugal casting）是将金属液浇入旋转的铸型中，在离心力作用下填充铸型而凝固成型的一种铸造方法。

根据铸型旋转轴线在空间的位置，常见的离心铸造可分为两种：卧式离心铸造：铸型的旋转轴线处于水平状态或与水平线夹角很小（<4°）时的离心铸造；立式离心铸造：铸

型的旋转轴线处于垂直状态时的离心铸造。铸型旋转轴与水平线和垂直线都夹有较大角度的离心铸造称为倾斜轴离心铸造，但应用很少。

离心铸造设备示意图如图 12.9 和图 12.10 所示。

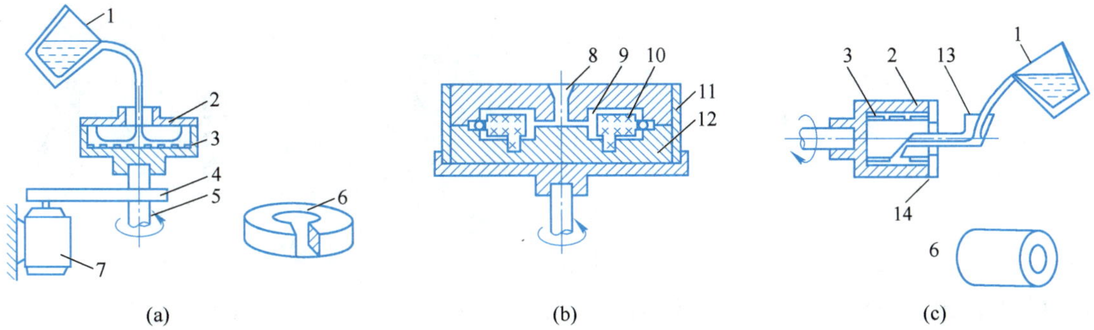

图 12.9 离心铸造设备及铸件示意图

（a）立式离心铸造；（b）立式离心浇注成型铸件；（c）卧式离心铸造

1—浇包；2—铸型；3—金属液；4—带轮和带；5—旋转轴；6—铸件；7—电动机；8—浇注系统；9—型腔；10—型芯；11—上型；12—下型；13—浇注槽；14—端盖

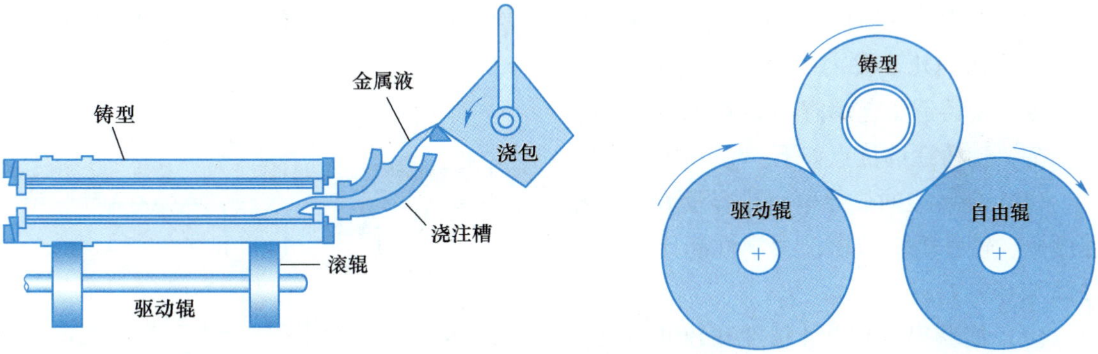

图 12.10 卧式离心铸造机工作示意图

离心铸造的优点有：

（1）几乎不存在浇注系统和冒口系统的金属消耗，提高工艺出品率；

（2）生产中空铸件时可不用型芯，故在生产长管形铸件时可大幅度地改善金属充型能力；

（3）由于旋转时液体金属在所产生的离心力作用下，密度大的金属被推往外壁，而密度小的气体、熔渣向自由表面移动，形成自外向内的定向凝固，因此补缩条件好，铸件组织致密，力学性能好；

（4）铸件致密度高，气孔、夹渣等缺陷少，力学性能好；

（5）便于制造筒、套类复合金属铸件。

离心铸造的缺点包括：

（1）用于生产异型铸件时有一定的局限性；

（2）铸件内孔直径不准确，内孔表面比较粗糙，质量较差，加工余量大；

（3）铸件易产生比重偏析，不适用于密度偏析大的合金（如铅青铜）及铝、镁等合金。

离心铸造最早用于生产铸管，国内外在冶金、矿山、交通、排灌机械、航空、国防、汽车等行业中均采用离心铸造工艺，来生产钢、铁及非铁碳合金铸件。其中尤以离心铸铁管、内燃机缸套和轴套等铸件的生产最为普遍。离心铸造生产的大型管套件如图12.11所示。

图 12.11 离心铸造生产的大型管套件

12.5 金属型铸造

金属型铸造（gravity die casting）又称硬模铸造，指液态金属在重力作用下充填金属铸型并在型中冷却凝固而获得铸件的一种成型方法。铸型是用金属制成，可以反复使用多次（几百次到几千次），又称永久型铸造。

金属型铸造工艺示意图如图12.12所示。

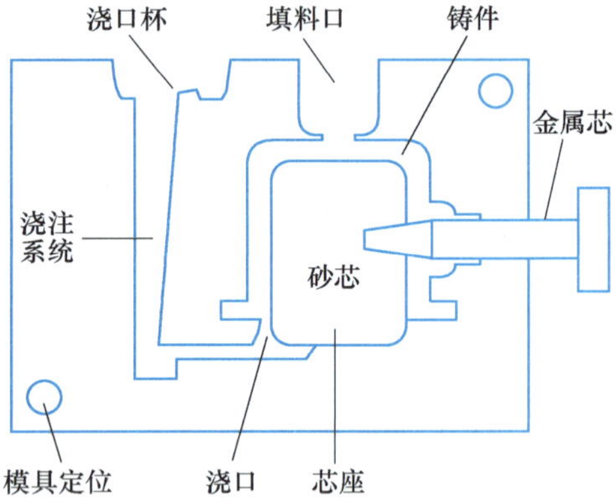

图 12.12 金属型铸造示意图

金属型铸造的优点如下：

（1）金属型的热导率和热容量大，冷却速度快，铸件组织致密，力学性能比砂型铸件高15%左右；

（2）能获得较高尺寸精度和较低表面粗糙度值的铸件，并且质量稳定性好；

（3）因不用和很少用砂芯，能够改善环境、减少粉尘和有害气体、降低劳动强度。

金属型铸造有如下缺点：

（1）金属型本身无透气性，必须采用一定的措施导出型腔中的空气和砂芯所产生的气体；

（2）金属型无退让性，铸件凝固时容易产生裂纹、浇不足、冷隔及白口等缺陷；

（3）金属型制造周期较长，成本较高。因此只有在大量成批生产时，才能显示出好的经济效果。

金属型铸造既适用于批量生产形状复杂的铝合金、镁合金等有色金属铸件，也适合于生产钢铁类铸件、钢锭等。

12.6 挤压铸造

挤压铸造（squeezing die casting）是使液态或半固态金属在高压下凝固、流动成型，直接获得制件或毛坯的方法。它具有液态金属利用率高、工序简化和质量稳定等优点，是一种节能型的、具有潜在应用前景的金属成型技术。

挤压铸造工艺流程如图 12.13 所示。

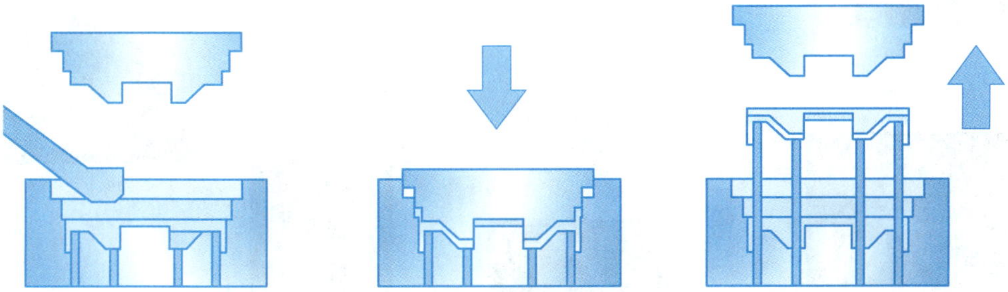

图 12.13　挤压铸造流程示意图

挤压铸造分为直接挤压铸造和间接挤压铸造，直接挤压铸造工艺流程为：喷涂料、浇合金、合模、加压、保压、泄压、分模、毛坯脱模、复位；间接挤压铸造工艺流程为：喷涂料、合模、给料、充型、加压、保压、泄压、分模、毛坯脱模、复位。

挤压铸造有如下技术特点：

（1）可消除内部的气孔、缩孔和缩松等缺陷；

（2）表面粗糙度低，尺寸精度高；

（3）可防止铸造裂纹的产生；

（4）便于实现机械化、自动化。

挤压铸造可用于生产各种类型的合金，如铝合金、锌合金、铜合金、球墨铸铁等。

12.7 消失模铸造

消失模铸造（lost foam casting）又称实型铸造：是将聚乙烯泡沫加工成与铸件尺寸形状完全相同的模型（复杂模型可以分步加工后黏结组合成模型簇），模型表面刷涂耐火涂料并烘干后，在负压下将模型埋在干石英砂中振动造型，浇注金属液，充型过程中模型气化，液体金属充满模型，凝固冷却后形成铸件的精密铸造方法。

消失模铸造工艺流程如图 12.14 所示，主要包括：预发泡→发泡成型→浸涂料→烘干→造型→浇注→落砂→清理。

消失模铸造技术的特点是铸件精度高，无砂芯，减少了加工时间；无分型面，设计灵活，自由度高；清洁生产，无污染；降低投资和生产成本。

消失模铸造适合生产结构复杂的精密铸件，合金种类不限，生产批量不限，铸件尺寸范围大，如灰铸铁发动机箱体、高锰钢弯管、汽车发动机缸体等。

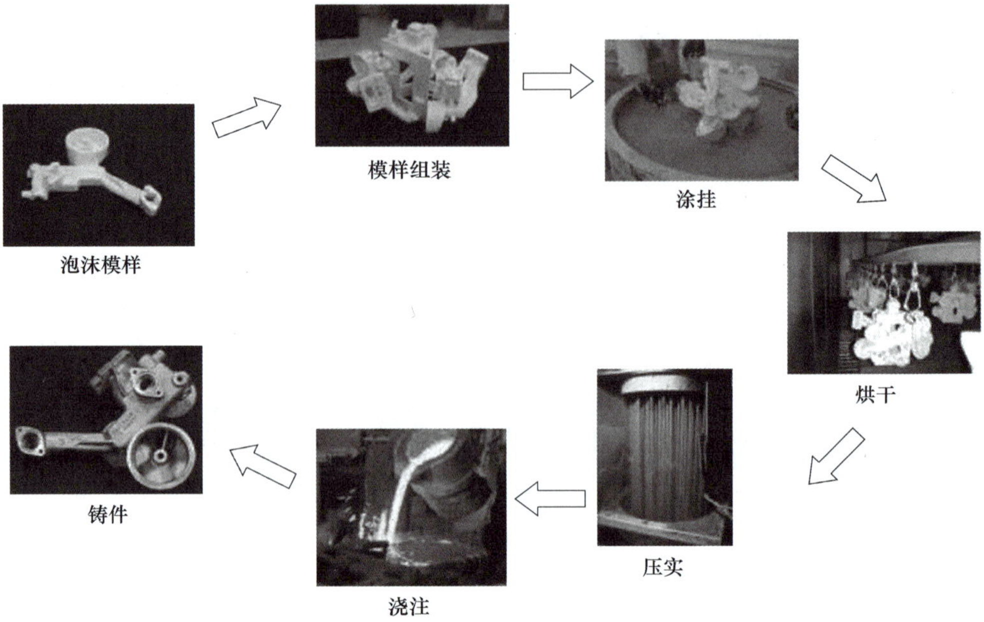

图 12.14 消失模铸造流程示意图

实例 12.2：消失模铸造-给料弯管（校企合作案例）

实例 12.2

本例以破碎机给料弯管的铸造工艺为例，介绍消失模铸造。给料弯管是将需要破碎的物料输送到磨机中进行研磨的关键部件，其造型及铸造工艺如下。

（1）泡沫模型制作：使用聚苯乙烯或其他易气化的材料制作泡沫模型。可以通过模具直接成型，也可以通过切割和粘接制作复杂形状。

（2）表面涂层：将泡沫模型表面涂上一层耐火涂料。涂层可以防止熔融金属直接接触泡沫模型，有助于气化时排出气体并保持铸件表面质量。

（3）填砂造型：将涂层干燥后的模型放入砂箱中，并通过振动方式将干砂填充和压实在模型周围，以支撑模型。

（4）浇注：在砂箱中浇注熔融金属。泡沫模型在高温下迅速气化，熔融金属填充空腔，最终形成铸件形状。

（5）冷却与清理：金属冷却后，将砂和铸件分离，去除表面涂层和多余材料，得到最终铸件。

通过破碎机给料弯管这一铸造工艺案例可知，消失模铸造有精度高、适合复杂结构等特点。

12.8 模铸工艺的发展

模铸在复杂形状铸件的制造中具有不可替代性，为汽车、农机、机车车辆、工程及动力机械、机床工具、航空航天及军工等领域提供关键零部件毛坯或成品零件。在制造业数智化转型的背景下，国家出台了一系列政策鼓励铸造行业高质量发展，推动产业结构优化和绿色低碳转型，这些政策为模铸工艺的发展提供了良好的外部环境。模铸工艺在市场需求、技术进步和政策支持等多方面具有较好的发展前景，尤其是在大型机械装备和关键零部件生产中具有不可替代的优势。在传统铸造工艺基础上，模铸铸造工艺正向着专业化、精准化、高质量的方向迈进，服务于国防、交通、船舶、电力等行业，推动国民经济发展。

实例 12.3：石墨型铸造-铁路货车车轮（校企合作案例）

实例 12.3

铁路运输是国家的经济大动脉，是物流运输方式中的一种。与其他运输工具比较，铁路货物运输具有以下特点。

（1）运输准确性和连续性强；

（2）运输速度比较快，一般铁路货运货车速度可达 100 km/h；

（3）组成车群，运输量比较大，一列货物列车一般能运送 3000~5000 t 货物；

（4）动力电化、能源经济、运输成本较低，铁路运输费用仅为汽车运输费用的几分之一到十几分之一；运输耗油约是汽车运输的二十分之一；

（5）运输行车平稳、安全可靠，运输风险小。

车轮作为铁路货车重要的行走部件之一，其质量保证能力对铁路的运行安全至关重要。铁路货车车轮有铸造车轮和锻造车轮两种，本例介绍铸造车轮。采用石墨铸型表面挂砂衬、雨淋式浇注、中央冒口集中补缩的铸钢车轮生产技术，所生产的铸钢车轮具有尺寸精度高、内部质量稳定、制造成本低等特点，车轮产品实物如图 12.15 所示。

图 12.15 车轮实物照片

货车车轮的铸造工艺流程包括造型、制芯、浇注等，如图 12.16 所示。

成品车轮符合铁标 TB/T 1013—2011 对 ZL-C 型号车轮的化学成分、尺寸、外观、力学性能、微观纯净度等方面的要求，同时采取磁粉探伤和超声波探伤等无损检测手段对成品车轮进行100%覆盖的全面检验，确保所有出厂车轮品质优良。

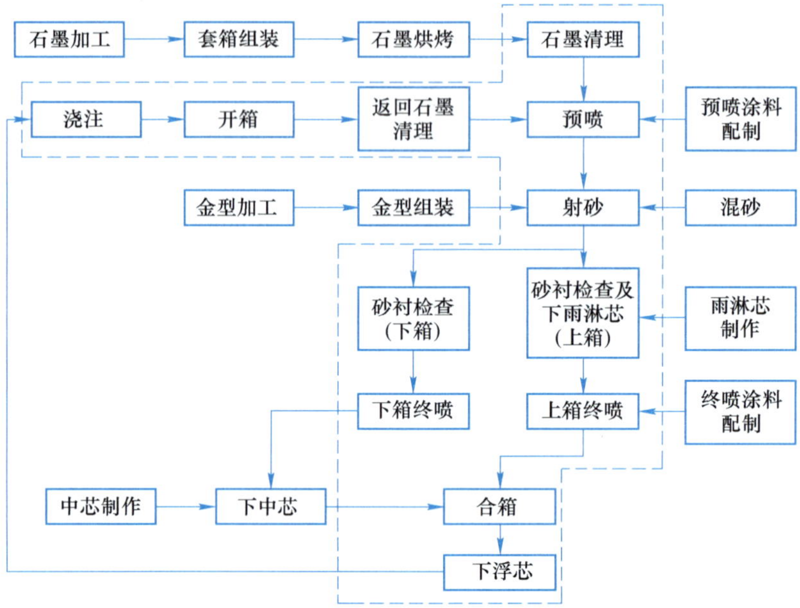

图 12.16　车轮铸造工艺流程图

思 考 题

12.1　什么是熔模铸造，熔模铸造产品有什么特点？

12.2　压力铸造和低压铸造有什么不同？

12.3　压力铸造铸件的凝固组织与普通砂型铸件相比有什么特点？

12.4　什么是离心铸造，离心铸造铸件有什么特点，应用在哪些领域？

12.5　真空铸造与传统大气环境下铸造有什么不同，真空铸造在铸件质量性能方面有哪些优势？

12.6　金属型铸造与传统砂型铸造相比有哪些优势和不足？

12.7　什么是挤压铸造，举例说明其应用在哪些领域。

12.8　什么是消失模铸造，消失模铸造在汽车发动机的制造中有什么优势？

12.9　铸造技术发展到信息化时代，从成型工艺和质量控制方面有哪些新突破？

12.10　铸件的表面粗糙度与哪些因素有关？怎样减小铸件表面加工余量，提高铸件尺寸精度？

12.11　结合叶轮盘的案例视频，简述熔模铸造工艺流程，解析产品质量控制措施。

12.12　根据所学知识，选用合适的铸造方法，设计一个汽车轮毂铸件，制定合理的铸造工艺方案。

参考文献

[1] 赵洪运．材料成型原理［M］．北京：国防工业出版社，2009.

[2] 胡汉起．金属凝固原理［M］．北京：机械工业出版社，2000.

[3] 伯德 R B. 传递现象［M］．袁一，等，译．北京：化学工业出版社，1990.

[4] 刘华松．包晶钢连铸坯表面裂纹与组织控制研究［D］．北京：北京科技大学，2021.

[5] Wang T M，Xu J J，Xiao T Q，et al. Evolution of dendrite morphology of a binary alloy under an applied electric current：An in situ observation［J］. Physical Review E. 2010，81，(4)：042601.

[6] 大野笃美．金属凝固学［M］．唐彦彬，张正德，译．北京：机械工业出版社，1983.

[7] Dong Y B，Chen M，Wang X．Numerical simulation of binary alloy crystal growth using phase-field method［J］. Advanced Materials Research，2014，842：57-60.

[8] 曾红波，艾新港，陈明，等．强制对流影响下 Fe-C 合金定向凝固微观组织的相场法研究［J］．工程科学学报，2022，45（4）：10.

[9] 毛建强．双侧定向凝固过程的实验室模拟研究［D］．鞍山：辽宁科技大学，2017.

[10] 康永林，毛卫民，胡壮麒．金属材料半固态加工理论与技术［M］．北京：科学出版社，2004.

[11] 毛卫民，赵爱民，云东，等．1Cr18Ni9Ti 不锈钢半固态浆料的制备和轧制［J］．金属学报，2003，39（10）：1071-1075.

[12] 赵爱民，毛卫民，崔成林，等．电磁搅拌对弹簧钢 60Si2Mn 凝固组织的影响［J］．北京科技大学学报，2000，22（2）：134-137.

[13] Li D Z，Chen X Q，Fu P X，et al. Inclusion flotation-driven channel segregation in solidifying steels［J］. Nature Communications，2014，Vol. 5：5572，1-8.

[14] 关锐．多外场作用下大断面连铸坯溶质偏析行为研究［D］．沈阳：东北大学，2022.

[15] Guan R，Ji C，Zhu M Y. Modeling the effect of combined electromagnetic stirring modes on macrosegregation in continuous casting blooms［J］. Metallurgical and Materials Transactions B，2020，51(3)：1137-1153.

[16] CWUDZIŃSKI Adam，JOWSA Jan. Evolution of Non-metallic Inclusions in Liquid Steel during Ladle Treatment-industrial Experience and Thermodynamic Simulations［C］// Conference Proceedings of the 7th International Conference on Modelling and Simulation of Metallurgical Processes in Steelmaking. Department of Metals Extraction and Recirculation，Faculty of Production Engineering and Materials Technology，2017：156-161.

[17] 胡林，李胜利，胡小东，等．钢锭设计原理［M］．北京：冶金工业出版社，2015.

[18] 关锐．小型钢锭的优化设计与数值模拟研究［D］．鞍山：辽宁科技大学，2016.

[19] 蔡开科．浇注与凝固［M］．北京：冶金工业出版社，1987.

[20] 蔡开科．连铸结晶器［M］．北京：冶金工业出版社，2008.

[21] 蔡开科．连铸坯质量控制［M］．北京：冶金工业出版社，2010.

[22] 陈伟强．连铸高碳钢方坯质量研究［D］．北京：北京科技大学，1997.

[23] 蔡开科，孙彦辉，秦哲．BOF-LF-CC 生产特殊钢连铸坯质量控制［J］．炼钢，2008，24（3）：1-5.

[24] 张亮洲，张辉波．LCR 对 CSP 连铸坯与热轧带材质量的影响［C］//2010 年中南·泛珠三角炼钢连铸学术交流会，2010.

[25] 张剑锋．激光快速成型制造技术的应用研究进展［J］．航空制造技术，2002（7）：34-37.

[26] 史玉升．常用快速成型系统及其选择原则［J］．锻压机械，2001，36（2）：1-6.

[27] Kramer J. Nonconducting modifications of metals. Ann. Phys.（Berlin，Germany）1934，19：37.

[28] Brenner A，Couch D E，Williams E K. Electrodeposition of alloys of phosphorus with nickel or cobalt. J. Res. Nat. Bur. Stand. 1950，44：109.

[29] Klement W，Willens R H，Duwez P. Non-crystalline structure in solidified gold-silicon alloys. Nature，1960，187：869-870.

[30] Pond R. A method of producting rapidly solidified filamentary castings［J］. Transactions of the Metallurgical Society of AIME，1969，245：2475-2476.

[31] Chen H S，Miller C E. A rapid quenching technique for the preparation of thin uniform films of amorphous solids［J］. Review of Scientific Instruments，1970，41（8）：1237-1238.

[32] 白木，周洁．奇妙的非晶态金属［J］．金属世界，2001，6：2-3.

[33] Chen H S. Thermodynamic considerations on the formation and stability of metallic glasses［J］. Acta Metallurgica，1974，22（12）：1505-1511.

[34] Inoue A，Zhang T，Masumoto T. Al-La-Ni amorphous alloys with a wide supercooled liquid region［J］. Materials transactions，JIM，1989，30（12）：965-972.

[35] Johnson W L. Bulk glass-forming metallic alloys：Science and technology［J］. MRS bulletin，1999，24（10）：42-56.

[36] Tadashi Hamada，Francisco Eiichi Fujita. Interference function of crystalline embryo model of amorphous metals. Ⅰ［J］. Japanese Journal of Applied Physics，1982，21（7R）.

[37] Tadashi Hamada，Francisco Eiichi Fujita. Interference and pair correlation functions of crystalline embryo model of amorphous metals. Ⅱ［J］. Japanese Journal of Applied Physics，1985，24（3R）.

[38] 卢柯．非晶态金属的结构与合金的玻璃形成能力［J］．金属学报，1992，28（1）：17-26.

[39] 汪卫华．金属玻璃的过去、现在和未来［J］．自然杂志，2022，44（3）：173-181.

[40] 田霖，李春燕，翟建树，等．非晶合金的功能性研究进展［J］．稀有金属，2021，45（8）：998-1009.

[41] 朱祥宾，王俊健，朱永山．非晶态合金磁头材料及应用研究［J］．上海钢研，1995（5）：43-57.

[42] 佚名．非晶合金高尔夫球杆［J］．金属功能材料，1999（6）：288.

[43] 庞靖．Fe(Ni)SiB(PC)系高 B _ s 非晶软磁合金开发及工艺性研究［D］．沈阳：沈阳工业大学，2019.

[44] 陈文智．非晶态合金淬态脆性的研究进展［J］．金属功能材料，1999（3）：101-106.

[45] 汪卫华．非晶态物质的本质和特性［J］．物理学进展，2013，33（5）：177-351.

[46] 刘军，杨湘杰．非晶复合材料的半固态加工技术［J］．精密成形工程，2020，12（3）：1-11.

[47] 车晓舟，戴礼智．非晶态合金的脆化［J］．钢铁研究学报，1994，6（1）：5.

[48] 林建坤，宋文乐，王磊，等．非晶配电变压器存在问题及改善措施［J］．科学技术创新，2021（15）：11-12.

[49] 林珊，高杰，农碧林，等．轨道交通行业变压器技术发展趋势［J］．电工技术，2021（18）：106-108.

[50] 陈帮秀．新形势下高效节能非晶合金干式变压器的发展［J］．建筑电气，2021，40（6）：17-20.

[51] Guan B R. Preparation and Electrochemical Properties of Biodegradable Magnesium-Based Amorphous

Alloys [D]. Nanjing: Nanjing University of Science and Technology, 2017.

[52] 咸海杰，汪卫华．非晶合金皮肤：新型柔性应变传感器 [J]. 物理，2017，23 (10)：44.

[53] Nayebossadri S, Greenwood C J, Speight JD, et al. Thermal and structural stability of Zr-based amorphous thin films for potential application in hydrogen purification [J]. Separation and Purification Technology, 2017, 187: 173-183.

[54] Zoubos H, Koutsokeras L E, Anagnostopoulos D F, et al. Patsalas P. Broadband optical absorption of amorphous carbon/Ag nanocomposite films and its potential for solar harvesting applications [J]. Solar Energy Materials & Solar Cells, 2013, 117: 350.

[55] 陈杰．铁基非晶合金薄膜压磁特性及其力敏传感器 [D]. 南昌：南昌大学，2019.

[56] 周怀营，倪成员，王仲民，等．金属储氢材料与材料设计研究进展 [J]．桂林电子科技大学学报，2010，30 (5)：363.

[57] 俞伟元，路文江，夏天东．非晶钎料钎焊接头形成过程研究 [J]．稀有金属材料与工程，2013，42 (4)：688.

[58] 秦洪达．$Fe_{78}Si_9B_{13}$非晶合金对农药废水的处理效果 [D]．沈阳：沈阳工业大学，2018. 1.

[59] Klement W, Willens R H, Duwez P. Non-crystalline structure in solidified gold-silicon alloys [J]. Nature, 1960, 187: 869-870.

[60] Makino A, Xue L , Yubuta K, et al. The effect of Cu on the plasticity of Fe-Si-B-P-based bulk metallic glass [J]. Scripta Materialia, 2009, 60 (5): 277-280.

[61] 孔凡利，门贺，沈宝龙．添加 P 与 Cu 对 FeSiB 软磁合金性能的影响 [C] //2011 中国材料研讨会论文摘要集，2011：209-210.

[62] He M, Cui L Y, Kubota T, et al. Fe-rich soft magnetic FeSiBPCu hetero-amorphous alloys with high saturation magnetization [J]. Materials Transactions, 2009, 50 (6): 1330-1333.

[63] Kong F, Wang A, Fan X, et al. High Bs $Fe_{84}Si_4B_8P_4Cu_x$ ($x = 0 \sim 1.5$) nanocrystalline alloys with excellent magnetic softness [J]. Journal of Applied Physics, 2011, 109 (7): Article ID 07A303.